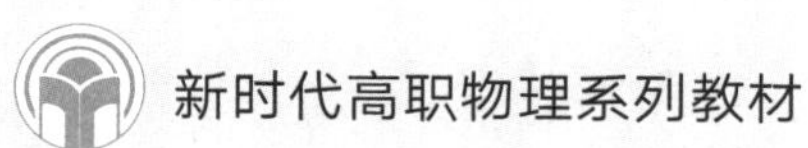

高职物理 基础模块

□ 主　编　周雨青　梁　颖
□ 副主编　董　科　贾　瑜　田红梅　骞朋波

中国教育出版传媒集团
高等教育出版社·北京

内容提要

本教材是新时代高职物理系列教材之一，是新形态一体化教材。教材按照《高等职业教育专科物理课程标准》(征求意见稿)，以及数字经济时代对高等职业教育人才培养的需求编写而成。

教材全面贯彻党的二十大精神，落实立德树人根本任务，总结近年来高职物理课程改革成果，凝练物理核心素养。教材依据高职物理课程结构分基础模块和拓展模块两册编写。本教材为基础模块，涵盖45学时的教学内容，共分为六章，包含质点运动及运动规律、静电场及其应用、恒定磁场及其应用、电磁感应及其应用、近代物理基础和学生实验等。在素材选取上，注重展现新时代科技创新成果，体现鲜明的时代特征，如国家稳态磁场实验装置、“中国环流器二号 M”装置等。教材中二维码链接部分国家精品资源共享课“大学物理”及原创拓展内容，满足线上线下教学需求。

本教材配有教学 PPT、习题答案等配套教学资源，教师如需获取，请登录“高等教育出版社产品信息检索系统”（https://xuanshu.hep.com.cn/）进行下载。

本书既适用于高等职业院校(专科层次、本科层次)相关专业的物理课程教材，也可供物理爱好者及社会人士参考。

新时代高职物理系列教材编审委员会

前 言

“高职物理”课程,是理工科各专业学生一门重要的通识性必修基础课。该课程所教授的基本概念、基本理论和基本方法是构成学生科学素养的重要组成部分。学科素养是学科育人价值的集中体现,是学生通过学科学习与运用而逐步形成的正确价值观、必备品格和关键能力。教材是实施课程教学的主要工具,高职物理教材应反映类型特色和人才培养目标,反映新时代对高素质技能人才的要求,成为学生获得物理基础知识和基本技能、掌握基本物理思想、积累基本物理活动经验、形成理性思维和科学精神的重要载体。在此,试将我们着手厘清并采取的措施、本教材的设计与特色及其编写分工等情况分述如下:

一、为什么要在高职教育中融入物理课程体系

物理学是人类认识自然的基础,可以说,没有物理学的先驱性作用就难有现代科学技术的蒸蒸日上。下面,我们从培养物理学人才的三个层面来阐述学习物理的必要性。第一层面,物理学自身的发展,需要有像牛顿、麦克斯韦和爱因斯坦式的人物。这些天才物理学家创立了物理学的理论,并开创了引领学科发展的物理分支。物理学发展中,这样顶尖的人才,在数量上并不需要太多,但需要进行系统的物理学训练。第二层面,从工程技术的发明创造来看,绝大多数的发明都要有物理学基础,有些发明家就是物理学家。比如,发明旋转磁场式交流发电机和伺服电机等的大发明家特斯拉,就受过良好物理训练。再如爱迪生,虽没接受过正规的物理训练,但他从小受到母亲在化学和物理方面的启蒙,爱好物理实验。第三层面,从工程应用角度看,工程技术人员是一个庞大的群体,不能说这个群体都必须具有系统的物理知识,但受过物理学训练、掌握足够物理知识的工程技术人员,一定比未受过同样训练的人员更有优势。可见,无论是顶尖的物理学家,还是为数不少的发明家,抑或众多的科学技术人员,都与物理知识与训练有着千丝万缕的联系。高素质的工程技术人员都应该接受物理学训练,这大概就是高等职业教育中应该设立物理课程的底层逻辑。

再从高职教育的人才培养目标看,一方面是为了培养高素质技能人才,而物理学在工程与技术中的应用比比皆是;另一方面据《中华人民共和国职业教育法》和

相关国家政策要求，“职普融通”是人才培养的一个新趋势，系统化的物理课程打开了职业技术人才与科学研究人才的通道。

二、编写高职物理教材的困难在哪里

1. 物理内容本身与工程、职业应用特征之间的矛盾

众所周知，物理学是高度抽象的科学。它需要对实际问题进行抽丝剥茧，提取主要因素，构建出高度抽象化、理想化的模型，通过这些理想化模型找出内在的物理规律，这些规律虽然可以揭示实际物理过程的本质特征，但实际应用时的各种因素在抽象过程中不可避免地被弱化甚至忽略了；工程学恰恰与物理学相反，它要将需要、能够考虑的众多因素包揽到一个问题之中，务必做到面面俱到。举个造桥工程的例子，物理学家关心的是桥梁形状与力学负荷问题。而造桥工程师不仅关心前者所关心的问题，他还要考虑地质、水文，甚至百年以来的空气环流（风速）和地震的发生情况，预测未来，并做出各种应对措施。工程问题绝不会是单一问题，而从物理学的角度看来，是相对单一的。那么，如何能够在探讨物理知识的同时，凸显工程应用就成了非常困难的问题。

2. 物理内容的难度与高职学生数理基础不匹配

高职物理的定位是解答问题的关键。从《中华人民共和国职业教育法》和相关国家政策要求看，未来职普融通是趋势，需充分考虑高职与本科的课程衔接问题；从职业教育特点看，高职面对更多的是实际问题，而实际问题往往存在复杂性，需要有进一步解决实际问题的能力。因此，高职物理客观上属于高等物理范畴。这个定位决定了物理学的难度不低。可是，高职学生的学习基础能否适应高等物理的需要，这是一个很大的问题，如果处理不好，会给学生的学习和教师的讲授造成困难。

3. 高职物理内容的系统化缺失与教材内容前后支撑失衡

这个问题源头上来自课程标准制定的学时问题。高职物理课标建议学时是81学时（含实验），其中基础模块45学时，拓展模块36学时。对比本科大学物理教学要求，理论教学128学时，实验教学64学时。如此之大的学时差异，必然导致高职物理教学内容须做必要的删减，使得教材中物理知识体系不完整。物理学是理论化和体系化的。这里的体系化是指，物理方法的一致性和物理内容的支撑性，即物理学内容前后排列是有相互支撑关系的。比如，力学一般都放在第一章，如果没有力学内容的支持，就很难学好电磁学。这是因为电磁学中，我们需要用力学的方法解决电磁学问题。这意味着力学是电磁学的基础。再比如，如果没有机械波的基础，就很难学懂光学的有关内容，甚至近代物理中的量子力学，也需要以很多波动内容为基础。由此可知，如何处理系统化缺失下的高职物理教科书，就成了又一大难点。

三、本教材如何化解上述困难

1. 保留经典，提炼应用，以处理物理学之抽象和工程应用之具体且复杂的矛盾

每一门学科都有自身特点，脱离自身特点，一味迎合需求，是不明智的。既然是对物理学科核心素养的培养，就必须以物理本质和特点为主。内容上，突出运动、物质和能量；方法上，从特殊到一般、分析到综合、抽象到具体；描述上，以数学语言描述物理概念。教材必须兼顾应用性、实践性。兼顾的手段，不应是放弃物理原有自身规律，盲目选择新内容，而应是以坚持物理自身科学、严谨特点为前提，增加工程背景描述、延伸讨论和拓展应用。比如，第一章中的阿特伍德机，这个典型例题有很强的物理训练性和工程机械应用性，它能将牛顿第二定律中的所有关系一并表现出来，是一个不可替代的例题。本教材中，我们将阿特伍德机的发明背景用简短语言表达出来，并以二维码形式深度呈现有关阿特伍德机的延展性讨论内容。又如，第二章静电学中有一道典型的电势叠加的物理训练题，即一个金属带电球壳，远处有一点电荷，求球壳内部的电势。我们将该题设置为工程屏蔽屋的本底电势测量，给原来单纯的物理题赋予了工程应用的价值。同时，在突出应用性和实践性特色中，注意区别于科普性地联系日常生活。

工程应用的复杂性，致使物理学原理不可能、也没有必要全盘覆盖工程应用，但我们必须突出物理知识的实用性。物理学本身的产生和发展都来自实践，我们只是溯本求源。同时，我们也不一味追求内容的新颖性，以免物理自身的规律性和训练性丧失。所以，在整个教材内容的设计上，我们强调内容的经典性。表面上似乎与传统的大学物理内容相差不多，但我们更强调的是内容贴近实际。从抽象的物理问题或例题中提炼应用的成分，让学生在学习、探究物理知识的同时，体会物理学在工程实践中的作用，培养物理思维能力。比如，在牛顿第二定律应用例题中，一道训练圆周运动的圆锥摆例题，揭示了蒸汽阀门的工作原理。诸如此类的物理学原理应用于工程实践的范例，在本教材中随处可见，构成了本教材的第一个特色。

2. 降低难度，助力扶持，以处理物理内容难度与学生基础不匹配的问题

物理内容的难度取决于问题的选择。初等物理选择的是恒定或恒定变化的问题，一般物体的受力和运动状态都维持在恒定或恒定变化的水平上，此时只需数学中的代数知识即可。高职物理的定位是高等物理，它处理的是更加实际的问题，不局限在恒定或恒定变化上，这就需要微积分知识。高职学生遇到微积分表达下的高等物理，的确感受着高难度带来的压力。然而，“难度”的增长是一个人成长的标志，一个人如果没有经受对困难问题处理能力的磨练，就不会成长。有难度的训练才能显著提升人的素养。本教材在处理物理学难度上，做了相应的处理。这主要体现在两个方面：内容上，本教材将复杂的理论推演过程，用尽可能简单的方法表达，并以小字（可简要阅读）形式呈现。比如，曲线运动的加速度推导，用几何方法而不用坐标系中的运算（后者数学难度大多了），推导加速度，同时设计了小字排列（跨越不读也能理解和应用）；在数学要求上，本教材尽量降低运算维度，使多数问

题在不影响对物理概念理解或不失一般性的前提下，用一维的求导或积分处理运算问题。如何做到？首先，选题适当，使问题只在一维上需要有运算，比如，长直轨道运动、长直带电棒中点场强、圆环中轴线上的场强等；其次，技巧处理，使原本需要二维或三维的运算变为一维运算，比如，高斯定理中的面积分（二维），通过对称性或变量替代，将其变为一维积分。

在物理内容难度降维的基础上，我们还努力从基础方面给予学生支撑。由于学生的困难主要来自用数学语言表达物理概念方面，特别在高等物理内容上离不开矢量和微积分，因此，我们努力在矢量和微积分方面多做铺垫。矢量方面，尽量在本教材第一次出现矢量描述时，做到详细解释、细致表达，突出矢量的分量形式，遇到矢量运算时，尽量使用坐标形式的代数运算，大大降低了运算难度；微积分方面，本教材以各种方式表达微积分使用的必要性和不可回避性，在适当位置提到牛顿发明微积分的真实用途——处理连续变量问题，让学生在心理上接受微积分，助其跨过微积分这个坎。为此，本教材还在附录中以一维物理学微积分运算问题为例，对比纯数学中的微积分表达，助力学生理解纯数学运算与物理表达之间的关系。

总之，本教材在保证物理表达准确、难度适合高等物理要求的前提下，降解物理内容和运算的难度，助力和扶持学生在基础略显不足的情况下跨越高等物理的难度坎，接受高等物理学的训练，获取物理思想的熏陶。这是本教材编写的第二个特色。

3. 自主平衡，连贯处理，以化解物理系统化缺失与内容相互支撑失衡的问题

作为物理教材，系统化缺失带来的最重要影响，是物理内容的连贯性支撑失衡。对于小系统的缺失，影响的是部分知识点的完善性，比如，静电学中因缺少介质（含导体）静电学部分，遇到导体的屏蔽问题就无法做到理论上的完善性；如果是大系统的缺失，影响的是系统知识的衔接，比如，缺少波动与光，则量子物理的导入和衔接就不通畅，犹如悬在空中的楼阁。所以，系统化缺失是本教材作者团队面临的最大困难。为此，我们采用了以下处理对策。

（1）小系统内的自我完善

小系统（以章节为单位）常常很难保持其完整性。比如，第一章质点运动及运动规律，包含质点、质点系的运动学、动力学和功与能，基本涵盖了力学系统的核心内容，是较为完整的一章。然而不是每章都如力学那样完整，比如，第二章静电场及其应用，由于导体与电介质内容多，难度大，相对于真空静电学来说又有一定的独立性，因而未纳入教学要求之中。这就给静电学这样的小系统留下了系统性缺失的遗憾。这样的情况在其他章节也存在。对于这种小系统内的概念缺失问题，采取的方法基本是尽量回避出现缺失的概念，如果需要，且绕不过所缺失的知识点时，就采取结论式叙述。比如，一道传统的导体电势叠加例题，需要有，也绕不过静电平衡知识，我们就直截了当地给出结论——空腔内表面无电荷，这就能顺理成章地推理后续想要得到的结论了。

（2）大系统之间的引导注释

因大系统的缺失引起的衔接性失衡，是教材面临的最大问题。比如，近代物理中的狭义相对论，要从寻找以太系的失败引出对伽利略变换的质疑，进一步推演出时空观的革命。可是没有波动和光学的干涉知识就很难说明白迈克耳孙－莫雷实验；同样的问题也出现在量子力学波函数问题中。这种大系统的缺失，不是一个结论就能过渡或掩盖过去的，这会直接导致新建理论的证据不足。因此，本教材做了适当的补充。首先给出注释，告知学生应该从哪里获取相应知识补充；其次直接简述学生需要用到的知识，比如，上述提到的干涉相关知识，针对迈克耳孙－莫雷实验需要的是“条纹”移动，我们给出光学中条纹移动的条件和结果，这样能够部分缓解理论断裂问题。

（3）保持小系统内的连贯性

无论大系统之间，还是小系统内部是否有概念缺失，我们在教材完整性上都做到尽量连贯。具体做法是，在概念引出前，有【情景引入】；在概念有延伸时，有【内容递进】；在概念需要拓展应用时，根据具体性质有【教学活动】【互动交流】和【拓展探究】；在概念缺失时，有【学习疑惑】和【问题讨论】。总之，本教材在编写过程中，尽管可能出现小概念或大概念的缺失，但本教材没有出现断裂感，连贯性恰恰成为本教材的一大亮点，也是在此说明的第三个特色。

四、如何落实核心素养培养的问题

本教材的编写遵循了课程标准要求，深刻体现了物理学科核心素养的内涵、育人价值、表现形式和层次水平，将培养和发展学生的物理科学素养融入物理知识、逻辑结构、教学资源之中。在落实核心素养培养的问题上，我们主要解决了以下四个方面的问题。

1. 如何体现“物理观念和应用”

物理观念是整个教材的核心。教材从第一章开始，始终贯穿着物质、运动和相互作用、能量的观念，特别是物质与能量是整个物理学的主旋律和研究对象，这毋庸赘言。然而对于高职学生来说，物理观念的落地才是其首要任务，而落地的实质就是应用，所以，应用才是本教材需要着力的地方。从航空母舰上舰载机的弹射起飞到特高压输电；从土木工程的打桩机到航天发射；从电吉他的奏鸣到漏电保护器；从受控核聚变装置ITER到“墨子”号验证超过1 200 km的量子纠缠状态的保持，无不贯穿着物质、能量及其相互作用的应用价值，在应用中实现物质观念的提炼与升华。

2. 如何体现“科学思维与创新”

全书十分注重推理论证、分析综合等科学思维应用，特别是在模型建构过程中，给出实际物体到模型建构的路径和依据或证据，强调特殊到一般的推理过程，比对模型适用条件。比如，质点模型的建构，首先给出质点的概念，然后从实例（地球绕日运动）中提炼作为质点的依据（证据），推论一般条件——能看作质点的两个条件(运动范围与形式)。本教材还有意引导学生在实际工程应用中寻找符合物理规律的实例,创新思维方式,从实践中来,到理论中寻找规律,再用于实践检验。比如,第二章第一道习题,探讨“跨步电压及其安全范围”。

3. 如何体现“实践与探索”

全书设有【教学活动】【实践探索】栏目,根据教学内容深度要求,有时以“实践”为目的,要求学生配合教学做诸如力的三要素分析、磁感应线的模拟等课程实践;有时以“探索”为目的,要求学生课后完成诸如小火箭发射、伺服电机分析与制作等课程探索。在这些探索中形成猜想与假设,设计并制定解决方案,获取证据,得出结论,从而获得解决问题、提升意识、培养工程思维和技术应用的能力。

4. 如何体现“科学态度和责任”

虽然科学态度与责任很难在物理知识内容中表现,但全书十分重视它的呈现。通过讲述物理学家的研究事例,将他们的科学态度和工作热情展现出来。比如,本教材在探究电磁感应定律的发现过程中,恰如其分地将法拉第十年如一日的工作追求和坚韧意志表达出来。本教材还利用物理现象的分析,因势利导地呈现出科学责任的实质。比如,在分析用电器接地和漏电保护器的作用和原理分析时,不失时机地将安全意识传导给阅读者。诸如此类的事例在本教材中随处可见。

上述表现物理学科素养的形式都是“隐形”的,是一种潜移默化、如盐融水的自然渗透与融合,需要阅读者潜心感受。需要潜心感受的还有反映社会主义核心价值观的课程思政内涵,教材中也有所涉及。同时,本教材对物理学科素养的表现形式也有显性的,主要载体为【科技中国】栏目和一定量的二维码内容——教材拓展资源。

五、教材编写的设计与特色

上述内容属于教材微观层面的处理方法。整体设计上,我们推出了课程、教材和拓展资源一体化的设计思路。本教材中出现的【学习疑惑】【拓展探究】【问题讨论】【教学活动】等栏目都是教师在使用教材的教学过程中的自然课堂表现,我们把它搬上了本教材。有些“讨论”“疑惑”“拓展”给出了结论性的探讨,有些只出现“设问”,需要同学在实际课堂或课本之外进行活动。这种选择取决于“设问”是否与后续内容直接相关。如果相关,则在“设问”后有结论性“讨论”。

此外,将拓展资源以二维码的形式在教材中呈现,其中有工程实践内容、课程视频内容、课程思政内容等。在大大拓展内容的同时,弥补了课时不足的缺憾。如果算上这些内容,课时可以达到 75 课时。

六、教材编写分工

周雨青编写第一、第二两章,梁颖编写第三章,董科编写第四章,贾瑜编写第五章,田红梅、骞朋波编写第六章。全书由周雨青、梁颖、董科、贾瑜统稿。

感谢老师和同学们选择与阅读本教材。以上介绍，旨在促进师生们在教和学中能更好运用本教材。我们殷切希望学生们能克服困难，跨越知识难度，借助物理知识的学习，提升科学素养，推动高等职业教育质量更上一层楼。

最后，感谢王祖源、黄斌、李春密、黄文宏和霍晨亮五位老师，他们冒着酷暑，不惧忙碌与疲惫，审读把关了全稿，从而在科学严谨、书稿定位和特色应用上把好关、定好向。特别令人感动的是，王祖源老师因白日繁忙无暇审稿，便不辞辛劳地坚持挤出夜晚直至凌晨时间审读稿件并书写意见。如果我们的教材能对高职物理教育添砖加瓦，绝离不开他们的劳作与贡献。

此外，也要感谢高等教育出版社的领导和编辑，无论是 2023 年 4 月在珠海召开的教材启动会，还是后续对稿件的编辑加工，都给予了我们完成工作的信心、力量和帮助。

2024 年 2 月于北师大（珠海）

目 录

第一章 质点运动及运动规律

【情景引入】

在机械加工、制造和修理部门，刨床是一种重要的工具，它是用刨刀对工件的平面、沟槽或成形表面进行刨削的机床（图 1.1）. 刨床是使刀具和工件之间产生相对直线往复运动，来达到刨削工件表面的目的. 往复运动是刨床上的主运动. 机床除了有主运动以外，还有辅助运动，也叫进刀运动. 刨床的进刀运动是工作台（或刨刀）的间歇移动. 在刨床上可以刨削水平面、垂直面、斜面、曲面、台阶面、燕尾形工件、T 形槽、V 形槽，也可以刨削孔、齿轮和齿条等. 如果对刨床进行适当的改装，那么刨床的适应范围还可以扩大. 用刨床刨削窄长表面时具有较高的效率.

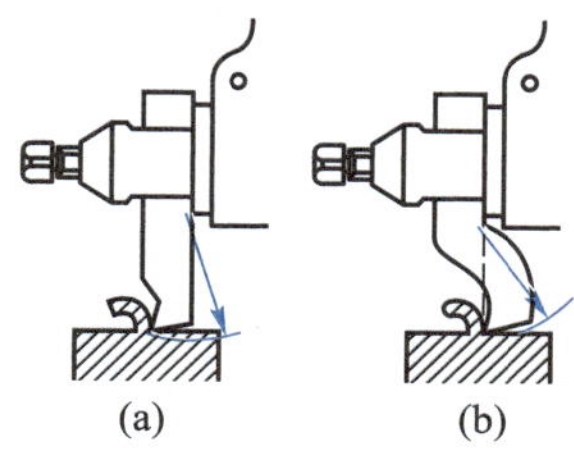

图 1.1 刨床

由上可见，刨刀工作的成效与切割力及其运动形式有关.

本章将从质点模型、运动形式和力的效果三个方面给予介绍.

1.1 质点运动的描述

【情景引入】

上述刨刀的运动形式表明，虽然整个刨床及其工件都有复杂的造型，但就刀口的直线往复运动而言，整个刨刀的运动都可看作质点运动. 质点模型在物理学中的地位相当高，它是所有质点系，包括气体、液体、固体等模型的基础. 一个质点的运动规律搞清楚了，原则上所有质点系的问题都将迎刃而解.

1.1.1 质点 参考系 坐标系

1. 质点

质点，是指只有质量而没有大小、形状和内部结构的点，是一个理想模型，也是力学范畴所建构的第一个理想模型. 其重要意义贯穿整个力学体系.

【问题讨论】

以质点模型为例，构建理想模型的方法是什么？

若物体的大小、形状和内部结构在研究的问题中不起主要作用，相反还会使问题变得更加复杂，则在研究这类问题时，可以忽略物体的大小、形状和内部结构，只保留起主要作用的质量，即将物体视为质点. 这种突出主要因素，降低或忽略次要因素的方法，称为模型构建法.

实际的物体都有一定的大小、形状、内部结构和质量. 如何将实际物体构建为理想模型——质点？一般有以下两种情形.

(1) 物体运动范围远比自身尺寸大得多. 例如，地球在绕太阳公转的同时，还绕地轴自转. 地球上各点相对于太阳的运动，严格说来是各不相同的. 但是由于地球到太阳的距离约为地球直径的十万多倍，所以在研究地球的公转时，可不考虑地球的大小、形状和内部结构.

(2) 物体运动状态为平动(物体上任意两点间的连线在运动过程中都保持平行的一类运动)，因各点运动情况相同，所以可以看成一个点的运动，亦即当作质点来对待. 比如“情景引入”中提到的刨床运动就可看作质点运动.

研究**质点具有普遍的意义**，若必须考虑问题中物体的大小、形状和内部结构，则可将物体看作由许多质点组成的质点系. 通过分析质点系内所有质点的运动，可以弄清整个物体的运动. 质点的运动，是研究一般物体运动的基础，具有普遍性. 所以，质点是物理学中一个非常重要的理想模型.

【学习疑惑】

同样一个物体有时能看作质点，有时又不能. 比如上文提到的地球，这是否矛盾？

没有矛盾. 实际上，物体能否看作质点，完全是由研究问题的内容决定的. 以地球绕太阳转动为例，若研究内容是地球公转轨道与周期的问题，因地球上各点的运动都是类似的，那么完全可以把地球看作质点；若研究内容是地球公转轨道平面与赤道面的夹角(公转轨道平面，又称黄道面，与赤道平面不重合，其夹角称为黄赤交角，如图 1.2 所示)关系时，因赤道平面是与地球自转方向垂直的，所以不能将地球看作质点. 总的来说，对一个客观物体而言，**质点模型概念是相对的，不是绝对的，这是不矛盾的科学关系，是由研究问题的内容所决定的.**

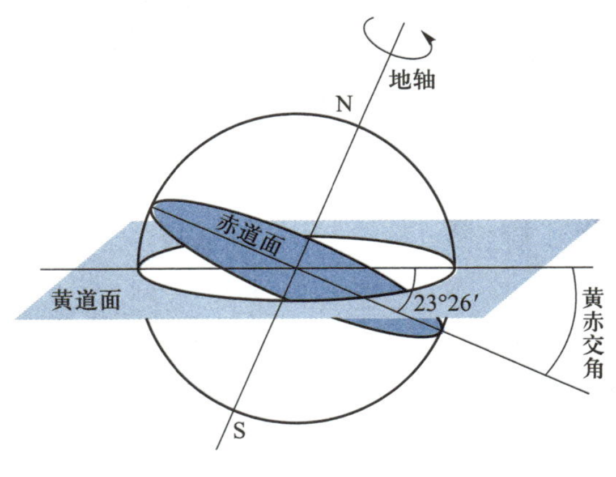

■ 图 1.2　黄赤交角

2. 参考系　坐标系

运动是物体存在的形式，是物质的固有属性，这是**运动的绝对性**. 若选择不同的参考物来描述同一个物体的运动，其运动形式则各不相同. 例如，当你在匀速直线行驶的车上向空中竖直抛出一物体，若忽略空气阻力，在你看来物体在竖直方向上作匀变速直线运动. 而对于静止于地面上的观察者来说，物体作斜抛运动，其运动轨迹为抛物线. 又如，人造地球卫星的运动,若以地球为参考物,其运动轨道是圆或椭圆,如图 1.3(a)所示. 如果以太阳为参考物,卫星的运动轨道则是如图 1.3(b)所示的复杂曲线. 这种以不同物体作为参考物,得出对同一物体运动的不同描述,称为**运动的相对性**. 由于运动的描述具有相对性,故描述一个物体的运动时,必须首先选择某物体作为参考物,物理上将这类参考物统称为参考系.

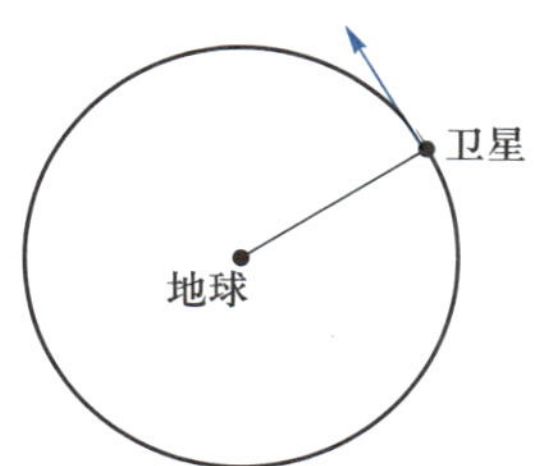

(a) 以地球为参考物

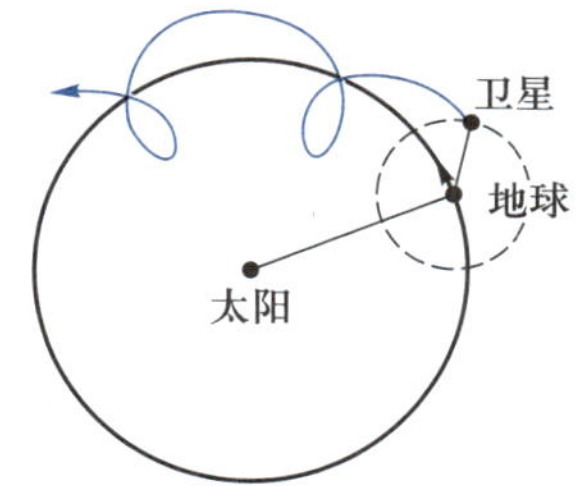

(b) 以太阳为参考物

■ 图 1.3 不同参考系中的人造地球卫星轨道

为了定量地表示出一个物体在各时刻相对于参考系的精确位置,通常还需要建立一个固定在参考系上的坐标系,运动物体的位置可以用它在坐标系中的坐标来表示. 可以选择的坐标系有多种,如直角坐标系、极坐标系、自然坐标系、球坐标系等. 选择合适的坐标系,可以大大方便问题的求解. 例如,在讨论直线运动、抛体运动时,通常选择直角坐标系,而在讨论圆周运动、刚体的定轴转动时,则采用极坐标系更为方便.

关于运动与静止的论述,中国古人也有一番自己的见解. 请扫描二维码阅读《拓展阅读:中国古代关于运动与静止的认识》.

拓展阅读:中国古代关于运动与静止的认识

从拓展阅读的论述中我们可以想象,若中国古代能引入坐标系,也必能创造出运动与静止的科学描述,这会成为中国对世界科学的贡献. 同时,我们也应该清醒地认识到,没有数学的介入,科学将无法走进定量描述的精确殿堂,就难有近代科学的创立. 所以,我们在学习物理时,要学会运用数学来定量描述. 下面我们进入运动的定量描述.

1.1.2 直角坐标系中的位置 速度 加速度

1. 位置矢量 运动方程

质点的位置随时间变化的关系称为**运动方程**,对这个方程进行数学运算,就能得出后续的描述物体运动状态的其他物理量,**这是运动方程的意义所在**. 确定质点在任意时刻的位置,需要坐标系才能定量描述. 在直角坐标系中,确定一个运动质点 P 在任意时刻 t 所在的位置,需要用三个随时间变化的坐标 x、y、z 来表示(见图 1.4),即

$$x=x(t),\quad y=y(t),\quad z=z(t) \tag{1.1}$$

确定一个质点的位置,还可以用从原点 O 指向 P 点的有向量 $\boldsymbol{r}$ 来表示,向量 $\boldsymbol{r}$ 表示质点离开参考点 O 的距离和方位. 物理学中将既有大小又有方向的物理量称为矢量,因此我们就把 $\boldsymbol{r}$ 称为质点的**位置矢量**(简称**位矢**或**矢径**),如图 1.4 所示. 在直角坐标系中位矢 $\boldsymbol{r}$ 可以表示成

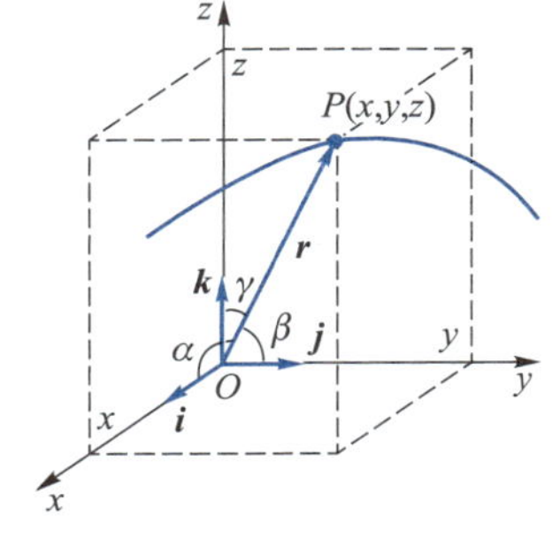

■ 图 1.4 位置矢量

$$\boldsymbol{r}=\boldsymbol{r}(t)=x(t)\boldsymbol{i}+y(t)\boldsymbol{j}+z(t)\boldsymbol{k} \tag{1.2}$$

式中 $\boldsymbol{i}$、$\boldsymbol{j}$、$\boldsymbol{k}$ 分别为沿坐标轴 x、y、z 三个方向上的**单位矢量**(大小为 1 的矢量).

位矢 $\boldsymbol{r}$ 的大小为

$$r=|\boldsymbol{r}|=\sqrt{x^2+y^2+z^2} \tag{1.3}$$

它表示质点离坐标原点 O 的距离,而位矢 $\boldsymbol{r}$ 的方向可用其方向余弦(与三个坐标轴间的夹角的余弦)表示

$$\cos\alpha=\frac{x}{r},\quad \cos\beta=\frac{y}{r},\quad \cos\gamma=\frac{z}{r} \tag{1.4}$$

式(1.1)和式(1.2)统称为**质点的运动方程**. 如果知道了运动方程,质点的运动就完全确定了. 根据具体的条件,求解质点的运动方程是力学的基本任务之一.

【学习疑惑】

由上文可知,质点的位矢是一条随时间变化的、从原点 O"发出"的有向线段,但质点运动过程中,在空间所经历的路径(称为**轨迹**)并不一定是这条直线. 那么,如何求出轨迹方程呢?

从式(1.1)中消去时间 t,就可以得到质点的轨迹方程. 质点若作平面运动,或直线运动,则在该式中分别减少一个或两个坐标变量即可.

2. 位移

一个顾客要去商场 5 楼购物,他既可以通过回转楼梯从 1 楼爬到 5 楼,实际走过了 5 段弯曲折线(实际路径),也可以乘坐垂直轿式电梯直达 5 楼,如图 1.5 所示. 两种方案中,顾客走的路径不同,但起始和终止位置相同,这**两个特殊位置是顾客到达预定楼层起止变化的关键**. 现实生活中,类似的情况还有导弹拦截飞行物问题等. 可见,对于物体的位置移动问题,重要的是位置的变动.

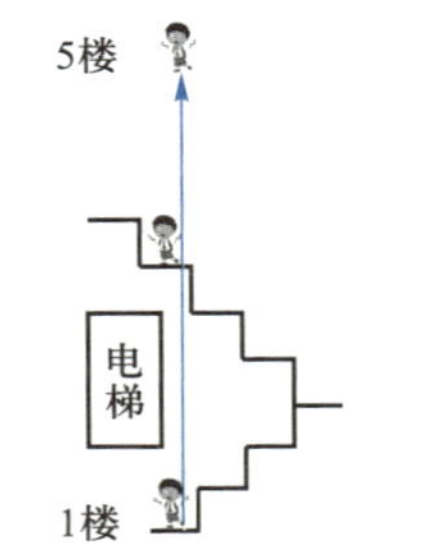

■ 图 1.5 位置改变

我们回到抽象描述中. 设一质点在 Oxy 平面内沿图 1.6 所示的曲线轨迹 $\widehat{AB}$ 运动. t 时刻,质点位于 A 点;$t+\Delta t$ 时刻,质点运动到 B 点. 曲线 $\widehat{AB}$ 的长度 Δs 称为质点在 Δt 时间内走过的**路程**. 实际上,质点从 A 点运动到 B 点可以有很多条路径,但从 A 点指向 B 点的有向线段的长度和方向是唯一的,它表示的是位置的变化. 因此,我们由质点的 A 点(初位置)向 B 点(末位置)引一个矢量 $\Delta\boldsymbol{r}$,矢量 $\Delta\boldsymbol{r}$ 称为质点在 Δt 时间内的**位移矢量**,简称**位移**,记作

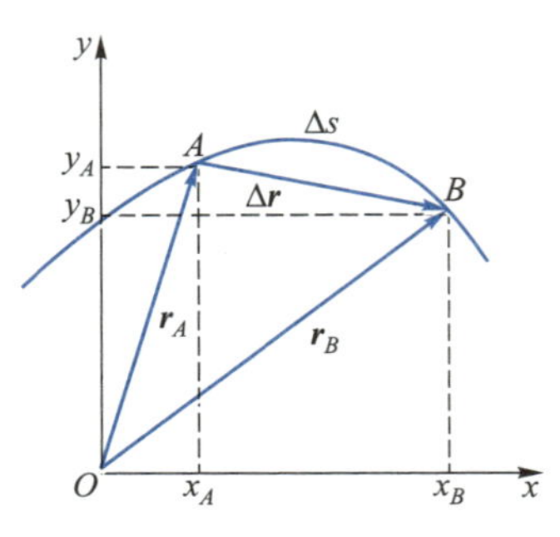

■ 图 1.6 位移矢量

$$\Delta\boldsymbol{r}=\boldsymbol{r}(t+\Delta t)-\boldsymbol{r}(t)=\boldsymbol{r}_B-\boldsymbol{r}_A \tag{1.5}$$

因此质点在 Δt 时间内的位移 $\Delta\boldsymbol{r}$ 等于质点在这段时间内位矢的改变,其大小为位矢改变的大小,其方向为位矢改变的方向.

考虑到式(1.2),位移 $\Delta\boldsymbol{r}$ 也可写成

$$\Delta\boldsymbol{r}=\boldsymbol{r}_B-\boldsymbol{r}_A=(x_B-x_A)\boldsymbol{i}+(y_B-y_A)\boldsymbol{j} \tag{1.6a}$$

位移的大小为

$$|\Delta\boldsymbol{r}|=\sqrt{(x_B-x_A)^2+(y_B-y_A)^2} \tag{1.6b}$$

位移的方向可由它与 x 轴之间的夹角 α 确定,即

$$\tan\alpha=\frac{y_B-y_A}{x_B-x_A} \tag{1.6c}$$

虽然式(1.6a)、式(1.6b)和式(1.6c)都是有关位置变化的关系式，但对其他矢量，比如速度、加速度都适用，因此，后续我们就不再写出类似式(1.6b)和式(1.6c)的矢量大小和方向的表达式了.

特别要说明的是，路程 Δs 和位移 $\Delta\boldsymbol{r}$ 是两个完全不同的概念. 首先，路程 Δs 是标量，而位移 $\Delta\boldsymbol{r}$ 是矢量；其次，位移只反映在一段时间内质点位置变化的总效果，而路程则代表质点实际走过的路径长短. 在国际单位制中，位矢、位移和路程的单位是 m(米).

由质点的运动方程式(1.1)或者式(1.2)，可研究质点的位置随时间变化的规律. 下面我们引进与质点位置变化有关的两个物理量——速度和加速度.

3. 质点运动的速度

位移或路程的变化有快、慢之分，如何引进描述运动快慢的物理量——速度或速率的概念？

设 t 时刻，质点位于 A 点，在 Δt 时间内，质点沿任意路径 AB 运动到 B 点(图 1.6)，根据式(1.6a)可知，该质点在 Δt 时间内的位移 $\Delta\boldsymbol{r}$ 为

$$\Delta\boldsymbol{r}=\boldsymbol{r}_B-\boldsymbol{r}_A=(x_B-x_A)\boldsymbol{i}+(y_B-y_A)\boldsymbol{j}=\Delta x\boldsymbol{i}+\Delta y\boldsymbol{j} \tag{1.6d}$$

将位移 $\Delta\boldsymbol{r}$ 与时间 Δt 之比定义为 Δt 时间内质点的平均速度，用矢量 $\overline{\boldsymbol{v}}$ 表示，即

$$\overline{\boldsymbol{v}}=\frac{\Delta\boldsymbol{r}}{\Delta t} \tag{1.7}$$

平均速度的大小等于 $|\Delta\boldsymbol{r}|/\Delta t$，其方向与位移 $\Delta\boldsymbol{r}$ 的方向相同，即由 A 点指向 B 点. 平均速度只能反映质点在 Δt 时间内运动快慢的大致情况，要想精确地描述质点在轨道上每一点的运动情况，需要用数学来确定 $\Delta t\to0$ 时的平均速度 $\overline{\boldsymbol{v}}$ 的极限，这一极限称为质点在 t 时刻的瞬时速度，简称速度，用矢量 $\boldsymbol{v}$ 表示，考虑到数学中的极限与导数的关系，有

$$\boldsymbol{v}=\lim_{\Delta t\to0}\frac{\Delta\boldsymbol{r}}{\Delta t}=\frac{\mathrm{d}\boldsymbol{r}}{\mathrm{d}t} \tag{1.8}$$

上式表明，速度等于位矢对时间的一阶导数.

由图 1.7 可知，质点沿着某曲线从 A 点向 B 点运动过程中，位移 $\Delta\boldsymbol{r}$ 以及平均速度 $\overline{\boldsymbol{v}}$ 均沿割线的方向. 当 $\Delta t\to0$ 时，割线趋向于轨迹的切线方向. 因此，质点瞬时速度 $\boldsymbol{v}$ 的方向总是沿着轨迹上质点所在位置的切线方向.

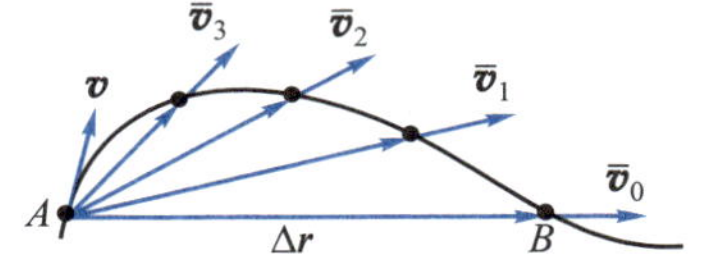

■ 图 1.7 瞬时速度的方向

在平面直角坐标系中，速度可表示为

$$\boldsymbol{v}=\frac{\mathrm{d}x}{\mathrm{d}t}\boldsymbol{i}+\frac{\mathrm{d}y}{\mathrm{d}t}\boldsymbol{j}=v_x\boldsymbol{i}+v_y\boldsymbol{j} \tag{1.9}$$

式中 $v_x=\dfrac{\mathrm{d}x}{\mathrm{d}t}$ 和 $v_y=\dfrac{\mathrm{d}y}{\mathrm{d}t}$ 分别为速度沿 x 轴和 y 轴的分量.

因 $\Delta t\to0$ 时，可认为位移的大小 $|\Delta\boldsymbol{r}|$ 与路程 Δs 相等，则有

$$v=|\boldsymbol{v}|=\lim_{\Delta t\to 0}\frac{|\Delta \boldsymbol{r}|}{\Delta t}=\lim_{\Delta t\to 0}\frac{\Delta s}{\Delta t}=\frac{\mathrm{d}s}{\mathrm{d}t} \tag{1.10}$$

上式表明,速度矢量的大小(称为速率)等于路程对时间的一阶导数.

【互动交流】

至此,我们在初等物理的认知基础上引进了微分计算,这是必需的吗? 答案是肯定的. 微(积)分概念是牛顿和莱布尼茨为了解决连续变量、曲线运动等问题而发明的. 没有它,精细的瞬时关系无法表示,比如,我们对速度的认识和理解就只能停留在平均速度概念上,无法知道任何时刻或任何地点处的速度. 物理学中,在求类似速度的物理量的瞬时值时,必须对与之相关联的物理量求导;遇到探求连续求和的物理量时,必须使用积分.

在图 1.7 所示的曲线运动中,若将曲线慢慢拉成沿水平方向的直线,物体的平面运动就变成了直线运动,则位移、速度都在这一条直线上,式(1.9)就只有一个分量,位移和速度的方向也在这条直线上,此时,速度的矢量式就可以用“标量”形式表达出来,即

$$v=\frac{\mathrm{d}x}{\mathrm{d}t} \tag{1.11}$$

速度的单位是由长度单位和时间单位组合而成的,在国际单位制中速度的单位为 $\mathrm{m}\cdot\mathrm{s}^{-1}$(米每秒).

4. 质点运动的加速度

2022 年北京冬季奥运会滑雪大跳台项目(图 1.8),运动员从高处的出发点滑向下方的跳台平台前,速度越来越快,利用最后巨大的惯性飞出平台,获得足够远的跳跃距离而赢得好的成绩;障碍大回转项目——从大斜坡上快速穿越各种障碍. 在这两种运动中,运动员的速度大小都在不断改变,而在障碍大回转中,为了躲避障碍物,速度方向也在不断地改变. 在上述实例中我们看到,物体位置变化的快慢还无法完全描述物体的运动情况,必须引入描述速度变化快慢的物理量——加速度.

■ 图 1.8　滑雪大跳台

质点作曲线运动时,其速度矢量的大小和方向一般都会随时间变化,需要引进加速度这一物理量来描述速度随时间变化的快慢. 设在 t_1 时刻,质点在 A 处的速度为 $\boldsymbol{v}_1$,在 t_2 时刻,质点在 B 处的速度为 $\boldsymbol{v}_2$,如图 1.9 所示. 在 $\Delta t=t_2-t_1$ 时间内的速度增量为

$$\Delta \boldsymbol{v}=\boldsymbol{v}_2-\boldsymbol{v}_1 \tag{1.12}$$

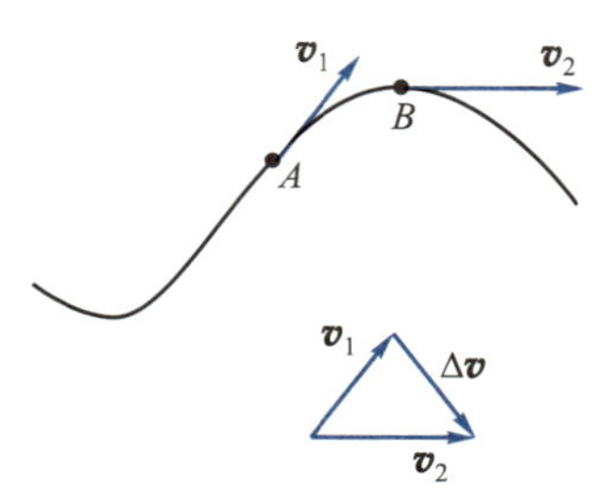

■ 图 1.9　速度增量

将 $\Delta \boldsymbol{v}$ 和 Δt 之比定义为 Δt 时间内质点的平均加速度,用矢量 $\overline{\boldsymbol{a}}$ 表示,即

$$\overline{\boldsymbol{a}}=\frac{\Delta \boldsymbol{v}}{\Delta t} \tag{1.13}$$

类似于瞬时速度的定义,把 $\Delta t\to 0$ 时平均加速度的极限称为质点在某一

时刻的**瞬时加速度**，简称为**加速度**，用矢量 $\boldsymbol{a}$ 来表示，即

$$\boldsymbol{a}=\lim_{\Delta t\to 0}\frac{\Delta \boldsymbol{v}}{\Delta t}=\frac{\mathrm{d}\boldsymbol{v}}{\mathrm{d}t}=\frac{\mathrm{d}^2\boldsymbol{r}}{\mathrm{d}t^2} \tag{1.14}$$

即，加速度等于速度对时间的一阶导数或位矢对时间的二阶导数.

在平面直角坐标系中，加速度可表示为

$$\boldsymbol{a}=\frac{\mathrm{d}v_x}{\mathrm{d}t}\boldsymbol{i}+\frac{\mathrm{d}v_y}{\mathrm{d}t}\boldsymbol{j}=\frac{\mathrm{d}^2x}{\mathrm{d}t^2}\boldsymbol{i}+\frac{\mathrm{d}^2y}{\mathrm{d}t^2}\boldsymbol{j}=a_x\boldsymbol{i}+a_y\boldsymbol{j} \tag{1.15}$$

式中 $a_x=\frac{\mathrm{d}v_x}{\mathrm{d}t}=\frac{\mathrm{d}x^2}{\mathrm{d}t^2}$和 $a_y=\frac{\mathrm{d}v_y}{\mathrm{d}t}=\frac{\mathrm{d}y^2}{\mathrm{d}t^2}$分别为加速度沿 x 轴和 y 轴的分量.

需要注意的是，速度增量 $\Delta\boldsymbol{v}$ 的方向及其极限方向一般不在轨迹的切线方向，而是指向轨迹的弯曲一侧，因而，加速度 $\boldsymbol{a}$ 的方向与同一时刻速度 $\boldsymbol{v}$ 的方向一般是不同的，加速度将引起速度大小和方向的双重变化.

如果物体被约束在一条直线上运动，则加速度方向就在这条直线上，其表达式简化为

$$a=\frac{\mathrm{d}v}{\mathrm{d}t}=\frac{\mathrm{d}^2x}{\mathrm{d}t^2} \tag{1.16}$$

这正是式(1.15)的一个分量表达式，此时加速度与速度在同一条直线上. 当加速度与速度方向相同时，速率增加；当加速度与速度方向相反时，速率减少.

加速度的单位由速度单位和时间单位组合而成，国际单位制中加速度的单位为 $\mathrm{m\cdot s^{-2}}$（米每二次方秒）.

上文说过，运动方程的意义在于，可以通过它求得某时间点上或某时间段内各运动学参量，我们试着来解以下例题.

例 1.1 如质点运动方程为

$$\boldsymbol{r}=2t\boldsymbol{i}+(4t^2+2)\boldsymbol{j}$$

式中 $\boldsymbol{r}$ 的单位为 m，t 的单位为 s. 试求：

(1) 质点运动的轨迹方程；(2) 质点在 $t=1$ s 至 $t=3$ s 内的位移；(3) 速度的直角坐标分量表达式；(4) 加速度的直角坐标分量表达式.

解 (1) 由题意可知，$x=2t$，$y=4t^2+2$，消去 t 可得轨迹方程为

$$y=x^2+2$$

因此，质点的运动轨迹为起点在 $x_0=0$，$y_0=2$ 处的抛物线，如图 1.10 所示.

(2) 将 $t=1$ s 和 $t=3$ s 代入位矢的表达式，得

$$\boldsymbol{r}(t=1\ \mathrm{s})=(2\boldsymbol{i}+6\boldsymbol{j})\ \mathrm{m}$$

$$\boldsymbol{r}(t=3\ \mathrm{s})=(6\boldsymbol{i}+38\boldsymbol{j})\ \mathrm{m}$$

因此，质点在 $t=1$ s 至 $t=3$ s 内的位移为

$$\Delta\boldsymbol{r}=\boldsymbol{r}(t=3\ \mathrm{s})-\boldsymbol{r}(t=1\ \mathrm{s})=(4\boldsymbol{i}+32\boldsymbol{j})\ \mathrm{m}$$

如图 1.10 中的短线所示.

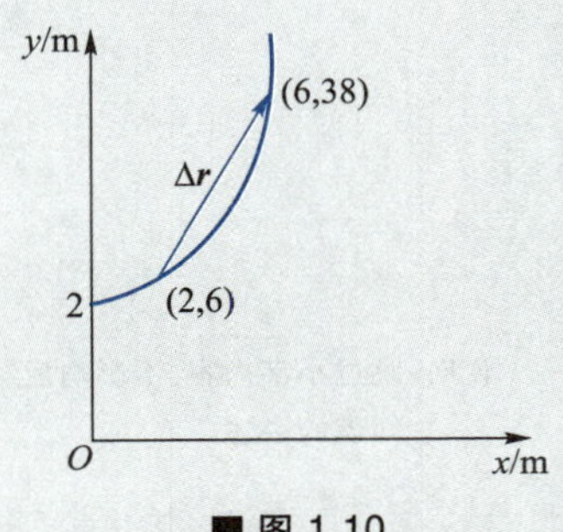

■ 图 1.10

(3) 速度沿 x 轴和 y 轴方向的分量分别为

$$v_x=\frac{\mathrm{d}x}{\mathrm{d}t}=2\ \mathrm{m}\cdot\mathrm{s}^{-1},\quad v_y=\frac{\mathrm{d}y}{\mathrm{d}t}=8t(\mathrm{m}\cdot\mathrm{s}^{-1})$$

因此，质点在 x 方向作速度为 $2\ \mathrm{m}\cdot\mathrm{s}^{-1}$ 的匀速运动，y 方向作初速度为 0 的变速运动.

(4) 加速度的 x 和 y 方向分量分别为

$$a_x=\frac{\mathrm{d}v_x}{\mathrm{d}t}=0,\quad a_y=\frac{\mathrm{d}v_y}{\mathrm{d}t}=8\ \mathrm{m}\cdot\mathrm{s}^{-2}$$

由此可知，x 方向无加速度——质点作匀速运动，y 方向加速度恒定——质点作匀加速运动.

【互动交流】

例 1.1 虽然是一个平面运动，但如果只关注某一方向的运动，则可以看成直线运动. 从上述沿 x 轴方向的匀速运动和沿 y 轴方向的匀加速运动的每一步求解过程及其结果，可反推出 y 轴方向的匀加速运动的一般规律，若初始位置、速度和加速度分别为 y_0、v_0 和 a，则有

$$v=v_0+at \tag{1.17}$$

$$y=y_0+v_0t+\frac{1}{2}at^2 \tag{1.18}$$

这正是高中物理中的匀加速直线运动规律. 那么由此判断，例 1.1 的运动方程对应的是一个平面运动. 比如一台平面切割机，刀头沿 x 轴方向作匀速运动，同时沿 y 轴方向作匀加速运动，则可切割出一条与图 1.10 类似的抛物线形状的切痕.

视频：质点运动的描述

1.1.3　圆周运动与曲线运动

1. 圆周运动

若一个质点的运动轨迹为圆，则称该质点作**圆周运动**. 圆周运动是平面曲线运动中轨迹**最简单**的一种特殊运动，但其基本特征完全**涵盖了一般**的平面曲线运动. 值得说明，任意平面曲线运动轨迹上的一小段都可看成一个特定圆周的弧线，这一小段曲线上的运动学量就可以用该特定圆周的运动学量替代，所以说，**圆周运动具有平面曲线运动的最基本属性**. 后续我们将不加证明地给出从圆周运动过渡到一般的曲线运动的结果.

(1) 圆周运动的加速度

说明：跳过小字内容，不影响后续知识的讲述

设在 Δt 时间内质点从圆周上的 A 点运动到 B 点，速度大小由 v 变化到 v'（设 $v\neq v'$），速度方向都沿各自位置处的切线方向. 令 A 点沿法线方向并指向圆心的单位矢量为 $\vec{e}_n$；沿切线方向并指向质点运动方向的单位矢量为 $\vec{e}_t$. 这种固定在运动轨迹上，并以轨迹的法线方向和切线方向为单位矢量正方向的坐标系称为自然坐标系，如图 1.11(a) 所示. 在 Δt 时间内质点速度的改变量为 $\Delta\boldsymbol{v}=\boldsymbol{v}'-\boldsymbol{v}$，我们可以假设，速度是先

保持其大小不变并旋转到 $\boldsymbol{v}'$ 的方向上，转过的角度为 $\Delta\theta$，然后再把变化之后的速度大小由 v 变为 v'，从而得到了新的速度 $\boldsymbol{v}'$，因此 $\Delta\boldsymbol{v}$ 一定是由速度大小和方向的变化共同决定的，如图 1.11(b) 所示. 为了把这两种变化对 $\Delta\boldsymbol{v}$ 的贡献分别表示出来，如图 1.11(c) 所示，我们以速度 $\boldsymbol{v}$ 的起点为圆心，以 $\boldsymbol{v}$ 的大小为半径作圆弧交 $\boldsymbol{v}'$ 于 C 点，则可以得到矢量 $\Delta\boldsymbol{v}_n$ 和 $\Delta\boldsymbol{v}_t$. 根据矢量的三角形法则，速度矢量在 Δt 时间内的增量可以表示为

$$\Delta\boldsymbol{v}=\Delta\boldsymbol{v}_n+\Delta\boldsymbol{v}_t \tag{1.19}$$

其中 $|\Delta\boldsymbol{v}_n|$ 仅由速度方向的变化决定，而 $|\Delta\boldsymbol{v}_t|$ 仅由速度大小的变化决定. 质点作圆周运动的加速度可表示为

$$\boldsymbol{a}=\lim_{\Delta t\to 0}\frac{\Delta\boldsymbol{v}_n}{\Delta t}=\lim_{\Delta t\to 0}\frac{\Delta\boldsymbol{v}_n}{\Delta t}+\lim_{\Delta t\to 0}\frac{\Delta\boldsymbol{v}_t}{\Delta t} \tag{1.20}$$

由图 1.11 可知，上式中的第一项为

$$\frac{|\Delta\boldsymbol{v}_n|}{v}=\frac{|AB|}{r}$$

上式两边同时除以 Δt，并移项得

$$\frac{|\Delta\boldsymbol{v}_n|}{\Delta t}=\frac{v}{r}\frac{|AB|}{\Delta t}$$

当 $\Delta t\to 0$ 时，B 点趋近于 A 点，弦长 $|AB|$ 趋近于弧长 $\overset{\frown}{AB}$，所以

$$\lim_{\Delta t\to 0}\frac{|\Delta\boldsymbol{v}_n|}{\Delta t}=\frac{v}{r}\lim_{\Delta t\to 0}\frac{\overset{\frown}{AB}}{\Delta t}$$

其中 $\lim\limits_{\Delta t\to 0}\frac{\overset{\frown}{AB}}{\Delta t}=v$. 当 $\Delta t\to 0$ 时，$\Delta\theta\to 0$，$\Delta\boldsymbol{v}_n$ 的方向趋近于 $\boldsymbol{v}$ 的垂直方向. 即在极限情况下，$\frac{\Delta\boldsymbol{v}_n}{\Delta t}$ 的方向沿着半径指向圆心（$\boldsymbol{e}_n$ 的方向）. 所以称此加速度为**向心加速度**，又称**法向加速度**，用 $\boldsymbol{a}_n$ 表示，即

$$\boldsymbol{a}_n=\lim_{\Delta t\to 0}\frac{\Delta\boldsymbol{v}_n}{\Delta t}=\frac{v^2}{r}\boldsymbol{e}_n \tag{1.21}$$

式(1-20)中的第二项含义是什么呢？因 $|\Delta\boldsymbol{v}_t|$ 仅表示速度大小的增量，所以 $\Delta\boldsymbol{v}_t/\Delta t$ 极限的大小等于 A 点速率的变化率. 由图 1.11(c) 可知，当 $\Delta t\to 0$ 时，$\Delta\boldsymbol{v}_t$ 的极限方向为 A 点速度 $\boldsymbol{v}$ 的方向（$\boldsymbol{e}_t$ 的方向）. 所以，这个极限称为**切向加速度**，用 $\boldsymbol{a}_t$ 表示

$$\boldsymbol{a}_t=\lim_{\Delta t\to 0}\frac{\Delta\boldsymbol{v}_t}{\Delta t}=\frac{\mathrm{d}v}{\mathrm{d}t}\boldsymbol{e}_t \tag{1.22}$$

在变速圆周运动中，瞬时加速度 $\boldsymbol{a}$ 可分解为法向加速度 $\boldsymbol{a}_n$ 和切向加速度 $\boldsymbol{a}_t$ 两部分，即

$$\boldsymbol{a}=\boldsymbol{a}_n+\boldsymbol{a}_t=\frac{v^2}{r}\vec{e}_n+\frac{\mathrm{d}v}{\mathrm{d}t}\vec{e}_t \tag{1.23}$$

$\boldsymbol{a}_n$ 描述的是速度方向的变化（$\vec{e}_n$ 为法向单位矢量）；$\boldsymbol{a}_t$ 描述的是速度大小的变化（$\vec{e}_t$ 为切向单位矢量）. 在变速圆周运动中，速度的方向和大小都在变化，所以加速度 $\boldsymbol{a}$ 的方向不指向圆心（图 1.12）. 圆周运动加速度的大小和方向由下式确定

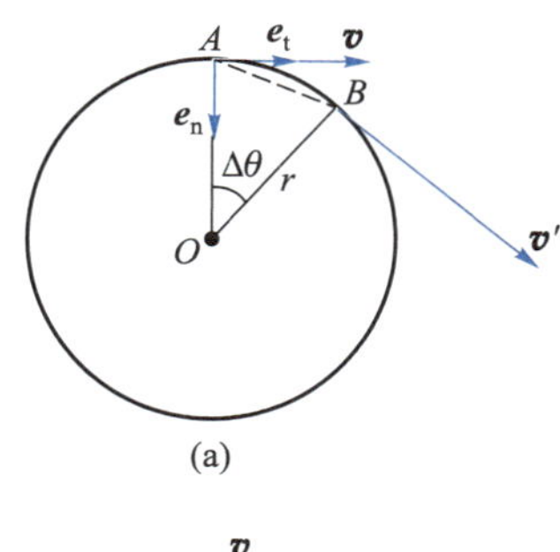

(a)

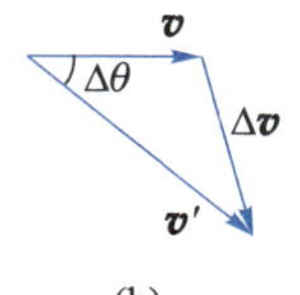

(b)

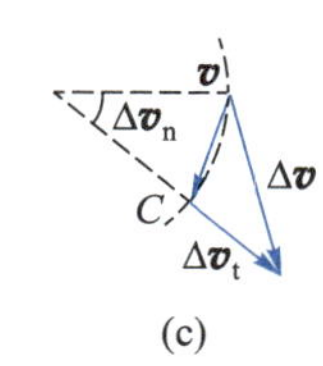

(c)

■ 图 1.11 圆周运动的加速度

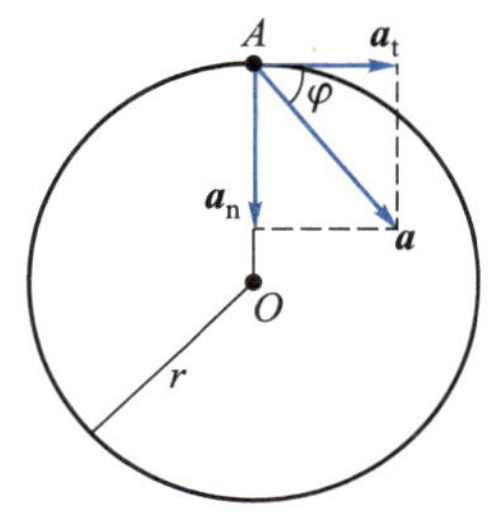

■ 图 1.12

$$a=\sqrt{a_n^2+a_t^2}=\sqrt{\left(\frac{v^2}{r}\right)^2+\left(\frac{dv}{dt}\right)^2}$$
$$\tan\varphi=\frac{a_n}{a_t} \tag{1.24}$$

如果质点作圆周运动时,速度的大小(速率)不变,则称该质点作匀速率圆周运动,简称匀速圆周运动. 对匀速圆周运动,有 $a_t=dv/dt=0$,即匀速圆周运动的切向加速度为 0,只有法向加速度 $\boldsymbol{a}_n$.

例 1.2 铣刀是用于铣削加工、具有一个或多个刀齿的旋转刀具,如图 1.13 所示. 铣床上的铣刀主要用于加工平面、台阶、沟槽、成形表面和切断工件等. 铣刀刀头半径为 R,工作时刀头高速旋转,刀刃切削工件. 刀刃的某点可看成"质点",沿铣刀中心轴作半径为 R 的圆周运动,质点沿圆周所经历的路程为 $s=bt$,其中 b 是常量. 求刀刃某点在 t 时刻的速率,法向加速度、切向加速度及总加速度的大小.

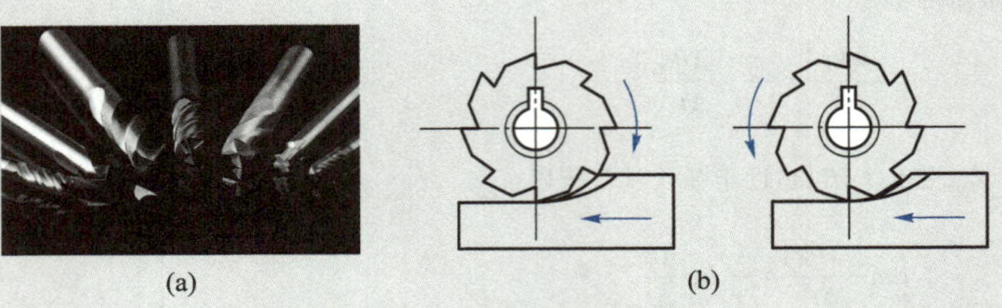

■图 1.13 铣刀

解 由质点的速率公式得

$$v=\frac{ds}{dt}=\frac{d}{dt}(bt)=b$$

由此可知,刀刃作匀速圆周运动,刀刃上各点切向加速度为 0,即 $a_t=0$.由式(1.21)可知法向加速度的大小为

$$a_n=\frac{v^2}{R}=\frac{b^2}{R}$$

则总加速度的大小为

$$a=\sqrt{a_n^2+a_t^2}=\frac{b^2}{R}$$

【拓展探究】

实际上,铣床的铣刀电动机是可以作变速转动的,若刀刃上的"质点"路程为 $s=\frac{1}{2}bt^2$. 那么,例 1.2 的结果有什么变化呢?

由质点的速率公式得

$$v=\frac{ds}{dt}=\frac{d}{dt}\left(\frac{1}{2}bt^2\right)=bt$$

由此可知,刀刃作变速运动."质点"(刀刃上某点)的法向加速度和切向加速度的大小分别为

$$a_n=\frac{v^2}{R}=\frac{b^2t^2}{R}$$

$$a_t=\frac{dv}{dt}=\frac{d}{dt}(bt)=b$$

总加速度的大小为

$$a=\sqrt{a_n^2+a_t^2}=\sqrt{\frac{b^4t^4}{R^2}+b^2}=b\sqrt{\frac{b^2t^4}{R^2}+1}$$

当然,铣刀的转速也不会一直变化,而是控制在一个适度范围内的.

(2) 圆周运动的角量描述

质点作圆周运动时,其位矢、速度和加速度三者的方向始终都在变,若用平面直角坐标系(即用 x、y 两个坐标)来描述,比较麻烦. 考虑到质点作圆周运动时,轨迹的半径不变,若以轨迹的圆心为极点建立极坐标系来描述圆周运动,则只要用一个角度坐标就能表征质点位置,这样就可以大大简化运算. 同时,圆周运动的角量描述还是后续课程——拓展模块中的刚体定轴转动的基础.

设一质点以 O 为圆心,r 为半径作圆周运动(图 1.14). t 时刻,质点位于 A 处,半径 OA 与 x 轴的夹角为 θ,θ 称为质点在 t 时刻的**角位置**. $t+\Delta t$ 时刻,质点运动到 B 处,半径 OB 与 x 轴的夹角为 $\theta+\Delta\theta$,$\Delta\theta$ 称为质点在 Δt 时间内的**角位移**. 通常规定逆时针方向的角位移为正,顺时针方向的为负. 这就是圆周运动的极坐标系表示. 角位置和角位移的单位都是 rad(弧度).

角位移 $\Delta\theta$ 与时间 Δt 之比称为质点在 Δt 时间内相对于 O 点的**平均角速度**,用 $\overline{\omega}$ 表示,即

$$\overline{\omega}=\frac{\Delta\theta}{\Delta t} \tag{1.25}$$

当 $\Delta t\to0$ 时,$\overline{\omega}$ 的极限称为质点在 t 时刻相对于 O 点的**瞬时角速度**,简称**角速度**,用 ω 表示,即

$$\omega=\lim_{\Delta t\to0}\frac{\Delta\theta}{\Delta t}=\frac{d\theta}{dt} \tag{1.26}$$

角速度反映的是质点沿圆周转动的快慢. 角速度的单位是 $rad\cdot s^{-1}$(弧度每秒),有时也用 $r\cdot s^{-1}$(转每秒)或 $r\cdot min^{-1}$(转每分)来表示,$1\ r=2\pi\ rad$.

如果质点在 Δt 时间内角速度的增量为 $\Delta\omega$,则 $\Delta\omega$ 与 Δt 之比称为质点在 Δt 时间内相对于 O 点的**平均角加速度**,用 $\overline{\beta}$ 表示,即

$$\overline{\beta}=\frac{\Delta\omega}{\Delta t} \tag{1.27}$$

当 $\Delta t\to0$ 时,$\overline{\beta}$ 的极限称为质点在 t 时刻相对于 O 点的**瞬时角加速度**,简称**角加速度**,用 β 表示,即

$$\beta=\lim_{\Delta t\to0}\frac{\Delta\omega}{\Delta t}=\frac{d\omega}{dt}=\frac{d^2\theta}{dt^2} \tag{1.28}$$

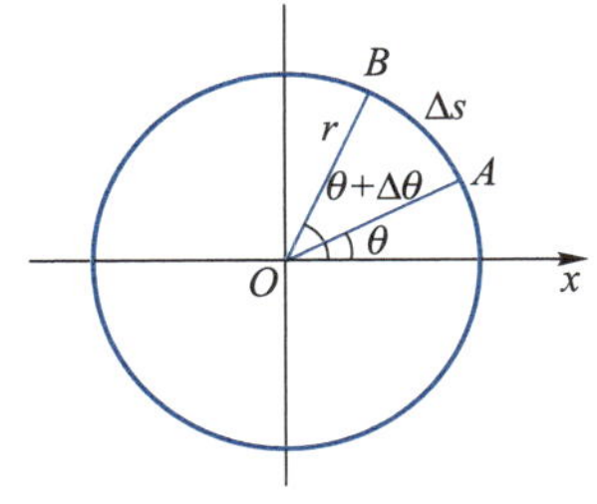

图 1.14 圆周运动的角量

角加速度的单位是 rad · s^{-2}（弧度每平方秒）.

角位置、角速度和角加速度统称为**角量**.

当质点作匀速圆周运动时，角速度 ω 是一个常量，而角加速度 $\beta=0$，用角量表示的匀速圆周运动的运动方程为

$$\theta=\theta_0+\omega t \tag{1.29}$$

其中 θ_0 是 $t=0$ 时质点的角位置.

质点作匀变速圆周运动时，质点的角加速度 β 是一个常量，质点在任意时刻 t 的角速度为

$$\omega=\omega_0+\beta t \tag{1.30}$$

其中 ω_0 是 $t=0$ 时质点的角速度. 用角量表示的匀变速圆周运动的运动方程为

$$\theta=\theta_0+\omega_0 t+\frac{1}{2}\beta t^2 \tag{1.31}$$

利用式（1.30）和式（1.31）消去 t 得

$$\omega^2=\omega_0^2+2\beta(\theta-\theta_0) \tag{1.32}$$

由上面的讨论可知，用角量描述圆周运动时，只需一个角坐标 θ 就可以确定质点作圆周运动的规律，而且所得到的关于匀速圆周运动和匀变速圆周运动的公式，与中学物理讨论的匀速直线运动和匀变速直线运动的公式在形式上完全相似.

（3）角量与线量的关系

角量 θ、ω、β 和线量 s、v、a 都可以用来描述质点的圆周运动. 因此，角量和线量之间肯定有对应关系. 由图 1.14 可知，质点在 Δt 时间内走过的路程 Δs 与角位移 $\Delta\theta$ 的关系为

$$\Delta s=r\Delta\theta$$

上式的两边同时除以 Δt 并取 $\Delta t\to 0$ 时的极限得

$$\lim_{\Delta t\to 0}\frac{\Delta s}{\Delta t}=\lim_{\Delta t\to 0}\frac{r\Delta\theta}{\Delta t}$$

因为 $\lim\limits_{\Delta t\to 0}\frac{\Delta s}{\Delta t}=v$，$\lim\limits_{\Delta t\to 0}\frac{\Delta\theta}{\Delta t}=\omega$，且 r 是常量，所以

$$v=r\omega \tag{1.33}$$

将上式代入式（1.21）可得，质点的法向加速度为

$$a_n=\frac{v^2}{r}=r\omega^2 \tag{1.34}$$

由式（1.22）可知质点的切向加速度为

$$a_t=\frac{dv}{dt}=\frac{d}{dt}(r\omega)=r\beta \tag{1.35}$$

【互动交流】

有了线量与角量的关系后，你对例题 1.2 及其【拓展探究】的内容有哪些新认识？

以【拓展探究】的内容为例，由

$$\begin{cases} s=\dfrac{1}{2}bt^2=R\theta \\ v=bt=R\omega \\ a_t=b=R\beta \\ a_n=\dfrac{v^2}{R} \end{cases}$$

可得

$$\begin{cases} \theta=\dfrac{b}{2R}t^2 \\ \omega=\dfrac{b}{R}t \\ \beta=\dfrac{b}{R} \\ a_n=R\omega^2 \end{cases}$$

$$a=\sqrt{a_n^2+a_t^2}=R\sqrt{\omega^4+\beta^2}$$

2. 曲线运动

曲线运动虽不同于匀速圆周运动,但可以证明,在平面曲线运动中的每一点都可以用一个曲率圆来拟合,所谓曲率圆就是与曲线上某点曲率相同的圆,那么上述变速圆周运动得到的一般性结论,对于一般的曲线运动也能适用,只是在式(1.23)和式(1.24)中需将圆周运动的半径 r 用该曲线对应点上的曲率圆半径 ρ 来代替即可:

$$\begin{cases} a_n=\dfrac{v^2}{\rho} \\ a_t=\dfrac{\mathrm{d}v}{\mathrm{d}t} \end{cases} \tag{1.36}$$

本教材在此问题上就不展开讨论了.

1.1.4 相对运动

相对运动在工程应用中是非常普遍的现象,比如,本章"情景引入"中所提及的刨床加工物件时,刨刀在作旋转主运动的情况下附加沿直线作进刀运动,如果加工的圆柱形工件作定轴转动,则刨刀相对工件将作螺旋运动,此时将在圆柱形工件上加工出螺纹槽,这就是相对运动的结果.

1. 伽利略变换

理论上说,**相对运动的本质**是在不同的参考系中描述同一个物体的运动,其轨迹等会因参考系(观察者)的不同而不同,但不同参考系中的观测结果之间一定存在相关性. 这就是说,不同的参考系对同一物体运动的不同描述之间存在一定的变换关系. 在牛顿力学的范畴内,这一变

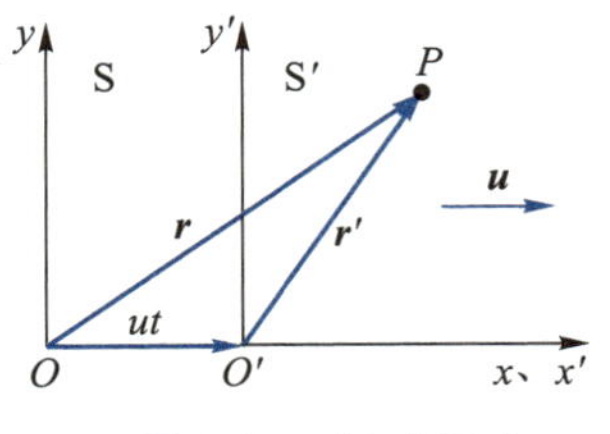

■ 图 1.15　相对运动

换称为**伽利略变换**.

设有两个平动参考系,一个为 S 系(即 Oxy 坐标系),另一个为 S′系(即 $O'x'y'$坐标系). 两个参考系对应的坐标轴均保持相互平行,参考系 S′相对于 S 系以速度 $\boldsymbol{u}$ 沿 x 轴正方向作匀速直线运动,在 $t=0$ 时刻,S 系和 S′系完全重合,则在 t 时刻,$OO'=ut$(图 1.15). 设 t 时刻,质点 P 在 S 系中的位矢是 $\boldsymbol{r}$,在 S′系中的是 $\boldsymbol{r}'$,由图 1.15 中的矢量关系可知

$$\boldsymbol{r}=\boldsymbol{r}'+\boldsymbol{u}t \tag{1.37}$$

对上式求时间的一阶导数,有

$$\frac{\mathrm{d}\boldsymbol{r}}{\mathrm{d}t}=\frac{\mathrm{d}\boldsymbol{r}'}{\mathrm{d}t}+\boldsymbol{u}$$

即

$$\boldsymbol{v}=\boldsymbol{v}'+\boldsymbol{u} \tag{1.38}$$

其中,$\boldsymbol{v}$ 是质点相对于 S 系的速度,$\boldsymbol{v}'$是质点相对于 S′系的速度. 上式的物理意义是:质点相对于 S 系的速度(绝对速度)等于它相对于 S′的速度(相对速度)与 S′系相对于 S 系的速度(牵连速度)的矢量和.

再对式(1.38)求时间的一阶导数,并考虑到 S′系相对于 S 系作匀速直线运动,即 $\boldsymbol{u}$ 为常矢量,有

$$\frac{\mathrm{d}\boldsymbol{v}}{\mathrm{d}t}=\frac{\mathrm{d}\boldsymbol{v}'}{\mathrm{d}t}$$

即

$$\boldsymbol{a}=\boldsymbol{a}' \tag{1.39}$$

其中,$\boldsymbol{a}$ 是质点相对于 S 系的加速度,$\boldsymbol{a}'$是质点相对于 S′系的加速度.

式(1.37)、式(1.38)和式(1.39)即为伽利略变换. 由此变换可知,在两个相对作匀速直线运动的参考系中观察同一个质点的运动时,该质点的运动轨迹(或位置)和速度将各不一样,但在这两个参考系中,该质点的加速度却是完全相同的,这表明质点的加速度对于相互作匀速直线运动的各参考系来说是个不变量.

例 1.3　一艘小船要横渡一条宽为 $D=200\ \mathrm{m}$ 的大河,河水的流速是 $u=1.5\ \mathrm{m\cdot s^{-1}}$,流动方向平行于河岸,小船相对于河水的行驶速率 $v'=2.0\ \mathrm{m\cdot s^{-1}}$,如图 1.16 所示.

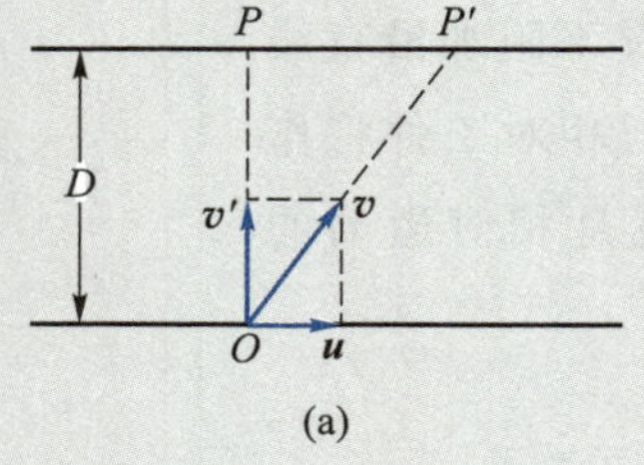

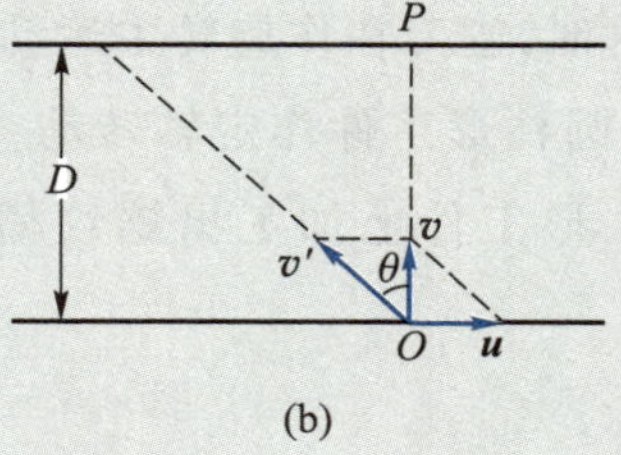

■ 图 1.16　小船渡河

(1) 设小船向着正对岸(P 点)驶去,要用多长时间到达对岸? 到达对岸的位置偏离 P 点多少距离?

(2) 设要使小船到达正对岸(P 点),小船应如何行驶? 要用多长时间才能到达对岸?

解 以小船为研究对象,设河岸为参考系 S,流动的河水为参考系 S′,则小船在 S′系中的速度是其相对于河水的航速 $\boldsymbol{v}'$,在 S 系中的速度是其相对于河岸的速度 $\boldsymbol{v}$,S′系相对于 S 系的速度 $\boldsymbol{u}$ 就是河水的流速. 由式(1.38)可得

$$\boldsymbol{v}=\boldsymbol{v}'+\boldsymbol{u}$$

(1) 若小船向着正对岸行驶,即小船相对于河水的速度 $\boldsymbol{v}'$指向正对岸的 P 点,则 $\boldsymbol{v}$ 就指向偏下游的 P'点,如图 1.16(a)所示. 小船到达对岸的时间

$$t=\frac{D}{v'}=\frac{200}{2.0}\text{ s}=100\text{ s}$$

小船到达对岸后偏离 P 点的距离

$$|PP'|=ut=1.5\times100\text{ m}=150\text{ m}$$

(2) 若要使小船到达正对岸,则小船相对于河岸的速度 $\boldsymbol{v}$ 应指向正对岸的 P 点,如图 1.16(b)所示. 这时小船相对于河水的航向应向上游偏 θ 角,且 $v'\sin\theta=u$,即

$$\sin\theta=\frac{u}{v'}=\frac{1.5}{2.0}=0.75$$

解得

$$\theta=48.6^\circ$$

所以,小船到达正对岸的时间

$$t=\frac{D}{v'\cos\theta}=\frac{200}{2.0\times\cos48.6^\circ}\text{ s}=151\text{ s}$$

**【拓展探究】**

例 1.3 中的各方向运动都是匀速运动,这是相对运动内容中最典型、最简单的例题,它能够直观地给出相对运动的意义,有利于理解其他复杂的相对运动. 若其中有一个方向上的运动不是匀速运动,如小船相对河水的运动为变速运动,则合速度及运动轨迹将是变化的. 比如上述提到的刨床中的刨刀与工件的运动,由于工件作圆周运动(非匀速运动),则刨刀相对工件的轨迹就成了复杂的螺旋线了. 设小船相对河水的运动速度 $v'=bt$,b 为常量,则例 1.3 中的两种渡河方式所对应的小船轨迹分别是什么曲线? 试与例 1.1 的结果进行比较,会发现什么类似之处吗?

视频:相对运动

2. 经典力学的时空观

上述伽利略变换是建立在朴实的时空观念基础之上的,即牛顿绝对时空观.

1687 年,牛顿出版了人类文明史上的伟大著作——《自然哲学的数学原理》(以下简称《原理》),在这部著作中,他阐述了经典力学的时空观,《原理》中是这样定义时空的:"绝对的、真正的和数学的时间自身在流逝着,而且由于其本性而在均匀地、与任何其他外界事物无关地流逝着,它又可名之为(延续性)"绝对的空间",就其本性而言,与外界任何事物无关而永远是相同的和不动的". 这意味着在经典力学里,所有的参考系

中，时间和空间的量度是绝对的，它们不随参考系而变化，物体的运动虽然在时间和空间中进行，但时间和空间的性质与物质的运动没有任何关系，空间立体均匀，时间一维流逝. 其结果表现在下列两个“绝对性”上.

（1）时间间隔的绝对性

在经典力学中无论从哪个参考系测得的两个事件的时间间隔都是相同的，即时间间隔是绝对的，与参考系无关.

（2）长度的绝对性

在不同参考系中测量同一物体（空间）长度，所得长度都是相同的，即长度是绝对的，与参考系无关.

1.2 牛顿运动定律

【情景引入】

在桥梁的桥面设计中，桥面要么设计成拱形，要么设计成水平的且下部有拱形支撑结构，其中就暗含了力学规律. 通过本节的牛顿运动定律我们将获知，在拱形桥面上行驶的汽车，需要外力提供向心力，桥面对车的支持力（等于车对桥面的压力）小于重力，且在重力一定的情况下，车辆速度越快，对桥面的压力越小. 对于水平桥面而言，力被下部拱形支撑结构分散到各支撑点上，也分散了实际桥面上的力. 由此可见，力学规律在工程实践中起着极其重要的作用.

1.2.1 牛顿运动定律

牛顿在《原理》中提出了关于机械运动遵循的三条最基本规律，这三条定律称为牛顿运动定律（也称为牛顿三定律）. 牛顿运动定律是质点动力学的基础. 虽然牛顿运动定律一般只对质点才成立，但对复杂物体而言，可以看成是大量质点组成的系统. 因此牛顿运动定律具有普遍意义. 它也是研究一般物体（如刚体、弹性体、流体等）机械运动的基础.

1. 牛顿第一定律

牛顿第一定律是关于运动状态保持的概述，其表述如下：

任何物体都将保持静止或匀速直线运动状态，直到其他物体对它的作用力迫使它改变这种状态为止.

这是牛顿在伽利略等人研究成果的基础上，第一次用概括性的语言把力是物体运动状态变化的原因用牛顿第一定律的形式总结出来.

牛顿第一定律说明，当物体的静止或匀速直线运动状态发生改变时，必定受到了其他物体对它的作用，即力不是维持物体运动的原因，而是改变物体运动（即获得加速度）的原因. 物体总有保持其运动状态不变的特性，称为惯性，所以牛顿第一定律也称为惯性定律.

早在两千多年前的春秋时期，墨翟在他所著的《墨经》中就说："力，形之所以奋也". 这里，"形"表示物体，"奋"是指物体由静止变为运动.可见古代中国人就已经从生活实践中认识到了力与运动之间的关系.

此外，牛顿第一定律在理论上确立了惯性系的存在和力的定义以及测量力的方式.

(1) 力的基本概念

经验告诉我们，要使静止的物体(在惯性系中)开始运动或使物体的运动速度发生改变，都需要对它施以某种作用. 所以，对力这一概念的一般认识是：力是物体间的相互作用，只有在力的作用下，物体的运动状态才会发生变化.

【教学活动】

设计一个能验证力的三要素(大小、方向和作用点)对力的作用效果有影响的实验，并讨论作用点在什么情况下可以作为次要因素予以忽略，什么情况下不能忽略.

提示：对质点力学而言，由于不考虑物体的大小，力可以统一看作作用在物体的质心上，所以力的作用点就是次要因素. 当必须考虑物体的大小和形状时，力作用在物体不同位置上的效果就会不同，比如在刚体定轴转动时，就必须要考虑力的作用点不同时对刚体定轴转动的影响(见后续课程).

(2) 力学中常见的几种力

(a) 万有引力和重力

宇宙中任意两个物体间都存在着相互吸引的力，称为万有引力. 万有引力定律的表述如下：

在两个相距为 r，质量分别为 m_1 和 m_2 的质点间存在相互吸引的作用力，其方向沿着它们的连线，其大小与它们质量的乘积成正比，与它们之间距离的平方成反比，即

$$F=G\frac{m_1m_2}{r^2} \tag{1.40}$$

式中 G 为普适常量，对任何物体都适用，称为引力常量. 引力常量最早是由英国物理学家卡文迪什于 1798 年通过扭秤实验测出的. 根据近代的实验测定：$G=6.672\times10^{-11}\ \text{N}\cdot\text{m}^2\cdot\text{kg}^{-2}$.

需要指出的是，只有在物体的大小远小于物体间的距离时，即只有当物体可以看作质点时，式(1.40)才适用. 一个质量均匀分布的球体对球外一质点的万有引力，或两个质量均匀分布的球体之间的万有引力，都可以将均匀球体看作质量全部集中于球心的质点，并用式(1.40)来计算.

地球表面附近的物体受到地球所施加的万有引力，称为重力，用 $\boldsymbol{P}$ 表示，其方向竖直向下. 质量为 m 的物体所受重力为

$$\boldsymbol{P}=m\boldsymbol{g} \tag{1.41}$$

式中，重力加速度 $\boldsymbol{g}$ 的大小为 $g=Gm_E/R^2=9.80\ \text{m}\cdot\text{s}^{-2}$，这里 $m_E=5.98\times10^{24}$ kg 为地球的质量，$R=6.38\times10^6$ m 为地球的半径.

(b) 弹性力

【教学活动】

用简易设备验证轻质弹簧的弹性力在弹性限度内时，弹性力与拉伸或压缩量成正比，并观察弹性力方向与形变方向的关系.

物体在发生形变时，产生的力称为弹性力. 弹性力是普遍存在的一种力，如被伸长或压缩的弹簧作用于物体上的力，绳子因被拉紧而作用在系于其末端物体上的力，放在桌子上的重物与桌面间的正压力和支持力等都属于弹性力.

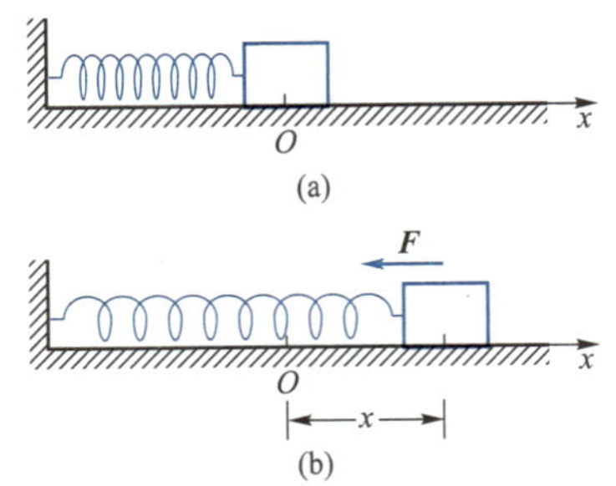

■ 图 1.17　弹簧的弹性力

如图 1.17 所示，设弹簧左端固定，右端与一物体相连. 弹簧为原长时，物体位于坐标原点 O，此时由于弹簧没有形变，弹性力为零. 若移动物体，使弹簧伸长或压缩了一定的量，设物体偏离原点 O 的位移（即弹簧形变）为 x，则弹性力 F 与弹簧形变量 x 成正比，方向与弹簧形变量 x 的方向相反，即

$$F=-kx \tag{1.42}$$

上式称为胡克定律，式中 k 称为弹簧的**弹性系数**，它的单位为 $\mathrm{N\cdot m^{-1}}$（牛每米）.

（c）摩擦力

**【教学活动】**

用简易设备观察摩擦力的存在，并揭示两种摩擦力的特征.

两个物体相互接触，而且沿接触面的切线方向有相对滑动，或有相对滑动的趋势时，在接触面的切线方向产生的阻碍相对滑动的力，称为**摩擦力**.

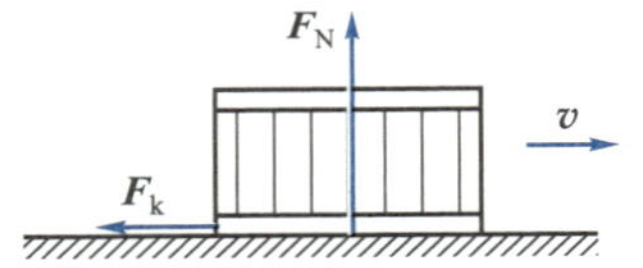

■ 图 1.18　滑动摩擦力

当两个相互接触的物体间相对滑动的速度不是很大时（图 1.18），实验表明，滑动摩擦力的大小 F_k 与滑动的速度及接触面的大小无关，与正压力大小 F_N 成正比，即

$$F_k=\mu_k F_N \tag{1.43}$$

式中 μ_k 称为**动摩擦因数**，与接触物体的表面材料和表面状况（如粗糙程度、干湿程度等）有关.

当两个接触物体没有相对滑动，而只有相对滑动趋势时，它们之间的摩擦力称为**静摩擦力**. 静摩擦力的方向也与接触面的切线方向平行，和一物体相对于另一物体的运动趋势方向相反. 如图 1.19 所示，重物底面都受到了与运动趋势相反、大小相等的静摩擦力 F_s 作用.

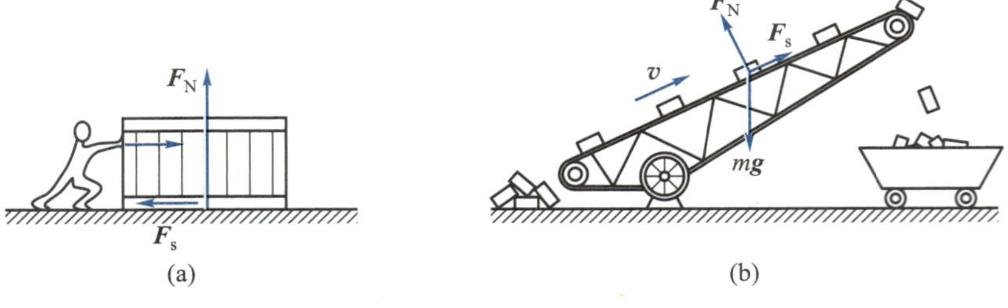

■ 图 1.19　静摩擦力

静摩擦力的大小可以是从零到某个最大值之间的任一数值，其最大值称最大静摩擦力. 实验表明，最大静摩擦力 $F_{s,max}$ 与两物体之间的正压力大小 F_N 成正比，即

$$F_{s,max}=\mu_s F_N \tag{1.44}$$

式中 μ_s 称为**静摩擦因数**，它也取决于接触物体的表面材料和表面状况. 当外界运动趋势的力大于最大静摩擦力时，物体就会运动. 对于相同的两个接触面，静摩擦因数 μ_s 总是大于动摩擦因数 μ_k. 在求解某些问题时，当静摩擦因数和动摩擦因数差别不大时，对两者可不加以区分，统一用摩擦因数 μ 表示.

2. 牛顿第二定律

牛顿第一定律指出，力是物体运动状态发生变化的原因. 牛顿第二定律则在第一定律的基础上，进一步阐明了力与物体运动状态变化之间的定量关系.

（能看作质点的）物体受到合力作用时，物体所获得的加速度的大小与作用在物体上的合力的大小成正比；在所受合力不变的情况下，加速度的大小与物体的质量成反比；加速度的方向与合力的方向相同.

牛顿第二定律的数学表达式可写为

$$\boldsymbol{F}=m\boldsymbol{a} \tag{1.45}$$

上式也常称为**质点动力学方程**.

【问题讨论】

动力学方程[式(1.45)]，与本章第一节的运动方程[式(1.2)]有何联系？

这两个方程有着紧密的联系. 对于同一个物体，已知运动方程，就能通过求导计算出物体加速度，从而通过动力学方程求出所受的合力. 然而，很多情况下，并不能事先知道运动方程，而是对物体受到的合力有比较多的了解，则可以通过动力学方程求出加速度，再通过初始条件和积分运算求得物体的速度和运动方程(轨迹). 这就是牛顿第二定律对认知物体运动规律的重要之处. 限于本教材要求，我们旨在利用动力学方程求出加速度，而不再进行运动状态的计算(要用到较为复杂的数学运算).

在应用牛顿第二定律时，应注意以下几点：

(1) 牛顿第二定律表示的合力与加速度之间的关系是瞬时关系，也就是说，加速度只有在合力作用时才出现.合力改变时，加速度也随之改变. 当合力为零时，物体的加速度也为零，物体就保持原有的运动状态不变.

(2) 式(1.45)是矢量式，在实际应用时，常常要用它的分量式.在直角坐标系 Oxy 中，物体所受的合力可以分解为在 x 轴和 y 轴上的分量

$$F_x=\sum_{i=1}^{n}F_{ix},\quad F_y=\sum_{i=1}^{n}F_{iy}$$

而式(1.45)在 x 轴和 y 轴上的分量式为

$$\begin{cases}F_x=ma_x\\F_y=ma_y\end{cases} \tag{1.46}$$

其中，a_x 和 a_y 分别表示物体的加速度在 x 轴和 y 轴上的分量.

3. 牛顿第三定律

【教学活动】

用简易方法验证作用力与反作用力的存在，并感知这一对力的大小关系和作用点位置.

通常把两个物体间相互作用的一个力称为作用力，而把另一个力称为反作用力. 牛顿第三定律描述的就是它们之间的相互关系. 牛顿第三定律的内容表述如下：

两个物体之间的作用力 $\boldsymbol{F}$ 和反作用力 $\boldsymbol{F}'$ 沿同一直线，大小相等，方向相反，同时存在，同时消失，分别作用在两个物体上（图 1.20）. 其数学表达式为

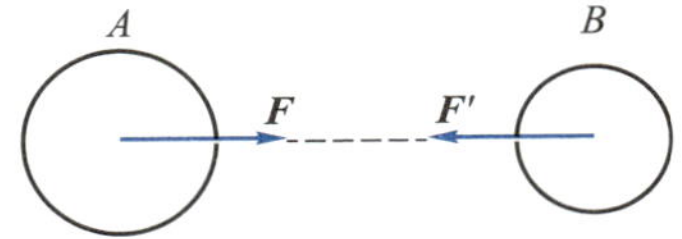

图 1.20 作用力和反作用力

$$\boldsymbol{F}=-\boldsymbol{F}' \tag{1.47}$$

为了更好地掌握牛顿第三定律，需要注意以下几点：

（1）作用力和反作用力同时存在，也同时消失. 没有作用力就没有反作用力，反之亦然.

（2）不管相互作用的两个物体是静止的还是运动的，作用力和反作用力的大小总是相等的.

（3）作用力和反作用力分别作用在两个不同物体上，因此不能相互抵消.

（4）作用力和反作用力是性质相同的力. 如果作用力是万有引力、弹性力或摩擦力，则反作用力一定也是对应的万有引力、弹性力或摩擦力.

【学习疑惑】

（1）牛顿运动定律是否在任意参考系中都适用？

牛顿运动定律并不是在任何参考系中都成立的. 我们称牛顿运动定律成立的参考系为**惯性参考系**，简称**惯性系**；牛顿运动定律不成立的参考系为**非惯性参考系**，简称非惯性系. 相对于一个惯性系作匀速直线运动的其他参考系都是惯性系.

（2）从牛顿第一、二定律的定义看，似乎牛顿第一定律是牛顿第二定律在合力为零情况下的自然结果，是否可以放弃牛顿第一定律，只建立“牛顿第二定律”即可？

这是一个理论性非常强的问题，读者可以查阅有关文献获取解答. 这里给出一个粗浅但结论正确的解释：牛顿第一定律的实质是定义了特殊参考系——惯性系，而牛顿第二定律是在惯性系中成立的，所以第一定律不可由第二定律取代.

1.2.2 牛顿运动定律在工程技术中的应用

应用牛顿运动定律可以解决力与加速度的相关问题. 加速度是联系力与运动状态的桥梁，**牛顿运动定律的使用是力学应用的最基础技能.**

例 1.4 阿特伍德机. 滑轮(动滑轮组)是机械工程中省力或改变力的方向的一种工具. 如图 1.21(a)所示，一细绳跨过一个定滑轮，绳的两端各悬挂质量分别为 m_1 和 m_2 的物体，且 $m_1<m_2$，定滑轮固定在转轴上，这种装置是由剑桥大学教授阿特伍德为检验牛顿运动定律发明的，故称阿特伍德机. 设定滑轮的质量、绳子的质量以及定滑轮与轴承之间的摩擦力均可忽略不计，绳子也无伸长. 试求物体的加速度和绳子中的张力.

解 这是一个已知受力情况求物体运动的问题. 选地面为参考系，竖直向上为 x 轴正方向. 以两个物体为研究对象，分别画出如图 1.21(b)所示的受力图.

由于 $m_1<m_2$，所以物体 m_1 在绳子张力 $\boldsymbol{F}_{T1}$和重力 $m_1\boldsymbol{g}$ 的作用下，以加速度 a_1 向上运动，根据牛顿第二定律有

$$F_{T1}-m_1g=m_1a_1 \quad ①$$

物体 m_2 在绳子张力 $\boldsymbol{F}_{T2}$和重力 $m_2\boldsymbol{g}$ 的作用下，以加速度 a_2 向下运动，所以有

$$F_{T2}-m_2g=-m_2a_2 \quad ②$$

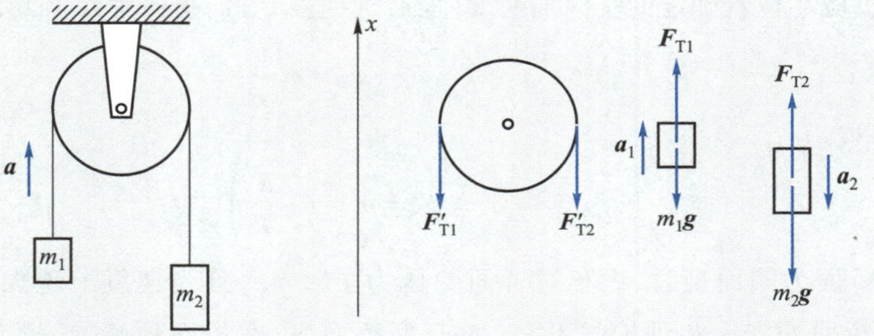

■图 1.21

由于绳子无伸长，所以物体 m_1向上运动的加速度和物体 m_2向下运动的加速度大小相等，即 $a_1=a_2=a$. 另外，在忽略定滑轮和绳子质量的情况下，作用于定滑轮两侧绳子的张力大小相等，即 $\boldsymbol{F}'_{T1}=\boldsymbol{F}'_{T2}$，而物体作用于绳子的拉力 $\boldsymbol{F}'_{T1}$和 $\boldsymbol{F}'_{T2}$是绳子作用于物体的拉力 $\boldsymbol{F}_{T1}$和 $\boldsymbol{F}_{T2}$的反作用力，大小也相等，令

$$F'_{T1}=F_{T1}=F_T,\quad F'_{T2}=F_{T2}=F_T$$

由上讨论，可将①式和②式写作如下形式

$$F_T-m_1g=m_1a \quad ③$$

$$F_T-m_2g=-m_1a \quad ④$$

联立③式和④式可解得

$$a=\frac{m_2-m_1}{m_1+m_2}g$$

$$F_T=\frac{2m_1m_2}{m_1+m_2}g$$

视频：一个古老的例题

阿特伍德机是一个典型的特殊例题，几乎所有层次的力学教材都会保留这个例题. 这个例题的意义不仅在于阿特伍德机是一种工程实用工具，可以用来验证牛顿运动定律，还是训练使用牛顿运动定律的典型例题，其中坐标轴选取、加速度方向以及作用力与反作用关系都在例题中体现得淋漓尽致，所以才有“顽强的生命力”.

例 1.5 工程桥梁设计时，桥面一般会被设计成“拱形”．设某桥面是半径为 R 的圆弧面，一辆质量为 m 的汽车，以速度 v 经过桥面弧顶位置，问此时汽车对桥面的压力为多大？

解 汽车可看成质点，汽车在桥面顶端时受重力 $m\boldsymbol{g}$，方向竖直向下指向圆弧面中心；受桥面支持力 $\boldsymbol{F}_N$，竖直向上；由圆周运动加速度规律知，此时存在法向加速度（向心加速度）$a_n=v^2/R$，方向指向圆心（桥面下方）．

由牛顿第二定律，有

$$mg-F_N=m\frac{v^2}{R} \tag{1.48}$$

得

$$F_N=m\left(g-\frac{v^2}{R}\right) \tag{1.49}$$

因桥面对汽车的支持力与汽车对桥面的压力为一对作用力与反作用力，所以 $F'_N=F_N=m(g-v^2/R)$．由此可知，$F'_N<mg$，且当速度 v 越大，汽车对桥面的压力越小．

【拓展探究】

若桥面设计为凹圆弧面，则情况恰恰相反．在例 1.5 求解过程中，重力、支持力仍然维持原方向，但根据圆心位置确定的法向加速度（向心加速度）方向指向桥面上方，则式（1.48）变为

$$F_N-mg=m\frac{v^2}{R} \tag{1.50}$$

则此时的支持力

$$F_N=m\left(g+\frac{v^2}{R}\right) \tag{1.51}$$

这说明，桥面为凹面型时，汽车对桥面的压力 $F'_N>mg$，且当速度 v 越大，汽车对桥面的压力越大．这对桥面的安全和维护都不利．对凸型桥而言，在桥面顶端，车辆会因车速过快而有脱离桥面的倾向，因此，车速也不能太快．现代桥梁设计一般不设计凸面而是平面，同时会在桥面下做分力设计，使得桥面受力能传递给桥墩或悬梁臂．

在本例题以及【拓展探究】中，我们发现，物体作曲线运动时，曲线的弯曲方向很重要，它决定了加速度的方向及合力方向，对应的牛顿第二定律中的正、负号会出现差异，结果就会完全不同．这是该例题给予我们的启示．

例 1.6 在蒸汽机诞生初期，瓦特发明的蒸汽机的调速器利用的就是圆锥摆摆角 θ 随角速度 ω 变化的原理制做的．图 1.22（a）所示为一圆锥摆．长为 l 的细绳一端固定在天花板上，另一端悬挂一质量为 m 的小球．小球经推动后，在一水平面内作匀速圆周运动，转动的角速度为 ω．求绳和竖直方向所成的角 θ．

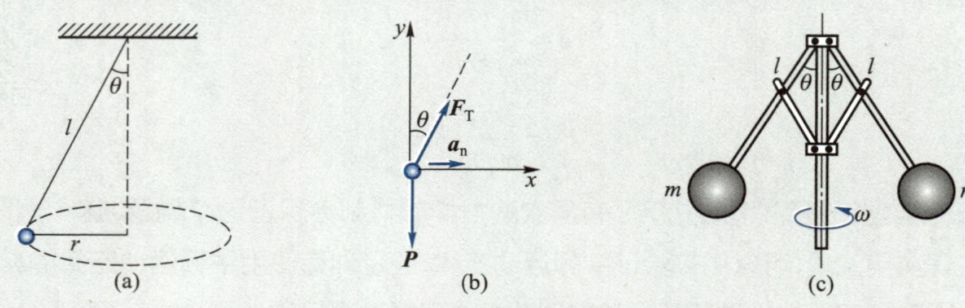

■图 1.22 圆锥摆及其应用

解 取图 1.22(b)所示的直角坐标系,作小球的受力分析图. 小球受重力 P 和绳子的张力 $\boldsymbol{F}_{\mathrm{T}}$ 的作用,其作匀速圆周运动的向心加速度 a_{n} 指向圆轨道中心,且 a_{n} 的大小为

$$a_{\mathrm{n}}=\frac{v^2}{r}=r\omega^2=l\omega^2\sin\theta$$

根据牛顿第二定律可知

$$F_{\mathrm{T}}\sin\theta=ma_x=ma_{\mathrm{n}}=ml\omega^2\sin\theta$$

$$F_{\mathrm{T}}\cos\theta-P=ma_y=0$$

得

$$F_{\mathrm{T}}=ml\omega^2 \qquad ①$$

$$F_{\mathrm{T}}\cos\theta=P=mg \qquad ②$$

将①式代入②式,得

$$\cos\theta=\frac{g}{l\omega^2}$$

所以

$$\theta=\arccos\frac{g}{l\omega^2} \qquad ③$$

由③式可知,当 ω 越大时,绳子与竖直方向所成的夹角 θ 也越大,但与小球的质量 m 无关. 调速器正是依据此原理工作的,如图 1.22(c)所示,当角速度超过一定限度时,摆角增大到使阀门关闭,蒸汽停止进入气缸;当角速度过低时,摆角减小,阀门开大,蒸汽进入气缸,从而转速又变大,这就起到了调速作用. 现代许多机器还在用此调速器.

例 1.6 的意义在于,它提供了将牛顿第二定律运用于圆周运动方面的训练,同时,例题中的结果说明了调速器的发明过程. 这给我们一定的启示:简单的物理例题也有其应用价值. 第三代显微镜——STM(扫描隧穿显微镜)就是因量子力学中的一道"隧穿效应"例题的启发而发明的,发明者也因此获得诺贝尔物理学奖.

例 1.7 图 1.19(b)所示为工地上用于运砖的履带机. 已知砖块与履带间的摩擦因数为 μ,砖块质量为 m. 问:(1) 履带最大倾角(与地面间夹角)θ_{m} 为多少时,砖块恰好能在履带上无相对滑动地输送到顶端;(2) 当履带倾角 $\theta<\theta_{\mathrm{m}}$ 时,砖块在履带上无相对滑动地输送到顶端过程中的摩擦力是多少?

解 砖块在斜面履带上无相对滑动(即砖块相对履带没有运动)地输送过程中,砖块受力为重力(竖直向下)、支持力(垂直于履带面向上)和静摩擦力(平行于履带面向上). 选沿履带斜面平行方向为 x 轴,垂直于履带斜面方向为 y 轴.

(1) 当履带倾角为最大倾角时,静摩擦力达到最大值,将重力沿 x 轴和 y 轴分解后有如下平衡方程

$$\begin{cases}mg\sin\theta_{\mathrm{m}}=\mu F_{\mathrm{N}}\\F_{\mathrm{N}}=mg\cos\theta_{\mathrm{m}}\end{cases}$$

由此可得

$$\mu=\tan\theta_{\mathrm{m}}$$

所以有

$$\theta_{\mathrm{m}}=\arctan\mu$$

(2) 当履带倾角 $\theta<\theta_{\mathrm{m}}$ 时,履带与砖块之间有静摩擦力,因此有

$$F_{\mathrm{s}}=mg\sin\theta$$

若履带倾角 $\theta>\theta_m$，就不可能通过摩擦力将砖块输送到履带顶端，工程机械的作用效果就出不来了. 因此，**该例题的实践意义在于，可以通过摩擦因数获得履带机正常工作的倾角范围，不至于盲目尝试.**

例 1.8 现代通信技术离不开人造地球卫星，更离不开地球同步卫星，以最大限度地提供稳定的通信信号. 由于不在赤道平面运动的卫星所受引力方向与跟随地球自转的向心力方向的不同，卫星会发生漂移，因此地球同步卫星只能停留在赤道上方才可能避免漂移. 已知引力常量 $G=6.672\times10^{-11}\ \mathrm{N\cdot m^2\cdot kg^{-2}}$，地球质量和半径分别为 $m_E=5.98\times10^{24}\ \mathrm{kg}$ 和 $R=6.38\times10^6\ \mathrm{m}$，试计算在地球赤道平面上空的地球同步卫星距离地面的高度.

解 设地球同步卫星质量为 m，绕地球运行的轨道半径为 r（图 1.23）. 根据题意可知，卫星与地球自转同步，即卫星在地球赤道平面内作匀速圆周运动，且绕地球转动的周期与地球的自转周期相同.

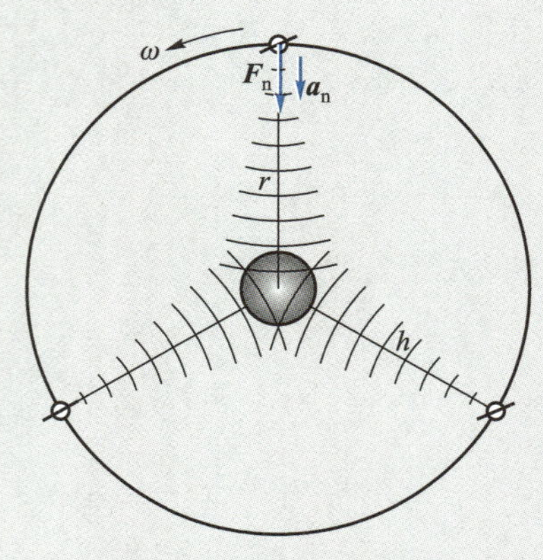

图 1.23 赤道平面内的地球同步卫星

因卫星的高度在地球大气层之外，所以空气的阻力不计，且其他星体（如月球）对它的作用亦很弱，可以认为卫星只受到地球对它的万有引力的作用，万有引力的方向指向地球的中心，卫星绕地球作匀速圆周运动的向心力即为此万有引力，即

$$G\frac{mm_E}{r^2}=m\frac{v^2}{r} \quad ①$$

而卫星运动的线速度 v 满足

$$v=r\omega=\frac{2\pi r}{T} \quad ②$$

式中 T 为卫星绕地球一周所需要的时间，即地球的自转周期，$T=24\times3\ 600\ \mathrm{s}$.

联立①式和②式，可得卫星的轨道半径，即卫星到地心的距离为

$$r=\left(\frac{Gm_ET^2}{4\pi^2}\right)^{\frac{1}{3}}$$

代入数据，得

$$r=4.23\times10^4\ \mathrm{km}$$

设卫星离地面的高度为 h，则

$$h=r-R=3.59\times10^4\ \mathrm{km}$$

【拓展探究】

地球同步卫星到地心的距离约为地球半径的 6.6 倍，与卫星的质量无关，这个半径是由万有引力定律和卫星与地球同步转动的需求所决定的. 由此可见，并不是在地球赤道平面上任意半径的轨道都能实现卫星与地球同步运行的.

地球同步卫星主要用于地面通信等，为了使卫星发射的信号能稳定覆盖整个地球表面，可在地球赤道平面上空一定方位上分别发射**至少三颗地球同步卫星**作为中继站，这样由卫星发射的无线电信号就可以传播到地球表面的任何角落而不会出现盲点. 所以利用地球同步卫星来传播音频、视频等信息，有独特的优越性.

2022 年 7 月 13 日，长征三号乙运载火箭在西昌卫星发射中心升空，成功将天链二号 03 星送入预定的同步轨道，它将与先前发射的天链二号 01 星和 02 星组成我国第二代地球同步

轨道数据中继卫星系统，主要用于为载人航天器、中(或低)轨道资源卫星提供数据中继和测控服务，还可为航天器发射提供测控支持. 我国的天地通话、太空授课、交会对接、出舱活动等的通信就是以天链中继卫星系统为主来完成的.

1.3 功 和 能

【情景引入】

航母舰载机弹射起飞，是国防军工领域中的一项重要技术. 无论是蒸汽弹射，还是电磁弹射，都要通过对舰载机做功，将热能或电磁能转化为飞机起飞所需的动能. 在这个过程中，物理学原理中的功和能的概念是关键. 本节将从功说起.

1.3.1 功

1. 功的定义及其计算

我们先回顾一下中学物理中的恒力做功，并进一步引出新的表达方式，最后过渡到变力做功. 设一物体在恒力 $\boldsymbol{F}$ 的作用下沿直线运动，物体的位移为 $\boldsymbol{s}$，力与位移间的夹角为 θ，如图 1.24(a)所示，则力 $\boldsymbol{F}$ 所做的**功** W 定义为

$$W=sF\cos\theta \tag{1.52}$$

也就是说，力对物体所做的功等于力沿运动方向的分量和物体位移大小的乘积.

上述对功的定义也可以写成矢量标积(点乘 $\boldsymbol{A}\cdot\boldsymbol{B}=AB\cos\theta, 0\leqslant\theta\leqslant\pi$)的形式，即

$$W=\boldsymbol{F}\cdot\boldsymbol{s} \tag{1.53}$$

由功的定义可知，功是标量. 力对物体做功的大小，除与力和位移的大小有关外，还与力和位移间的夹角有关. 当 $0\leqslant\theta<\dfrac{\pi}{2}$时，功是正值，称力对物体做正功. 当$\dfrac{\pi}{2}<\theta\leqslant\pi$ 时，功是负值，表示力对物体做负功. 当 $\theta=\dfrac{\pi}{2}$时，即 $\boldsymbol{F}$ 与 $\boldsymbol{s}$ 相互垂直，力不做功.

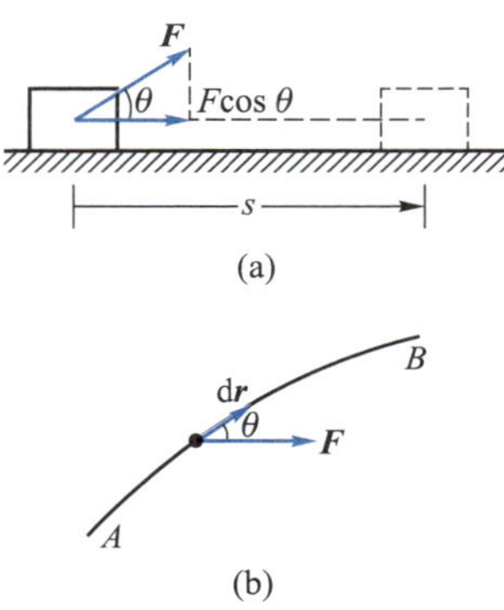

图 1.24 恒力和变力做功

如果 $\boldsymbol{F}$ 是变力，且质点在 $\boldsymbol{F}$ 的作用下沿曲线 AB 运动，如图 1.24(b)所示. 可将曲线 AB 分成许多极小的位移(元位移)，则在每段元位移中力的大小和方向都可视为不变. 在质点发生元位移 $\mathrm{d}\boldsymbol{r}$ 的过程中，力 $\boldsymbol{F}$ 对质点所做的元功可表示为

$$\mathrm{d}W=\boldsymbol{F}\cdot\mathrm{d}\boldsymbol{r} \tag{1.54}$$

对式(1.54)积分(求和),可以得到质点从位置 A 运动到位置 B 过程中力 $\boldsymbol{F}$ 做的功

$$W=\int_A^B \boldsymbol{F}\cdot \mathrm{d}\boldsymbol{r} \tag{1.55}$$

在国际单位制中,功的单位是 N·m(牛米),称为 J(焦尔).

【学习疑惑】

当质点同时受到多个力的作用,沿曲线 AB 运动时,合力 $\boldsymbol{F}$ 对质点做的功如何处理?

对质点而言,合力等于各分力之和,即 $\boldsymbol{F}=\boldsymbol{F}_1+\boldsymbol{F}_2+\cdots$,则有

$$\begin{aligned} W &= \int_A^B \boldsymbol{F}\cdot \mathrm{d}\boldsymbol{r}=\int_A^B (\boldsymbol{F}_1+\boldsymbol{F}_2+\cdots+\boldsymbol{F}_n)\cdot \mathrm{d}\boldsymbol{r} \\ &= \int_A^B \boldsymbol{F}_1\cdot \mathrm{d}\boldsymbol{r}+\int_A^B \boldsymbol{F}_2\cdot \mathrm{d}\boldsymbol{r}+\cdots+\int_A^B \boldsymbol{F}_n\cdot \mathrm{d}\boldsymbol{r} \\ &= W_1+W_2+\cdots+W_n \end{aligned} \tag{1.56}$$

结果表明,合力的功等于各分力沿同一路径所做功的代数和,这也再次说明功是标量.

例 1.9　斜面是工地上常见的简易工具,有时可以作为踏板使用,有时可以作为传输重物的滑板. 如图 1.25 所示,一质量为 m 的木块沿着倾角为 θ 的斜面下滑,它与斜面之间的动摩擦因数为 μ,求木块下滑距离 l 的过程中,重力、支持力和摩擦力各自所做的功以及合力所做的功.

解　受力分析表明,木块受重力 $m\boldsymbol{g}$、支持力 $\boldsymbol{F}_{\mathrm{N}}$ 和摩擦力 $\boldsymbol{F}_{\mathrm{f}}$ 作用,支持力和摩擦力的方向如图所示,它们的大小分别由平衡关系式和计算表达式决定,即

$$F_{\mathrm{N}}=mg\cos\theta,\quad F_{\mathrm{f}}=\mu F_{\mathrm{N}}=\mu mg\cos\theta$$

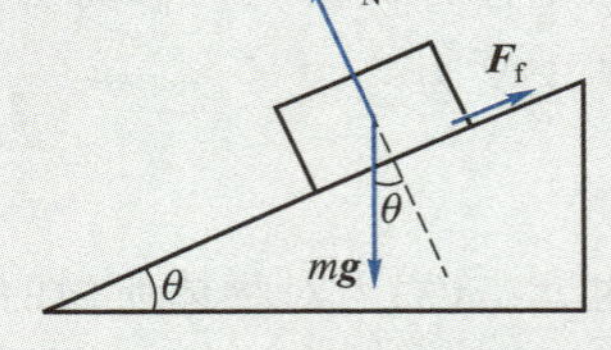

■图 1.25　木块沿斜面下滑

在整个运动过程中,三个力的大小和方向都不变,因此合力 $\boldsymbol{F}$ 亦为恒力,其做功为

$$W=\int_A^B \boldsymbol{F}\cdot \mathrm{d}\boldsymbol{r}=\boldsymbol{F}\cdot\Delta\boldsymbol{r}=W_{\mathrm{N}}+W_G+W_{\mathrm{f}}$$

这里 $\Delta\boldsymbol{r}$ 代表力的作用点位移,在本题中,$\Delta\boldsymbol{r}$ 沿斜面向下,大小为 l. 由于支持力 $\boldsymbol{F}_{\mathrm{N}}$ 与这一位移相互垂直,因此支持力做功为零,即

$$W_{\mathrm{N}}=\boldsymbol{F}_{\mathrm{N}}\cdot\Delta\boldsymbol{r}=0$$

重力 $m\boldsymbol{g}$ 与位移 $\Delta\boldsymbol{r}$ 的夹角为 $\pi/2-\theta$,因此重力做功为

$$W_G=m\boldsymbol{g}\cdot\Delta\boldsymbol{r}=mgl\cos\left(\frac{\pi}{2}-\theta\right)=mgl\sin\theta \tag{1.57}$$

摩擦力 $\boldsymbol{F}_{\mathrm{f}}$ 与位移 $\Delta\boldsymbol{r}$ 的方向相反,因此它所做的功为负

$$W_{\mathrm{f}}=\boldsymbol{F}_{\mathrm{f}}\cdot\Delta\boldsymbol{r}=-\mu mgl\cos\theta \tag{1.58}$$

合力对木块所做的总功 W 是各力做功的代数和

$$W=W_{\mathrm{N}}+W_G+W_{\mathrm{f}}=mgl(\sin\theta-\mu\cos\theta)$$

当斜面高度 h 一定,木块沿不同斜面下滑时,如图 1.26 所示,因 $l\sin\theta=l'\sin\theta'=h$,重力做功式(1.57)保持不变. 但 $l\cos\theta\neq l'\cos\theta'$,即摩擦力做功式(1.58)并不相等. 这说明**有些力做功与路径无关,有些力做功与路径有关**.

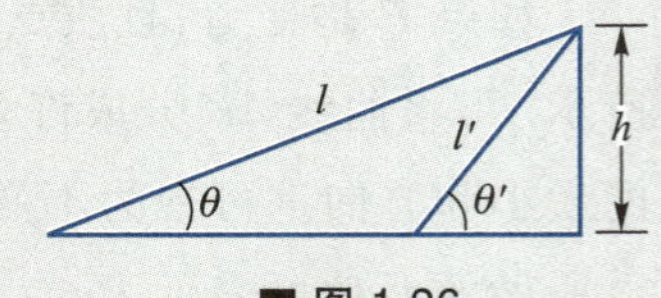

■图 1.26

2. 保守力做功与势能

正如例 1.9 的讨论中所说，某些力的做功的确与路径无关，比如，在力学范畴内，重力、万有引力、弹性力做功皆与路径无关. 我们把**做功与路径无关的一类力称之为保守力**，如重力等. **反之，称为非保守力**，如摩擦力等. 以下我们将不加证明地给出结果性公式. 具有一对保守力对应的一对相互作用力的物体，具有势能. 如，

（1）对应重力的地球与物体 m 间的重力势能（选定势能零点后）

$$E_p = mgh \tag{1.59}$$

式中 h 为相对势能零点的高度（高于零点取正，低于零点取负）.

（2）对应万有引力的地球 m_E 和物体 m 间的引力势能（选无穷远处为势能零点）

$$E_p = -G\frac{mm_E}{r} \tag{1.60}$$

其中 r 为地球引力中心到物体的距离.

（3）对应弹簧弹性力的弹簧和物体间的弹性势能（选原长位置为势能零点）

$$E_p = \frac{1}{2}kx^2 \tag{1.61}$$

其中 x 为弹簧伸长或压缩量.

对应保守力所做的功为势能变化的负值，即

$$W_{保} = -\Delta E_p = -(E_{p2} - E_{p1}) \tag{1.62}$$

1.3.2 动能与动能定理

1. 质点的动能及动能定理

考虑与中学物理内容的衔接，我们先从恒力出发，最后不加证明地推广至变力、曲线运动情况. 考虑一种特殊情况，物体在恒力 F 的作用下作匀加速直线运动（图 1.27）. 设物体质量为 m，加速度为 a，如果物体经过位移 s 后，速度由 v_0 变到 v，则由（中学知识）匀变速直线运动公式

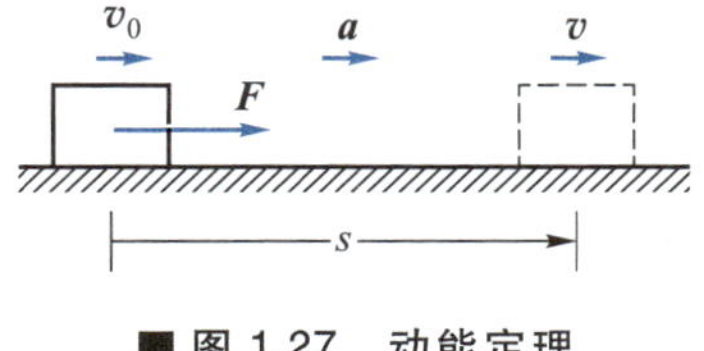

■ 图 1.27 动能定理

$$v^2 = v_0^2 + 2as$$

得物体经过位移 s 后，力 F 所做的功为

$$W = Fs = mas = \frac{1}{2}mv^2 - \frac{1}{2}mv_0^2$$

定义物理量 $\frac{1}{2}mv^2$ 为物体的动能，用 E_k 表示，即

$$E_k = \frac{1}{2}mv^2 \tag{1.63}$$

推广到一般的变力、曲线运动情况，合外力 $\boldsymbol{F}$ 对物体做的功 W 仍可表示为

$$W=\int \boldsymbol{F}\cdot \mathrm{d}\boldsymbol{r}=\frac{1}{2}mv^2-\frac{1}{2}mv_0^2=E_{\mathrm{k}}-E_{\mathrm{k0}} \tag{1.64}$$

式中 E_{k} 是物体的末动能，E_{k0} 是物体的初动能. 上式说明，尽管合外力的功可能很难通过求和（积分）计算出来，但其总的结果却是一定的，等于物体动能的增量. 这一结论称为**质点的动能定理**，指明了合力在空间移动的作用效果（称力的空间积累效应）等于质点动能的增量.

由式（1.64）可见，若 $W>0$，则物体的末动能 E_{k} 大于初动能 E_{k0}，即合外力做正功时，物体的动能增加；若 $W<0$，则物体的末动能 E_{k} 小于初动能 E_{k0}，即合外力做负功时，物体的动能减小.

需要注意的是，动能是描述物体运动的状态量，而功则是描述物体运动的过程量，物体动能的变化需要通过做功的过程来实现. 也可以说，功是物体动能变化的量度.

【互动交流】

本节【情景引入】中提到的舰载机弹射技术的主要原理是什么？该原理蕴含的能量转化关系是什么？使用该原理解决问题时有何优势？

动能定理是舰载机弹射技术的主要原理. 该原理表明，通过弹射力（蒸汽压力或电磁力）对舰载机做功，将高温蒸汽的内能或电磁能转化为飞机动能（增加），这就是舰载机弹射技术的物理原理及其能量转化关系. 至于“有何优势”请看下列例题.

例 1.10　航空母舰上的舰载机有三种起飞方式：短距/垂直起飞、滑跃起飞和弹射起飞（蒸汽弹射或电磁弹射），如图 1.28 所示. 对滑跃起飞而言，已知航母飞行甲板长为 300 m，舰载机起飞质量约 30 t（吨），舰载机离舰速度为 40 m · s^{-1}（实际离舰时舰载机的仰角为 14°，但在此忽略）. 在忽略一切阻力作用前提下，试估算舰载机由静止到离舰的加速过程中，舰载机的平均推力有多大？

(a)

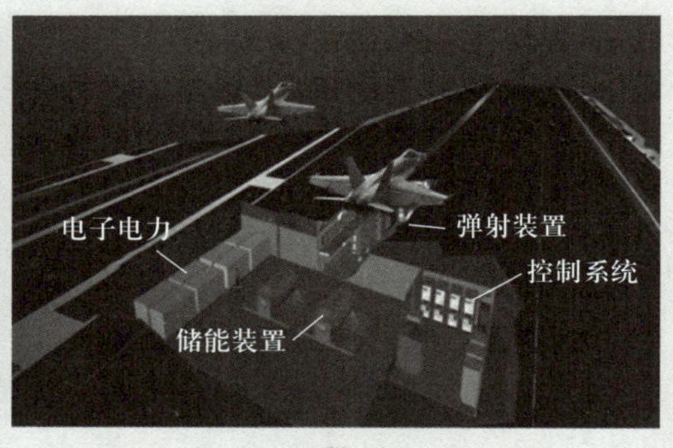

(b)

■ 图 1.28　舰载机的三种起飞方式

解 无论是弹射起飞还是滑跃起飞，推力都是一个迅变、复杂的量，无法准确地测量出来，但利用动能定理，只要确定起飞时的速度和跑道（或推进导轨）的长度，我们就能很方便地得到推进力的平均值. 因滑跃起飞需要具有一定的仰角，所以舰载机在最后离舰阶段是在一个小坡面上，但作为估算，我们忽略坡面倾角对推力的影响，由动能定理可知

$$\overline{F}\cdot s=\frac{1}{2}mv^2-0$$

得

$$\overline{F}=\frac{mv^2}{2s}=\frac{30\times10^3\times40^2}{2\times300}\ \mathrm{N}=8\times10^4\ \mathrm{N}$$

这就是使用动能定理解决复杂问题的优势所在！

【拓展探究】

说到舰载机，就不得不了解一下舰载机的起降技术. 舰载机起降是非常复杂的技术问题. 降落时主要依赖拦阻索技术，该技术对拦阻索的材料、弹性和寿命都有苛刻的要求，除此之外，驾乘人员高超的降落技术也是需要千锤百炼的. 起飞时主要是起飞方式，其中滑跃起飞和弹射起飞各有利弊. 滑跃起飞的优点是起飞灵活、频次高，缺点是对跑道长度、飞机推重比和航空母舰稳定性（航空母舰晃动对起飞影响很大）等有较高要求；弹射起飞的优点是对飞机推力的要求低、稳定性好（固定在推杆滑道上，不受航空母舰晃动影响），缺点是机动性差（需有能量积累、固定上滑道的时间）、能耗比高（蒸汽弹射只有 6%左右的能量转换比，且需大量淡水）.

2. 质点系的动能定理　功能原理

【内容递进】

人体在作深蹲时，只受到地面对人体的支持力和地球对人体的重力，前者不做功，后者在上、下对称运动中做的总功为零，但人体却在反复运动中付出了能量（人体出汗或疲劳），由此判断，此时人体不能看作质点. 实际上，人体的上、下肢之间有相对运动（转动、相互挤压、拉伸等），各部分之间有力和功的作用，即内力做功. 此时人体可看作多质点系统——质点系. 那么质点系遵循的规律与质点有何不一样？

（1）质点系的动能定理

若干个有相互作用的质点组成的系统，称为**质点系**. 系统内各质点间的相互作用力称为**内力**，而系统外的其他物体对系统内任意质点的作用力则称为**外力**. 由单个质点的动能定理，可以推广到若干个物体组成的质点系.

考虑由两个质量分别为 m_1 和 m_2 的质点组成的质点系，设两个质点受到的外力分别为 $\boldsymbol{F}_1$ 和 $\boldsymbol{F}_2$，两质点间相互作用的内力分别为 $\boldsymbol{F}_{12}$ 和 $\boldsymbol{F}_{21}$，则在图 1.29 所示系统的某一变化过程中，分别对两个质点应用质点的动能定理［式（1.64）］，有

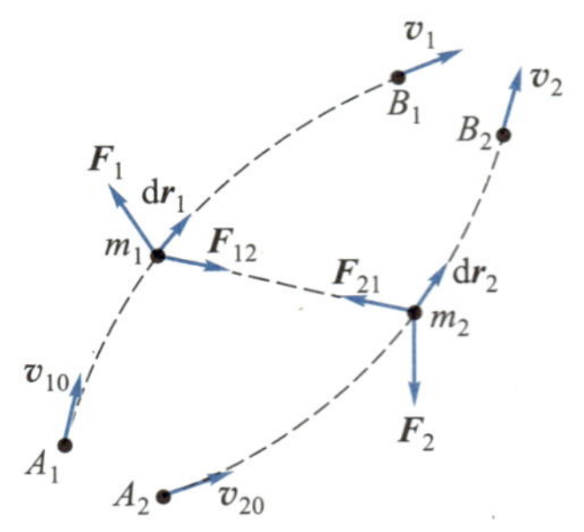

■ 图 1.29　质点系动能定理

$$\int_{A_1}^{B_1}\boldsymbol{F}_1\cdot \mathrm{d}\boldsymbol{r}_1+\int_{A_1}^{B_1}\boldsymbol{F}_{12}\cdot \mathrm{d}\boldsymbol{r}_1=\frac{1}{2}m_1v_1^2-\frac{1}{2}m_1v_{10}^2$$

$$\int_{A_2}^{B_2}\boldsymbol{F}_2\cdot \mathrm{d}\boldsymbol{r}_2+\int_{A_2}^{B_2}\boldsymbol{F}_{21}\cdot \mathrm{d}\boldsymbol{r}_2=\frac{1}{2}m_2v_2^2-\frac{1}{2}m_2v_{20}^2$$

将两式相加,得

$$\int_{A_1}^{B_1}\boldsymbol{F}_1\cdot \mathrm{d}\boldsymbol{r}_1+\int_{A_2}^{B_2}\boldsymbol{F}_2\cdot \mathrm{d}\boldsymbol{r}_2+\int_{A_1}^{B_1}\boldsymbol{F}_{12}\cdot \mathrm{d}\boldsymbol{r}_1+\int_{A_2}^{B_2}\boldsymbol{F}_{21}\cdot \mathrm{d}\boldsymbol{r}_2$$
$$=\frac{1}{2}m_1v_1^2+\frac{1}{2}m_2v_2^2-\left(\frac{1}{2}m_1v_{10}^2+\frac{1}{2}m_2v_{20}^2\right)$$

上式等号左边前两项为外力对质点系所做的功之和,用 $W_{外}$ 表示,后两项为质点系内力所做功之和,用 $W_{内}$ 表示. 等号右边前两项为系统的末动能,用 E_k 表示,后两项为系统的初动能,用 E_{k0} 表示. 则上式可写为

$$W_{外}+W_{内}=E_k-E_{k0} \tag{1.65a}$$

上式表明,所有外力的功和内力的功的代数和等于质点系动能的增量. 这一结论很明显地可以推广到由多个质点组成的质点系,则式(1.65a)也就是**质点系的动能定理**. 很显然,与质点的动能定理相比,质点系的动能定理多了一项内力做功.

(2) 质点系的功能原理

【学习疑惑】

为什么要引进功能原理? 阅读下文自然能够揭晓其原因.

在质点系的动能定理中,总功既有所有外力的功,又有内力的功. 进一步可以把系统内力所做的功分为保守内力所做的功 $W_{保内}$ 和非保守内力所做的功 $W_{非保内}$. 这样,质点系的动能定理可表示为

$$W_{外}+W_{保内}+W_{非保内}=E_k-E_{k0} \tag{1.65b}$$

考虑到保守内力(如万有引力、重力、弹性力)所做功等于系统势能(引力势能、重力势能、弹性势能)增量的负值,则式(1.62)可写成

$$W_{保内}=-(E_p-E_{p0})=-\Delta E_p$$

代入式(1.65b),得

$$W_{外}+W_{非保内}=(E_k+E_p)-(E_{k0}+E_{p0}) \tag{1.66a}$$

定义动能和势能之和为系统的**机械能**,用符号 E 表示,即

$$E=E_k+E_p$$

式(1.66a)就可以写成

$$W_{外}+W_{非保内}=E-E_0 \tag{1.66b}$$

即外力所做的功和系统内非保守内力所做的功之和等于质点系机械能的增量,这一结论称为**质点系的功能原理**.

【问题讨论】

有关质点系的功能原理[式(1.66b)]的意义,在于外力做功表明系统机械能与外界能量有交换;非保守内力做功(如摩擦内力做功)表明系统机械能与内部其他形式的能量(如内能)有交换. 本节【内容递进】所阐述的实例中,外力做功为零,但身体的各部分(主要为下肢)之间有弯曲、扭动的过程,肢体连接处的肌肉、关节等会发生形变,所以内力会做功,这就导致内能与机械能之间发生了转化,形式上就出现了疲劳和出汗. 这也是质点系与质点的规律不同之处. 在实际工程应用中也能看到功能原理的作用,如卷扬机——一种将电能经电动机转化为机械能的机械,因为存在机械臂、齿轮以及其他部件,整体上不能看成质点,而更多地要看成质点系. 理论上说,外力做功(电能)不等于(大于)系统(主要为载重物,其次为机械臂等)机械能改变量,这正是因为有内力做功(耗散能)的存在. 这也是有了质点系动能定理后还要建立功能原理的原因所在——细致区分机械能与其他能量的转化关系.

下面我们来求解一道似乎没有任何实际应用场景的"纯物理题",主要目的是理解质点系动能定理. 同时,**请考虑该题有无实际应用.**

例 1.11 一块长为 l、质量为 $m_{木}$ 的木板静止放在光滑的水平桌面上,在板的左端有一质量为 m 的小物体(大小可忽略)以 v_0 的初速相对板向右滑动,当它滑至板的右端时相对板静止时的速度为 $v=\dfrac{mv_0}{m_{木}+m}$. 试求:(1) 物体与板之间的动摩擦因数;(2) 在此过程中板的位移.(注,图示可参看习题 1-13 图 1.43)

解 取桌面参考系,规定水平向右为正方向. 在该参考系中,小物体和木板组成的系统因摩擦力(内力)的作用都向右运动,设此过程中板的位移为 L,小物体的位移为 $L+l$.

(1) 小物体所受摩擦力 $F_f=-\mu mg$,位移为 $L+l$;木板所受摩擦力 $F_f'=-F_f=\mu mg$,位移为 L. 由分析可知,系统只有摩擦力做功,则由质点系的动能定理[式(1.65a)],可知

$$F_f(L+l)+F_f'L=\frac{1}{2}(m_{木}+m)v^2-\frac{1}{2}mv_0^2$$

代入题设条件后得小物体与板之间的摩擦因数为

$$\mu=\frac{m_{木}v_0^2}{2(m_{木}+m)gl}$$

(2) 考虑木板运动:木板受恒力 $F_f'=\mu mg$ 作用,位移为 L,初速为 0,末速为 v,则由质点的动能定理[式(1.64)]可知

$$F_f'L=\frac{1}{2}m_{木}v^2$$

解得

$$L=\frac{m}{m_{木}+m}l$$

本例题有一个细节(初始条件)值得关注,即小物体以一定的初始速度相对木板运动,由下一节(1.4 节)内容可知,系统(木板与小物体)初始动量不为零. 若小物体从静止状态开始相对木板运动,则情况完全不同. 比如,一个人静止站在停泊于平静湖面的小船上,然后开始沿甲板运动,小船不仅不会跟着一起运动,反而会沿相反方向

运动,这是怎么回事呢?从力的角度看,人(或物体)所受的摩擦力向前,即为正的,而小船受到的摩擦力向后,即为负的,所以小船向后运动;从系统(小船和人)的动量(见 1.4 节)角度看,开始时系统动量为零,人运动后为了保证系统动量仍然为零,小船必然向后运动. 由此讨论可知,**初始运动状态会影响后续的运动结果,因此必须重视初始条件**. 注:可以学完 1.4 节之后,回顾该讨论.

【拓展探究】

考虑一种实际场景,该场景会因初始条件不同,而产生不同的结果.

1.3.3 机械能守恒定律

由质点系的功能原理[式(1.66b)]可知,如果没有外力和非保守内力的作用,或外力和非保守内力都不做功,亦或外力和非保守内力所做的总功为零,则系统的机械能将保持不变,其数学表达式为

当 $W_{外}=0$、$W_{非保内}=0$,或 $W_{外}+W_{非保守}=0$ 时,有

$$E=E_k+E_p=常量 \tag{1.67}$$

这就是**机械能守恒定律**.

机械能守恒定律[式(1.67)]描述了一种没有能量转移(系统与外界)和转化(系统内),或虽然有能量转移或转化但总的机械能变化仍为零的情形,系统在保持机械能不变的状态下,只有动能和势能的相互转化. 在实际解题过程中,若系统机械能守恒,则利用式(1.67)求解相应问题,可以大大简化计算过程.

例 1.12 在光滑的水平面上有两个质量分别为 m_1 和 m_2 的物体,m_2 上连有一弹性系数为 k 的轻质弹簧,如图 1.30 所示. 若 m_1 以初速度 v_0 与一开始静止不动的 m_2 相撞,并压缩轻质弹簧,某一时刻两物体可达共同速度 $v=m_1v_0/(m_1+m_2)$. 问:弹簧的最大压缩量多大?

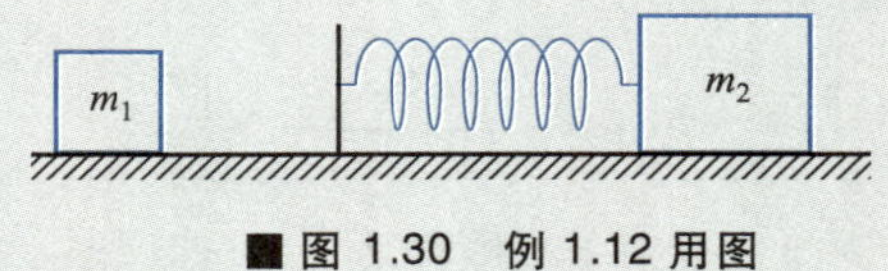

■ 图 1.30 例 1.12 用图

解 该题如果从弹簧对物体作用力角度求解,需要列两个物体的动力学方程,求解过程非常繁琐. 分析可知,两物体组成的系统机械能守恒. 在此情况下,两物体的动能减少越大,弹簧的弹性势能就越大,即压缩量越大. 因此弹簧在两物体速度相等时压缩量最大.

设弹簧的最大压缩量为 x_{max},根据机械能守恒定律[式(1.67)],有

$$\frac{1}{2}m_1v_0^2=\frac{1}{2}(m_1+m_2)v^2+\frac{1}{2}kx_{max}^2$$

代入题设条件,可以方便地求得

$$x_{max}=v_0\sqrt{\frac{m_1m_2}{k(m_1+m_2)}}$$

1.4 动量定理 动量守恒定律

【情景引入】

打桩机是土木工程中的重型设备,它利用冲击力将桩贯入地层,使建筑物有牢固的地基. 打桩机由桩锤、桩架及附属设备等组成(如图 1.31 所示). 桩锤依附在桩架前部两根平行的竖直导杆(俗称龙门)之间. 桩架为一钢结构塔架. 桩架后部设有卷扬机,用于提吊桩和桩锤,桩架前面有两根导杆组成的导向架,用以控制打桩方向,使桩按照设计方位准确地贯入地层. 塔架和导向架均可倾斜,用于打斜桩. 导向架还能沿塔架向下引伸,用于沿堤岸或码头打水下桩.

■ 图 1.31 打桩机

打桩机的主要工作原理来自什么物理原理呢? 对比 1.3 节的力在空间上的积累,本节重点处理力在时间上的积累效应——动量定理.

1.4.1 动量和动量定理

1. 质点的动量和动量定理

定义可看作质点的一物体的动量 $\boldsymbol{p}$ 为

$$\boldsymbol{p}=m\boldsymbol{v} \tag{1.68}$$

它是一个矢量,大小与物体的质量和速率成正比,方向与速度方向相同. 在经典物理学中质点的质量为常量,式(1.45)可写作

$$\boldsymbol{F}=\frac{\mathrm{d}(m\boldsymbol{v})}{\mathrm{d}t}=\frac{\mathrm{d}\boldsymbol{p}}{\mathrm{d}t} \tag{1.69}$$

上式说明,某时刻作用在物体上的合力等于该时刻物体动量的时间变化率.

由式(1.69)可得

$$\boldsymbol{F}\mathrm{d}t=\mathrm{d}\boldsymbol{p}$$

对上式连续求和——积分,可得从 t_1 到 t_2 的一段时间内质点动量的增量 $\boldsymbol{p}_2-\boldsymbol{p}_1$,即

$$\int_{t_1}^{t_2}\boldsymbol{F}\mathrm{d}t=\int_{p_1}^{p_2}\mathrm{d}\boldsymbol{p}=\boldsymbol{p}_2-\boldsymbol{p}_1 \tag{1.70a}$$

上式中的 $\int_{t_1}^{t_2}\boldsymbol{F}\mathrm{d}t$ 称为合力 $\boldsymbol{F}$ 在时间 $\Delta t=t_2-t_1$ 内作用在质点上的冲量,记作 $\boldsymbol{I}$,$\boldsymbol{I}$ 是一个矢量,即

$$\boldsymbol{I}=\int_{t_1}^{t_2}\boldsymbol{F}\mathrm{d}t$$

这样,有

$$\boldsymbol{I}=\int_{t_1}^{t_2}\boldsymbol{F}\mathrm{d}t=\boldsymbol{p}_2-\boldsymbol{p}_1=m\boldsymbol{v}_2-m\boldsymbol{v}_1 \tag{1.70b}$$

对应上节中的力在空间上的积累——功，这里的冲量为力在时间上的积累，其效应等于质点动量的增量，这个结论称为**动量定理**. 由动量定理可知，质点动量的增量，与该质点所受合力的大小和作用时间两个因素有关. **打桩机的桩锤就是通过缩短作用时间来获得较大的冲击力，使桩获得贯入地层的力量. 所以打桩机的主要工作原理就是动量定理.**

在国际单位制中，动量的单位是 $\mathrm{kg\cdot m\cdot s^{-1}}$（千克米每秒），冲量的单位是 N · s（牛秒）.

【学习疑惑】

动量定理不就是牛顿运动定律的变形、积分吗？有何作用和意义呢？

动量定理在解决冲击和碰撞等问题中特别有用. 如在打桩机工作或棒球比赛中，桩锤或球棒击打桩头或棒球的作用时间极短，而在这极短的时间内，作用力可迅速增大到很大的量值，然后又急剧下降为零，作用力随时间的变化如图 1.32 所示. 这种作用时间很短、变化很快且量值很大的力，称为冲击力，简称**冲力**. 由于冲力随时间的变化关系很难确定，所以表示瞬时关系的牛顿第二定律无法直接应用. 但由式(1.70b)可见，冲量 $\boldsymbol{I}$ 的大小和方向总是等于物体在始、末状态动量的变化，而无须考虑物体相互作用过程中力的细节问题，这是应用动量定理解决力学问题的优越之处.

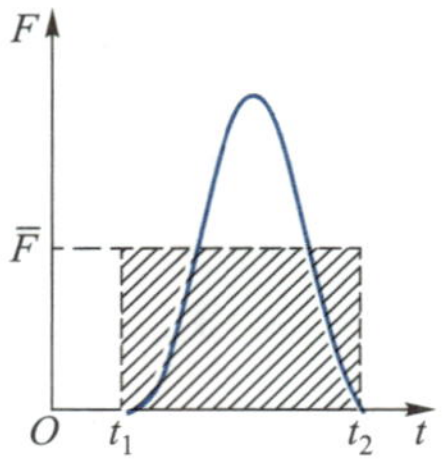

■ 图 1.32　冲击力随时间变化

【教学活动】

试一试，如何将图 1.33 中的纸环击落，但纸环上的硬币却竖直落在底部的塑料杯里.

成功之后，总结一下实验要点，然后尝试用本节所学到的动量定理解释一下原因.

（提示：实验中用快、慢两种速度敲击纸环，观察现象，做出总结.）

■ 图 1.33　动量定理的应用

【问题讨论】

在处理实际问题时，矢量式(1.70)应如何处理才方便？

式(1.70)是动量定理的矢量表达式，在实际计算时常根据运动叠加原理，用它在各坐标轴方向的分量式来表达. 在直角坐标系中，动量定理的分量式为

$$\begin{cases} I_x=\int_{t_1}^{t_2}F_x\mathrm{d}t=\overline{F_x}(t_2-t_1)=mv_{2x}-mv_{1x} \\ I_y=\int_{t_1}^{t_2}F_y\mathrm{d}t=\overline{F_y}(t_2-t_1)=mv_{2y}-mv_{1y} \\ I_z=\int_{t_1}^{t_2}F_z\mathrm{d}t=\overline{F_z}(t_2-t_1)=mv_{2z}-mv_{1z} \end{cases} \tag{1.71}$$

上式表明，冲量在某个方向的分量等于在该方向上质点动量分量的增量，同时也可看作该方向的平均力的冲量，故在某一方向的平均力等于该方向的动量变化除以时间.

在实际情况下，有时我们要利用冲力. 例如，利用冲床冲压钢板，冲头与钢板的作用时间极短，冲力很大，所以钢板易被冲断. 有时，我们又要尽量地减小冲力. 例如，跳高比赛时，要在地上放上厚厚的海绵垫，这是为了延长运动员着地时间，从而减小冲力，以免运动员受伤.

例 1.13 本节【情景引入】中提到的打桩机，图 1.34 为打桩机的打桩示意图. 质量 $m=3$ t 的桩锤，从 $h=1.5$ m 的高度自由落到受打压的桩头上，使桩体打入地层. 假设桩锤与桩头的作用时间为：(1) $\Delta t=0.1$ s；(2) $\Delta t=0.01$ s. 求桩锤对桩头的平均冲力.

F_N

h

P

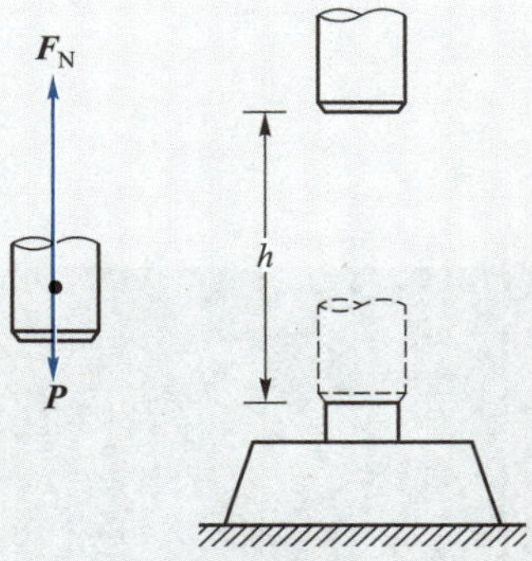

■ 图 1.34 打桩示意图

解 取桩锤为研究对象，在它与桩头相互作用的时间 Δt 内，作用在桩锤上的力有两个：重力 $\boldsymbol{P}$，方向竖直向下；桩头对桩锤的支持力 $\boldsymbol{F}_N$，方向竖直向上. $\boldsymbol{F}_N$ 在 Δt 这一极短的时间内，其大小迅速变化. 因此，我们用平均冲力 $\overline{\boldsymbol{F}}_N$ 来代替实际冲力 $\boldsymbol{F}_N$.

由自由落体公式，桩锤从高度 h 处下落到刚与桩头接触时的速度为

$$v_0=\sqrt{2gh}$$

在 Δt 时间内，桩锤的速度由初速度 v_0 迅速变化到末速度 $v=0$. 取竖直向上为坐标轴的正方向，则根据动量定理可得

$$(\overline{F}_N-P)\Delta t=0-(-mv_0)=m\sqrt{2gh}$$

由此得

$$\overline{F}_N=\frac{m\sqrt{2gh}}{\Delta t}+P=mg\left(\frac{1}{\Delta t}\sqrt{\frac{2h}{g}}+1\right)$$

将 m、h、Δt 的数据代入上式，可得

(1) 当 $\Delta t=0.1$ s 时

$$\overline{F}_N=3\times10^3\times9.8\times\left(\frac{1}{0.1}\sqrt{\frac{2\times1.5}{9.8}}+1\right)\text{ N}=1.92\times10^5\text{ N}$$

(2) 当 $\Delta t=0.01$ s 时

$$\overline{F}_N=3\times10^3\times9.8\times\left(\frac{1}{0.01}\sqrt{\frac{2\times1.5}{9.8}}+1\right)\text{ N}=1.66\times10^6\text{ N}$$

桩锤对桩头的平均冲力 $\boldsymbol{F}'_N$ 与桩头对桩锤的平均支持力 $\boldsymbol{F}_N$ 大小相等，所以 $\Delta t=0.1$ s 时，$F'_N=1.92\times10^5$ N；$\Delta t=0.01$ s 时，$F'_N=1.66\times10^6$ N，但 $\boldsymbol{F}'_N$ 的方向竖直向下，与 $\boldsymbol{F}_N$ 相反. 上面的讨论，考虑了桩锤的自重（$P=mg=2.94\times10^4$ N）对平均冲力的影响. 在（1）中，平均冲力约为桩锤自重的 6.5 倍，而在（2）中，平均冲力约为桩锤自重的 56 倍. 由此可见，作用时间很短时，平均冲力远大于桩锤的自重. 在计算过程中，可以忽略桩锤自重的影响.

【拓展探究】

(1) 以上述例题为基础，若想获知桩头在桩锤撞击下深入地层的深度，还需要什么条件？试用实践（或模拟）测量给出分析结果.（提示：桩锤传递给桩头的能量、地质摩擦阻力，这个结果牵涉的物理规律正是上一节的内容——做功与能量.）

(2) 桩锤一般用什么材料制成？比较落体式打桩机和气锤式打桩机在打桩效果、效率和成本方面的差异.

2. 质点系的动量和动量定理

【内容递进】

■ 图 1.35　花样跳台跳水

看过花样跳台跳水（图 1.35）或 U 形池技巧比赛的人可能会被各种优美、惊险的动作所折服. 运动员在空中可以做出多少种翻转动作取决于人体滞空时间，而这个滞空时间只取决于运动员起跳时从外界获得的冲量大小，与肢体腾空后的动作没有关系，但我们的身体实际上可看作由许多质点构成的质点系，为什么腾空高度与质点间的相互作用力无关呢？这就牵涉下面要介绍的质点系动量定理.

把质点的动量定理应用于质点系中的每一个质点，就可以得到适用于整个质点系的动量定理.

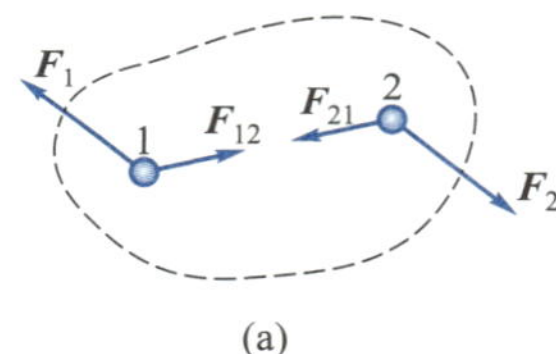

(a)

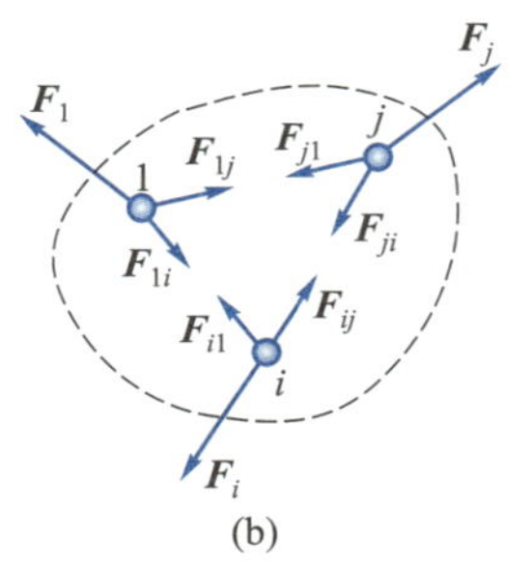

(b)

■ 图 1.36　质点系的动量定理

我们以两个质点组成的质点系为例. 如图 1.36(a) 所示，两个质点的质量分别为 m_1 和 m_2，它们之间相互作用的内力分别记作 $\boldsymbol{F}_{12}$ 和 $\boldsymbol{F}_{21}$，作用在两个质点上的外力记作 $\boldsymbol{F}_1$ 和 $\boldsymbol{F}_2$. 在外力和内力的共同作用下，两个质点各自的动量都会发生变化. 设在力的作用时间 Δt 内，两个质点的速度分别由初速度 $\boldsymbol{v}_{10}$ 和 $\boldsymbol{v}_{20}$ 变化到末速度 $\boldsymbol{v}_1$ 和 $\boldsymbol{v}_2$. 分别对这两个质点运用动量定理，有

$$\int(\boldsymbol{F}_1+\boldsymbol{F}_{12})\mathrm{d}t=m_1\boldsymbol{v}_1-m_1\boldsymbol{v}_{10}$$

$$\int(\boldsymbol{F}_2+\boldsymbol{F}_{21})\mathrm{d}t=m_2\boldsymbol{v}_2-m_2\boldsymbol{v}_{20}$$

将上面两式相加得

$$\int(\boldsymbol{F}_1+\boldsymbol{F}_2)\mathrm{d}t+\int(\boldsymbol{F}_{12}+\boldsymbol{F}_{21})\mathrm{d}t=(m_1\boldsymbol{v}_1+m_2\boldsymbol{v}_2)-(m_1\boldsymbol{v}_{10}+m_2\boldsymbol{v}_{20}) \tag{1.72}$$

根据牛顿第三定律可知，$\boldsymbol{F}_{12}=-\boldsymbol{F}_{21}$. 因此，一对内力的矢量和为

$$\boldsymbol{F}_{12}+\boldsymbol{F}_{21}=\boldsymbol{0}$$

于是，式(1.72)可写成

$$\int(\boldsymbol{F}_1+\boldsymbol{F}_2)\mathrm{d}t=(m_1\boldsymbol{v}_1+m_2\boldsymbol{v}_2)-(m_1\boldsymbol{v}_{10}+m_2\boldsymbol{v}_{20}) \tag{1.73}$$

上式左边为两质点所受合外力的冲量,右边第一项为两质点的总末动量,右边第二项则为两质点的总初动量. 所以式(1.73)表明:作用于两个质点组成的系统的**合外力的冲量**等于系统内两质点系的总动量的增量.

若将两质点体系推广至 n 个质点组成的系统,如图 1.36(b)所示(图中只画出了系统中质点 1、质点 i 和质点 j 三个质点). 可以证明,对 n 个质点,式(1.73)的形式不变,只是扩展为左边为系统所受合外力的冲量,右边第一项为系统的总末动量,右边第二项则为系统的总初动量. 这表明:作用于质点系的合外力的冲量等于系统内的总动量的增量. 这一结论称为**质点系的动量定理**.

质点系的动量定理表明,只有外力才能改变物体系统的总动量,内力不能改变系统的总动量. 这就是运动员腾空后,只在重力作用下,无论肢体作何动作(内力作用)都无法改变总体动量状态的原因.

【问题讨论】

(1) 与前面内容中的质点系动能定理或功能原理比较,上述质点系的动量定理有何不同?

(2) 内力做功一般会改变质点系的动能,却不会改变质点系的动量,这又将如何解释?

[提示:(1) 质点系动能定理中有内力作用的影响,质点系动量定理中没有内力作用的影响;(2) 动能是标量,动量是矢量,考虑后者方向性问题,就能获知有动能改变时可以没有动量改变的原因所在了.]

1.4.2 动量守恒定律

我们仍以两个质点(系)为例,由动量定理式(1.73)可知,若两质点(系)所受的合外力为零,即

$$\boldsymbol{F}_1+\boldsymbol{F}_2=\boldsymbol{0}$$

则

$$\boldsymbol{p}=\boldsymbol{p}_0=\text{常矢量} \tag{1.74a}$$

推广到 n 个质点时,当质点系受到的合外力为零时,有

$$\boldsymbol{p}=\sum_{i=1}^{n} m_i\boldsymbol{v}_i=m_1\boldsymbol{v}_1+m_2\boldsymbol{v}_2+\cdots+m_n\boldsymbol{v}_n=\text{常矢量} \tag{1.74b}$$

这说明:当质点系所受合外力为零时,系统的总动量保持不变,这一结论称为质点系的动量守恒定律.

由于动量及冲量可沿互为垂直方向分解,如式(1.71)所示,则合外力在互为垂直的两个方向中的一个上的分量(或在合外力垂直方向上)为零,则系统在该方向上的动量守恒.

例 1.14 正在施工的建筑物上平直落下一砖块(注:这是一个假设问题,但也的确是工地上时常会发生的现象,所以为安全起见,施工现场周围会围上一圈安全栏网),设落地后砖块劈裂成质量相等的三块,并沿水平面飞出,其中两块碎片的速度方向互相垂直,速度大小都为 v,问第三块的碎片飞行方向和大小是多少?

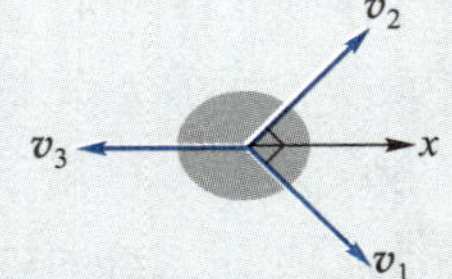

图 1.37 砖块分裂

解 砖块劈裂后三块碎片的运动方向如图 1.37 所示,选 $\boldsymbol{v}_1$ 和 $\boldsymbol{v}_2$ 合成矢量方向为 x 轴正方向. 图中 $\boldsymbol{v}_1\perp\boldsymbol{v}_2$,且 $v_1=v_2=v$. 砖块在水平面方向动量近似守恒,由于劈裂前

砖块在水平方向的动量为零，劈裂后三块碎片的总动量也应该为零，即

$$m_1\boldsymbol{v}_1+m_2\boldsymbol{v}_2+m_3\boldsymbol{v}_3=\boldsymbol{0}$$

因为 $m_1=m_2=m_3$，可得

$$\boldsymbol{v}_3=-(\boldsymbol{v}_1+\boldsymbol{v}_2)$$

可见，方向沿 x 轴负方向. 并借用直角三角形的边长计算公式可得，第三块碎片速度的大小为

$$v_3=\sqrt{2}v$$

【问题讨论】

（1）本例题值得考虑的问题有哪些？动量守恒的条件是建立在什么基础上的？

（提示：首先是砖块落地后会否弹跳？其次是落地时地面是什么材料？显然，例题中的砖块不考虑弹跳，且地面应该是比砖坚硬的水泥等其他材质的路面. 动量守恒应建立在地面水平摩擦忽略，或砖块劈裂时的内力很大. 总之，作为粗略估算，用动量守恒定律是适用的.）

（2）本例题的意义在哪里？砖块劈裂时沿水平面的能量是从哪来的？

（提示：首先，例题的意义在于熟练运用动量守恒定律；其次，动量守恒定律可以告诉我们一些未知运动状态，比如第三块碎片如果是一个看不见、摸不着的物体，根据前两块碎片的运动我们可预言或估计存在着第三个“隐形物块”，并找出它，当年“中微子”就是这样被预言出来的；最后，劈裂碎片的能量大致来自砖块竖直落下获得的动能，因其与地面的碰撞转化而来.）

（3）有关上述讨论中的能量转化问题，如何才能验证相关性？

（提示：在保证安全的情况下，可以用相同的砖块，从不同高度落下，测量碎片动能，获相关性证明）

火箭是重要的运载工具，我国的火箭技术在全世界排名前三，其辉煌成就离不开一个人的极大贡献，他就是被誉为中国火箭之王的钱学森.

让我们通过一个例题了解火箭是怎样获得加速的.

拓展阅读：中微子的发现过程

拓展阅读：动量与动能之争

拓展阅读：中国的火箭之王——钱学森

例 1.15（火箭飞行原理） 在火箭的运行过程中，火箭内部的燃料发生爆炸性的燃烧，产生大量的气体，这些气体从火箭的末端沿与火箭运动相反的方向射出，由于气体的反冲，火箭得以加速运动. 假定喷出气体相对于火箭的速率为定值 u，定性给出火箭运动的加速原理.

解 如图 1.38 所示，一火箭沿 x 轴正方向运动. 在 t 时刻，火箭的质量为 m，它相对于地球（可视为惯性系）的速度为 v，此时系统的总动量为

$$p_t=mv$$

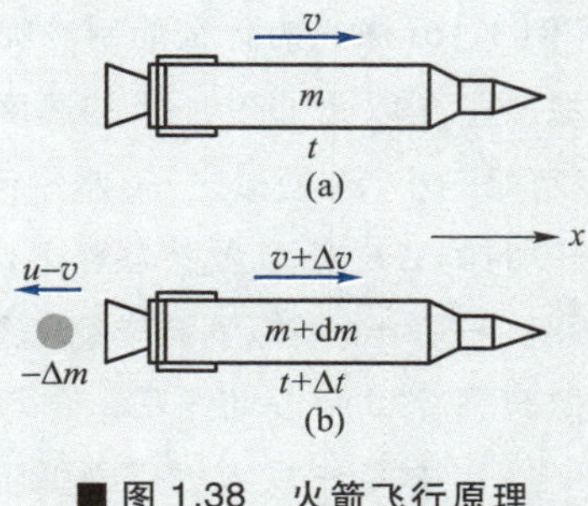

■图 1.38 火箭飞行原理

在 $t+\Delta t$ 时刻，火箭的质量变为 $m+\Delta m(\Delta m<0)$，其速度变成 v'. 在 t 到 $t+\Delta t$ 时间内，质量为 $-\Delta m$ 的废气喷出火箭，其相对于火箭的速度为 $-u$，根据伽利略速度变换公式，喷射的气体相对于地球参考系的速度为 $v'-u$，此时系统的总动量变为

$$p_{t+\Delta t}=(m+\Delta m)v'+(-\Delta m)(v'-u)$$

因此，在 Δt 时间间隔内，这个质量为 m 的系统的动量改变量为

$$\Delta p=p_{t+\Delta t}-p_t=m(v'-v)+u\Delta m=m\Delta v+u\Delta m$$

设火箭在 x 方向无合外力作用（自由空间），则根据动量守恒定律，有

$$m\Delta v+u\Delta m=0$$

整理后可得

$$\Delta v=u\frac{|\Delta m|}{m} \tag{1.75}$$

式(1.75)表明，火箭的加速来自 Δt 时间段内火箭的质量变化比和喷射出的气体相对速度，这就是火箭加速原理. 此原理的推导过程，在定性上是对的，在定量上是不准确的. 因为火箭的质量在其运动过程中是连续减少的，其速度也是连续变化的，计算上需要一个连续的微积分过程. 详见【二维码：火箭加速飞行原理】. 严格计算可得**火箭方程**为

$$F+\left(-u\frac{\mathrm{d}m}{\mathrm{d}t}\right)=m\frac{\mathrm{d}v}{\mathrm{d}t} \tag{1.76}$$

其中的 F 为火箭受到的外力. 在外太空，可以认为火箭不受外力，通过对上式的求解可得火箭任意时刻的速度为

$$v=v_0+u\ln\frac{m_0}{m} \tag{1.77}$$

由此可见，火箭最终获得的速度与喷气速率 u 成正比，还与燃料质量比 m_0/m 的对数成正比. 在实际中，较大的 u 及 m_0/m 值都很难实现，常采用多级火箭才能把人造地球卫星或其他航天器送入预定轨道.

【教学活动】

请自制一个小火箭，并研究如何控制火箭飞行高度、速度和稳定度.

宏观火箭的飞行原理用到动量定理及动量守恒，微观粒子的运动规律也遵循同样原理. 原子冷却有着实际的意义，它能使原子跃迁的频率稳定在确定的值上，使得原子钟的计时更加准确. 长期以来，科学家一直在寻找使原子相对静止的方法. 采用三束相互垂直的激光，从六个方面对原子进行照射，使原子陷于“光子海洋”中，原子的热运动不断受到阻碍而减速. 激光的这种作用被形象地称为“光学黏胶”. 在试验中，被“黏”住的原子速度可以降到几乎为零，即接近绝对零度的低温（温度是热运动剧烈程度的量度）. 虽然，原子与光的作用非常复杂，但其减速原理可在经典粒子模型中找到**类比性的答案**.

例 1.16（激光为什么能制冷呢） 一端固连轻质弹簧、质量为 m 的小车（模拟原子），以图 1.39 所示的速度 v_0 水平向右运动，一个动量大小为 p，质量可以忽略的小球（模拟光子）水平向左射入小车并压缩弹簧至最短，接着被锁定一段时间 ΔT（模拟激发态寿命）后，再解除锁定，使小球以大小相同的动量 p 水平向右弹出（模拟受激辐射），紧接着不断重复上述过程，最终小车停下来（模拟原子冷却）. 设地面和车厢均光滑，除锁定时间 ΔT 外，不计小球在小车上运动和弹簧压缩、伸长时间，求：

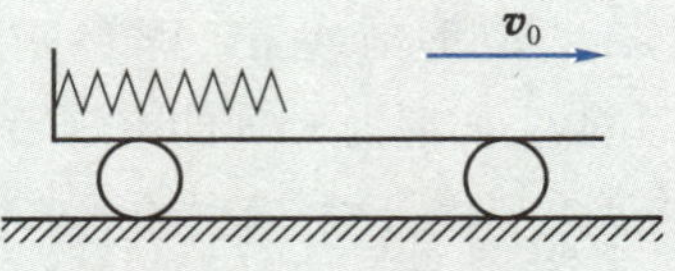

■ 图 1.39　例 1.16 用途

（1）小球第一次入射后再弹出时，小车速度大小和这一过程中小车动能的减少量；

（2）从小球第一次入射开始到小车停止运动所经历的时间.

解　（1）以小车原速度方向为正方向，小车与小球系统的动量守恒，所以有

$$\begin{cases} mv_0 - p = mv \\ mv = mv_1 + p \end{cases}$$

得第一次全过程后小车的速度和动能的减少为

$$v_1 = v_0 - \frac{2p}{m}$$

$$\Delta E_1 = \frac{1}{2}mv_0^2 - \frac{1}{2}mv_1^2 = 2p\left(v_0 - \frac{p}{m}\right) \tag{①}$$

（2）由式①递推，N 次全过程后的速度为

$$v_N = v_0 - N\frac{2p}{m}$$

令 $v_N = 0$，得

$$N = \frac{mv_0}{2p}$$

所以得总时间为

$$t = N\Delta T = \frac{mv_0}{2p}\Delta T$$

【实践探索】

1. 天舟与天宫对接.

背景：“天舟”系列货运飞船是专门用于为“天宫”空间站在轨运行提供补给的飞行器. 其中，天舟六号货运飞船为全密封货运飞船，是世界上现役货物运输能力最大、在轨支持能力最全面的货运飞船（图 1.40）. 它不仅承担着为神舟十六号乘组提供物资保障的任务，还肩负着空间站在轨运营支持和空间科学实验的任务.

■ 图 1.40

题目：天宫（空间组合体）的质量 $m_1=9.0\times10^4$ kg，飞行速度 $v_1=7\ 680\ \mathrm{m\cdot s^{-1}}$；天舟六号的质量 $m_2=1.66\times10^4$ kg. 为有效完成连接，天舟以相对速度 $v'=0.2\ \mathrm{m\cdot s^{-1}}$ 接近并与天宫实现刚性连接. 求：

（1）天宫与天舟实现“刚性连接”后的共同速度；

（2）连接过程中损失的动能.

拓展：（1）如何保证碰撞后不弹开？

（提示：两个飞行器撞得上还弹不开，靠的是对接机构上的捕获锁.）

（2）如何能把碰撞损失的能量迅速消散？

（提示：在弹不开的基础上，还必须保证相撞后损耗的能量能马上耗散掉，这就需要用到对接机构上的摩擦和阻力装置，将动能转化为热能进行释放.）

2. 动手实验：自制小火箭，并尝试试飞.

设备：　　　　操作：　　　　条件：

试飞记录：　　总结：　　　　改善：

3. 用动量守恒定律预测中微子的存在.

β 衰变可看作一个静止的原子核 X 放出一个电子 e^- 后转化为另一个原子核 N 的过程，这一过程可表示为：$X\rightarrow N+e^-+\nu_e$，已知原子核 N 与电子 e^- 动量的总和 P_{N+e^-}，问如何求得未知粒子 ν_e 的动量.

（解答提示：中微子 ν_e 由于与物质相互作用很弱，很难被实验观测到，这便出现本节教材例 1.14 中说到的那个“第三个看不见的物体”，当认定上述过程必须遵守动量守恒定律时，电子 e^- 和原子核 N 的动量和即为这个“看不到”的物体——被泡利 1930 年假设为中微子的动量负值，中微子的动量就被预测出来了，1956 年实验证明了中微子的存在.）

4. 动量定理在“哥伦比亚”号失事原因分析中的应用.

2003 年 2 月 1 日，美国东部标准时间上午 9 时许，美国“哥伦比亚”号航天飞机在返回途中飞临得克萨斯州上空时解体坠毁，酿成航天史上一个悲惨事故. 事后，调查委员会的专家一致认为，一块从主燃料箱脱落的泡沫绝缘材料在起飞阶段时撞击飞机左翼使其发生严重破损，最后导致航天飞机返航进入地球大气层途中，因其与大气层的摩擦而产生超高温气体从破损处入侵，造成内部线路和金属部件熔化，出现机毁人亡的事故.

那么，请用如下数据，采用两种模型，计算一下“哥伦比亚”号航天飞机左翼受到的平均撞击力.

数据：泡沫块约长为 50.8 cm、宽为 40.6 cm、厚为 15.2 cm；质量约为 1.3 kg；泡沫块撞击速度为 $250\ \mathrm{m\cdot s^{-1}}$（注：与飞机相撞时，泡沫速度向上）；航天飞机的上升速度大约为 $700\ \mathrm{m\cdot s^{-1}}$（注：与泡沫相撞时，飞机速度向上）.

模型 1：将泡沫块与航天飞机的相撞看成完全非弹性碰撞，即泡沫块碰上航天飞机后随同飞机一起运动.

模型 2：将泡沫块与航天飞机的撞击看成弹性正碰.

讨论：（1）104 N 的力相当于 5 kg 铅球从多少米高度落下，且在 0.04 s 内突然停止时对地面的冲击力？然后对比你所算出来的上述结果，你将会明白泡沫块对航天飞机的破坏力有多大了①；（2）泡沫块的撞击速度 $250\ \mathrm{m\cdot s^{-1}}$ 是怎么获得的？（提示：应该是泡沫掉落时飞机的速度，方向向上.）

5. 人与船的“娱乐”（作用）.

很明显（可以自己去水上游乐园，在安全情况下试一试），人从大船上容易跳上岸，而从小舟上则不容易跳上岸. 这是为什么？此外，一个人站在静止的小船上，当他从船头走向船尾时，小船会向前运动，当人停止走动后，小船是否能借助惯性一直向前运动？有同学可能会说，因水的阻力小船会停下来，但如果水的阻力忽略不计呢？

---

① 世界最高建筑是迪拜的哈利法塔，高 828 m.

6. “天宫课堂”第三讲中的“懒惰的液体球”，讲的是一个在太空实验室里的液体球，在被注入一个钢球之后，再被电风扇吹拂时表现出的“懒惰”运动状态. 你能用动量定理或其他理论粗略给出一个解释吗?

7. 查阅资料，了解“水刀”工作原理中的物理基础，比较水刀与其他切割机的工作效果和利弊.

8. 探究内力对系统物理量的影响，分别就系统的总动量和总动能做分析，并举例说明.

9. 一圆锥摆，摆绳长为 l，摆绳与竖直方向成 θ 角(图 1.41). 绳下端有一质量为 m 的小球在水平面内作匀速圆周运动. 探究:(1) 分析摆绳中的张力 F_T，并求出张力大小;(2) 小球动量状态的变化规律，并求解动量瞬时值大小 p;(3) 若小球沿圆轨道转过半周，分析小球动量增量的方向和大小 Δp.

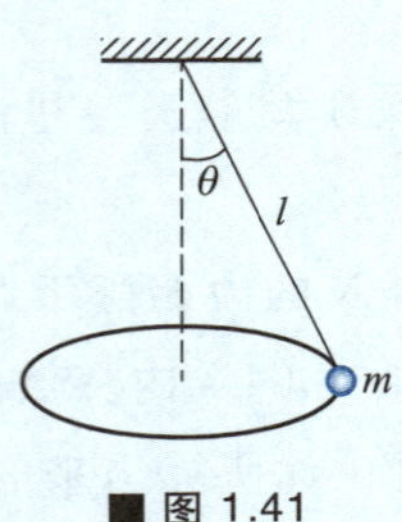

■ 图 1.41

10. 某物体受一方向固定、大小变化的力 F 的作用，F 随时间变化的关系如下:在 0.1 s 内，F 均匀地由 0 增加到 20 N，以后的 0.2 s 内，F 保持不变，再经 0.1 s，F 从 20 N 均匀地减小到 0.

(1) 描绘出 F-t 变化规律图像;

(2) 求这段时间内力的冲量及平均冲力;

(3) 如果物体的质量为 3 kg，开始速度为 $1\ \mathrm{m \cdot s^{-1}}$，方向与 F 方向一致，求 0.4 s 后当 F 又变为 0 时物体速度的大小.

11. 一团质量为 1 kg、速率为 $3\ \mathrm{m \cdot s^{-1}}$ 的黏土，与前面一辆质量为 24 kg、速率为 $0.5\ \mathrm{m \cdot s^{-1}}$ 并沿同一方向运动的小车相碰后黏合在一起. 设定一定理想化条件后，求它们黏合后的运动速率.

12. 一质量为 8.0 kg 的物体，在无外力影响下，以 $3.0\ \mathrm{m \cdot s^{-1}}$ 的速度运动. 在某一时刻，该物体被炸成质量相等的两块，其中一块以 $2.0\ \mathrm{m \cdot s^{-1}}$ 的速度继续向前运动，求另一块运动速度的大小和方向.

13. 如图 1.42 所示，一质量为 m_A 的物体 A (大小不计)放置在质量为 m_B 的平板车 B 的左端，A、B 间的摩擦因数为 μ，B 可在光滑的水平地面上运动. 开始时 B 静止，而 A 以初速度 v_0 向右运动. 试问，为使 A 不会在 B 的右端滑出去，平板车的长度 l 至少为多少?

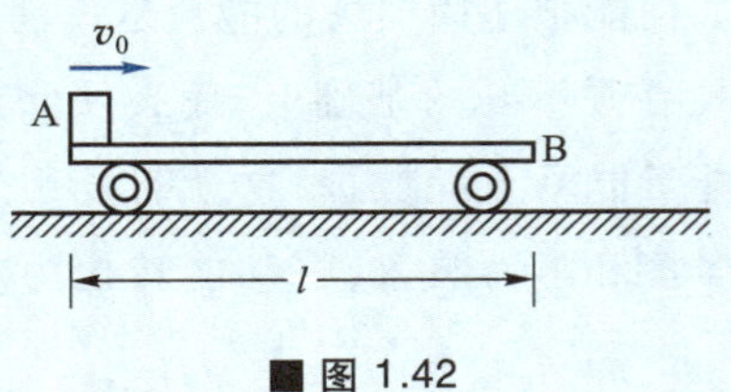

■ 图 1.42

14. 一投弹训练场上，飞机以 $v_0 = 280\ \mathrm{m \cdot s^{-1}}$ 的速度水平飞行，并投出一颗模拟弹. 若需要模拟弹准确地投中离投弹点水平距离为 $L = 1\,000$ m 的地面目标. 试问:(1) 投弹点离地面的高度 h 应该为多少?(2)模拟弹击中目标时的速率应该为多大?

15. 一人质量为 m_1，力图通过一定滑轮拉住质量为 m_2 的重物使之静悬于空中(图 1.43)，讨论，若此人能拉住重物，则两者质量关系需满足什么关系? 对地面的压力的大小为多大?(重力加速度为 g)

■ 图 1.43

16. 质量 $m=3.0$ t 的卡车在圆弧形拱桥上驶过，拱桥的曲率半径 $R=80$ m. 如图 1.44 所示，当卡车行驶到桥面最高点时，其速率为 $v=30$ km · h^{-1}. 求此时卡车对桥面的压力. 讨论，如果桥面是平的或凹的，压力各为多大？

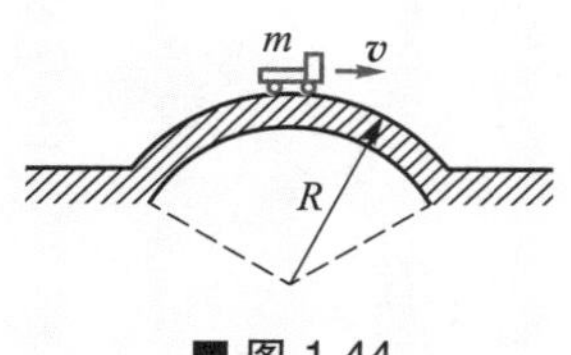

■ 图 1.44

17. 一升降机载有 10 人，每人质量均为 80 kg，升降机质量为 1 000 kg，在 180 s 内匀速上升 80 m，求升降机做的功. 试问：电机输出的功与升降机做的功之间存在什么关系，为什么？

18. 一颗速率为 700 m · s^{-1} 的子弹打穿一块木板后速率降低到 500 m · s^{-1}，讨论速率降低的原因. 若让它能继续穿过与第一块完全相同的第二块木板，并能算出穿过第二块木板后子弹的速率降低到多少，需要做出什么设定？降低的速率是多少？

19. 如图 1.45 所示，质量为 0.1 kg 的木块，在一个水平面上和一个弹性系数 $k=20$ N · m^{-1} 的轻弹簧碰撞，木块将弹簧由原长压缩了 0.4 m. 假设木块与水平面间的动摩擦因数 $\mu_k=0.25$，分析木块与弹簧压缩过程中，木块的动能与其他什么能量之间有何转化关系，并求出木块与弹簧碰撞前的速率 v 为多少？

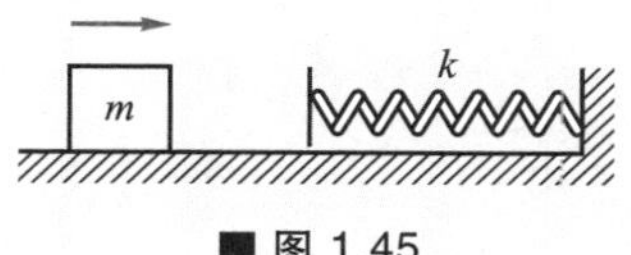

■ 图 1.45

20. 如图 1.46 所示，用一弹簧把质量分别为 m_1 和 m_2 的两块木板固连在一起，并放在地面上，弹簧质量不计，$m_2>m_1$. 探讨：

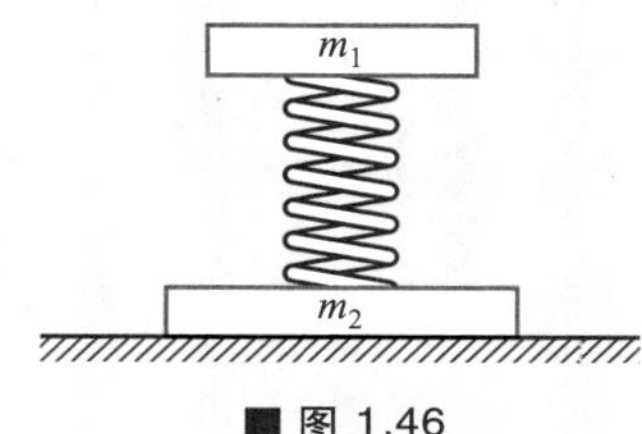

■ 图 1.46

（1）对上面的木板必须施加多大的正压力 $\boldsymbol{F}$，才能使 $\boldsymbol{F}$ 突然撤去后上面的木块跳起来，恰能将下面的木板提离地面？

（2）如果两木板的位置交换，结果是否变化？

第二章 静电场及其应用

【情景引入】

静电现象无处不在.氢气球能吸附在竖直墙面上,从包装盒上刚撕下的塑料薄膜会黏在手上甩不掉,雷暴发生时云层中电闪雷鸣(图2.1)等,这些都是因静电而产生的现象.静电学是研究静止电荷特性和规律的一门学科,是电磁学的一个子领域.在自然界四种基本相互作用(万有引力、电磁相互作用、强相互作用和弱相互作用)中,电磁相互作用是维持物质形态(固体、液体等)的主要因素,它与万有引力一样,作用范围是无限大的,且作用效果容易被观测到,因而广泛地被人们所熟知.静电在电力、机械、轻工、纺织、航空航天等领域有着广泛的应用,如静电除尘、静电喷涂、静电喷洒、静电纺织、静电植绒、静电复印等.同时,静电又有着一定的危害,如容易引起火灾、爆炸.1967年7月29日,美国福莱斯特号航空母舰上发生严重事故,一架飞机上的导弹突然点火,造成了重大的人员伤亡和经济损失,调查结果是导弹屏蔽接头不合格,静电引起了导弹点火.实际上,在石油化工、航空航天、造纸印刷、塑料橡胶制造等领域都存在着静电防护问题,有关静电的防护也成为了一门技术.

■ 图2.1 电闪雷鸣

本章将从电荷的基本定律——库仑定律出发,带领大家一起认识静电场及其性质(有源、无旋性),掌握电场强度和电势概念,了解静电的实际应用.

2.1 电荷的量子化 库仑定律 电场强度

【情景引入】

物体带电的方式有很多.摩擦可以起电,例如,在干燥的日子里,人在地毯上移动(摩擦)时,很容易带电,人类发明的第一个起电机就是摩擦起电机;感应可以起电,比如,一个带电体靠近另一个不带电的金属物体,可以使金属物体靠近带电体的一端与远离带电体的另一端带上不同种类的电荷,人类早期发明的验电装置就是依据这种原理制成的.因此,在工程实践中,我们不可避免地会与电荷打交道.有时电荷是有利的,需要利用,比如某些计算机键盘的操作就是利用压电电荷的变化,实现信息输入和传递的;有时电荷却是有害的,需要克服,比如同样是计算机系统，需要避免静电放电的侵袭，否则会导致计算机的硬件受损，造成储存信息的丢失或错误. 因此，我们有必要对电荷的特点以及电荷之间的相互作用进行深入探究.

2.1.1 电荷的量子化

物体所带电荷的多少用电量来量度. 在国际单位制(SI)中，电量的单位是库仑，符号为C. 一个电子所带电量的绝对值称为元电荷(或基本电量)，用 e 表示. e 的国际推荐值为

$$e = 1.602\ 176\ 634\times10^{-19}\ \mathrm{C}$$

目前为止，所有的科学实践告诉我们，物体所带的电量 Q 都是元电荷 e 的整数倍，即

$$Q = ne$$

其中 n 为正整数. 这种电荷的分立取值现象称电荷的量子化.

2.1.2 库仑定律

电荷的一个基本性质是与其他电荷之间存在相互作用力. 两个静止电荷之间的相互作用力叫作静电力.

【问题讨论】

静电力的规律会受带电体的形状、大小的影响而变得极其复杂，如何提炼出静电力的本质特征，取决于能否忽略带电体的体积特征，将其简化、抽象为“点电荷”. 如何构建点电荷呢？

当带电体的形状和大小与带电体间的距离相比可以忽略不计时，就可将这些带电体视为点电荷. 点电荷和质点一样是一种理想化模型，它是在一定条件下对实际带电体的抽象. 那么，两个点电荷之间的相互作用力遵循什么规律呢？ 这个规律是静电力的基本规律.

1785 年，法国物理学家库仑通过扭秤，研究可以看作点电荷的带电体之间的相互作用，构建了电荷之间相互作用的基本规律，后人称之为库仑定律，其表述如下：

在真空中两个静止的点电荷 q_1 与 q_2 的相互作用力的大小与 q_1q_2 成正比，与距离 r 的平方成反比. 作用力的方向沿着它们的连线方向，同号电荷相斥，异号电荷相吸. 其数学表达式为

$$\boldsymbol{F} = \frac{1}{4\pi\varepsilon_0}\frac{q_1q_2}{r^2}\boldsymbol{e}_r \tag{2.1}$$

式中 $\varepsilon_0 = 8.85\times10^{-12}\ \mathrm{C^2\cdot N^{-1}\cdot m^{-2}}$，$\varepsilon_0$ 称为真空电容率(或真空介电常量)；$\boldsymbol{e}_r$ 为一单位矢量，大小为 1，方向由施力者指向受力者. 满足库仑定律的带电粒子之间的静电力，也称为库仑力.

【拓展探究】

库仑定律[式(2.1)]与第一章中的万有引力定律[式(1.40)]非常相似，皆与距离平方成反比，但两个定律的发现时间相距约 100 年. 那么，万有引力定律对库仑定律的发现有无借鉴作用呢？ 1785 年，量电学(测量电荷)还没有发展起来，实验是如何实现电荷量“定量”测量的呢？

一般来说,带电体都是有质量的物体,那么在计算带电体之间的库仑力时是否需要考虑万有引力呢?就此问题,我们来看下面一道例题.

例 2.1 氢原子是由一个质子(即氢原子核)和一个电子组成的.若电子绕核作半径为 $r=5.3\times10^{-11}$ m 的圆周运动.已知电子质量 $m_e=9.11\times10^{-31}$ kg、质子质量 $m_p=1.67\times10^{-27}$ kg,引力常量 $G=6.67\times10^{-11}$ N·m²·kg⁻²,试求质子和电子之间的静电力和万有引力大小之比.

解 质子所带电量为$+e$,电子所带电量为$-e$,它们之间的静电力为引力,其大小由库仑定律求得

$$F_e=\frac{1}{4\pi\varepsilon_0}\frac{e^2}{r^2}=\frac{1}{4\pi\times8.85\times10^{-12}}\times\frac{(1.6\times10^{-19})^2}{(5.3\times10^{-11})^2}\ \mathrm{N}=8.2\times10^{-8}\ \mathrm{N}$$

它们之间的万有引力大小为

$$F_m=G\frac{m_em_p}{r^2}=6.67\times10^{-11}\times\frac{9.11\times10^{-31}\times1.67\times10^{-27}}{(5.3\times10^{-11})^2}\ \mathrm{N}=3.6\times10^{-47}\ \mathrm{N}$$

则两个力大小之比为

$$\frac{F_e}{F_m}=\frac{8.2\times10^{-8}}{3.6\times10^{-47}}=2.3\times10^{39}$$

可见 $F_e\gg F_m$.由此可知,在原子、分子层面上的微观范畴内,计算电荷之间的库仑力时可以忽略万有引力的存在,但在宏观带电体受力问题中,往往要综合考虑这两个力的作用,不能随意忽略某一个力.

2.1.3 电场强度

【内容递进】

我们对力的感知往往是"接触性"的,比如,拔河比赛中手与绳之间的相互作用等.然而,电荷之间发生相互作用时没有接触,当时人们认为这是一种超距作用,而牛顿第三定律要求两个物体之间的作用力和反作用力时时刻刻大小相等、方向相反,这样两个物体之间信息传递的速度只能是无穷大,但理论研究和实验事实表明,这一信息传递速度也有上限——真空中光速."场"的概念引入,根本性地解决了这一难题.

实验及理论都表明,电荷在其周围空间(无论是真空还是介质)会激发**电场**,该场对放于其中的其他电荷有力的作用,这一作用力叫作**电场力**.电荷 1 作用在电荷 2 上的电场力,在本质上是:电荷 1 所激发的电场遍布空间各处,电荷 2 所在处的来自电荷 1 的电场直接对电荷 2 作用,这就摆脱了"超距"作用的概念.上述观点可用下列关系表示:

$$\text{电荷}\Longleftrightarrow\text{电场}\Longleftrightarrow\text{电荷}$$

相对某一参考系的静止电荷产生的电场称为**静电场**,静电场对放入其中的电荷施加的电场力也称为**静电力——这是用"电场"形式引进的力的定义,与上述库仑力是一致的.**

1. 电场强度

场虽是眼不可见、触不可知的,但我们可以通过科学测量来认识它.它与实物一样具有能量,是物质存在的一种特殊形式,但它又与实物有不同之处:场可以在同一空间叠加,而实物却不可以.那么,我们**如何去描述电场的强弱呢?**

上文提到,电场的基本性质之一就是会对放于其中的电荷施加电场力——可感知(测量)量.那么,我们是否能借助这个可感知(测量)量,来认识另一个"不可感知"却又更本质的量呢? 可将试探电荷(电量充分小的点电荷)q_0 放入电场各点,在电场中不同位置测量其所受的电场力 $\boldsymbol{F}$,**寻找这个力的规律,从而得到反映电场特征的物理量.**

实验表明:对于电场中的某一点来说,试探电荷受到的电场力与电荷电量的比值 $\boldsymbol{F}/q_0$ 是一个无论大小及方向均与试探电荷无关的物理量,它反映了电场本身的性质.我们把这个比值作为描写电场的物理量,称为**电场强度**(简称**场强**),**即静电场中任一点的电场强度大小等于单位电荷在该点所受电场力的大小,其方向与单位正电荷在该点所受电场力的方向一致.** 场强是矢量,通常用符号 $\boldsymbol{E}$ 表示,即

$$\boldsymbol{E}=\frac{\boldsymbol{F}}{q_0} \tag{2.2}$$

在国际单位制中,场强的单位为 $\mathrm{N\cdot C^{-1}}$ 或 $\mathrm{V\cdot m^{-1}}$(伏特每米).

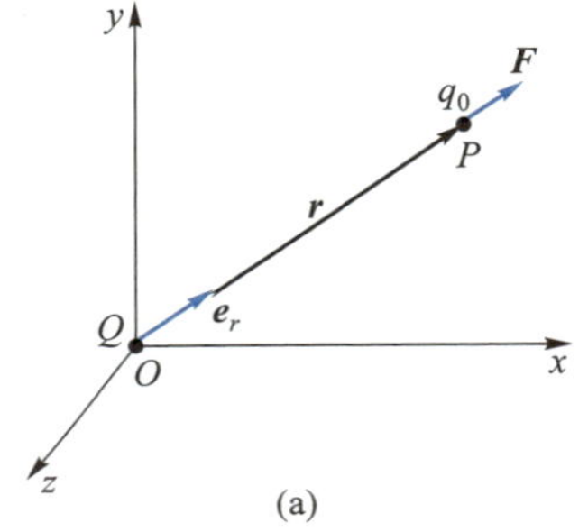

(a)

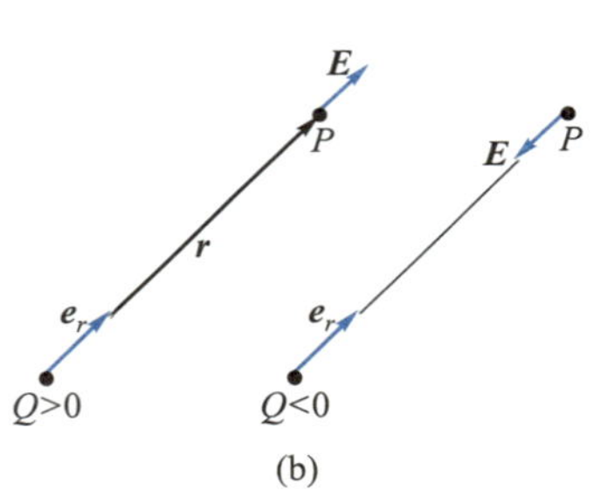

(b)

■ 图 2.2 点电荷的场强

若静电场是由点电荷 Q_0(称源电荷)所激发的,如图 2.2(a)所示,则由式(2.1)和式(2.2)可知,此时试探电荷在 P 点(称为场点)所受的电场力为

$$\boldsymbol{F}=\frac{Q_0q_0}{4\pi\varepsilon_0r^2}\boldsymbol{e}_r=q_0\boldsymbol{E}$$

其中 $\boldsymbol{e}_r$ 为源电荷指向场点的单位矢量.由此可得,点电荷场强的计算表达式为

$$\boldsymbol{E}=\frac{Q_0}{4\pi\varepsilon_0r^2}\boldsymbol{e}_r \tag{2.3}$$

即,点电荷产生的电场强度正比于电量,反比于距离平方,其方向由源电荷的正、负决定.当 $Q_0>0$ 时,电场强度方向背离源电荷;当 $Q_0<0$ 时,电场强度方向指向源电荷,如图 2.2(b)所示.

【拓展探究】

在测量电场诸多问题时,为什么要引进所谓"试探电荷",而不是一般的点电荷?有何不同?

2. 场强叠加原理

如果空间同时存在多个源电荷,则电场中任一点 P 的场强应是这些电荷共同激发的结果.实验表明,**任一点的场强等于各点电荷单独存在时所激发的电场在该点的场强的矢量和.** 这个结论叫做**场强叠加原理**,即

$$\boldsymbol{E}=\sum\boldsymbol{E}_i=\sum_i\frac{q_i}{4\pi\varepsilon_0r_i^2}\boldsymbol{e}_i \tag{2.4}$$

其中 $\boldsymbol{E}_i=\dfrac{q_i}{4\pi\varepsilon_0 r_i^2}\boldsymbol{e}_i$ 表示点电荷 q_i 单独存在时在场点 P 所激发的场强.

我们先来看一个最为简单,但又极具应用价值的叠加例子——电偶极子特定位置的电场计算.

例 2.2 一对等量异号点电荷 $\pm q$ 相距为 l,它们构成的带电系统称为电偶极子. 求电偶极子连线的中垂线上任一点 P 处的场强.

解 以两点电荷连线的中点 O 为原点建立如图 2.3 所示的平面直角坐标系,设 P 点到 O 点的距离为 r,点电荷 $+q$ 和 $-q$ 单独存在时在 P 点激发的场强分别为 $\boldsymbol{E}_+$ 和 $\boldsymbol{E}_-$,由于 P 点到 $+q$ 和 $-q$ 的距离相等,即 $r_+=r_-=\sqrt{r^2+(l/2)^2}$,故 $\boldsymbol{E}_+$ 和 $\boldsymbol{E}_-$ 大小相等,为

$$E_+=E_-=\frac{1}{4\pi\varepsilon_0}\frac{q}{r^2+(l/2)^2}$$

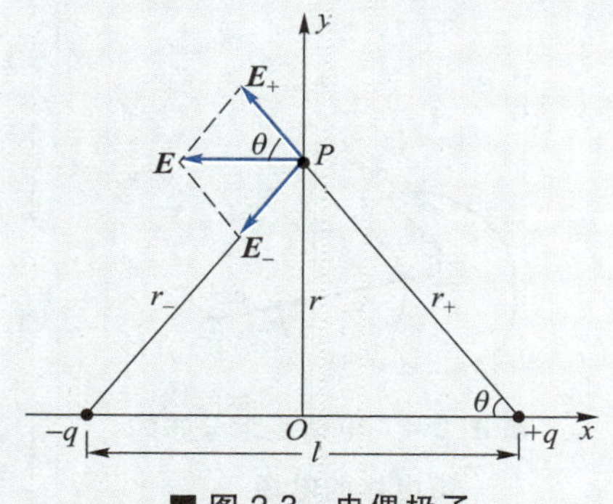

图 2.3 电偶极子

$\boldsymbol{E}_+$ 和 $\boldsymbol{E}_-$ 的方向如图 2.3 所示. 根据场强叠加原理,P 点的场强 $\boldsymbol{E}$ 应为 $\boldsymbol{E}_+$ 和 $\boldsymbol{E}_-$ 的矢量和. 由对称性可知,$\boldsymbol{E}_+$ 和 $\boldsymbol{E}_-$ 在 x 轴上的分量大小相等、方向相同,都沿 x 轴的负方向. 在 y 轴上的分量大小相等、方向相反,互相抵消. 所以总场强 $\boldsymbol{E}$ 只有 x 轴上的分量,且

$$E_x=E_{+x}+E_{-x}=-2E_+\cos\theta$$

由几何关系可知

$$\cos\theta=\frac{l/2}{\sqrt{r^2+(l/2)^2}}$$

故 P 点的场强的大小为

$$E=|E_x|=2E_+\cos\theta=\frac{1}{4\pi\varepsilon_0}\frac{ql}{(r^2+l^2/4)^{3/2}}$$

场强 $\boldsymbol{E}$ 的方向沿 x 轴的负方向.

【问题讨论】

(1) 将一个一般性的结论,推至一个特殊状态,是物理学习中应该具备的能力. 本例题中的两点电荷连线的中点 O,是中垂线上的特殊点,因此以 $r=0$ 代入上式就可得到 O 点的场强的大小,即

$$E_O=\frac{1}{4\pi\varepsilon_0}\frac{8q}{l^2}$$

场强 $\boldsymbol{E}_O$ 的方向仍沿 x 轴的负方向,从两正、负电荷中间连线,由各自方向的判断也可得出 $\boldsymbol{E}_O$ 的方向.

(2) 电偶极子在空间各点产生的电场有着非常重要的应用,因为一旦电场随时间变化,它就成为了向外辐射电磁波的源,对计算电磁辐射有重要意义.

视频：
从电偶极子、磁偶极子到无线充电

【拓展探究】

参考二维码中的视频"从电偶极子、磁偶极子到无线充电"中关于电偶极子的应用.

【内容递进】

式(2.4)是离散点电荷体系激发电场的场强叠加表达式. 然而,有时电荷的分布并不是离散的,而是连续的,比如输电导线表面的电荷等. 此时如何探究其电场的分布?

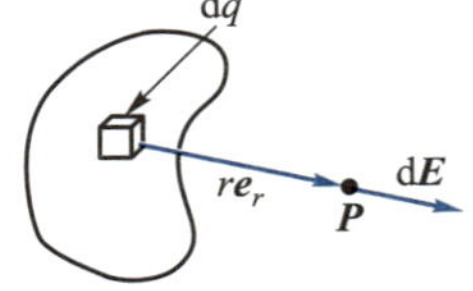

■ 图 2.4　电荷连续分布的带电体的电场

对于电荷连续分布的带电体而言,场强叠加原理依然适用,此时我们可以将带电体看成是由许多电荷元 $\mathrm{d}q$ 所组成的,每个电荷元均可视为点电荷,如图 2.4 所示. 不同于式(2.4)的地方是,求和要换成积分,即

$$\boldsymbol{E}=\int \mathrm{d}\boldsymbol{E}=\frac{1}{4\pi\varepsilon_0}\int\frac{\mathrm{d}q}{r^2}\boldsymbol{e}_r \tag{2.5}$$

对于一个体分布电荷,电荷元 $\mathrm{d}q=\rho\mathrm{d}V$,其中 ρ 为电荷体密度(单位体积中的电量),$\mathrm{d}V$ 为带电体的体积元;对于一个面分布电荷,$\mathrm{d}q=\sigma\mathrm{d}S$,其中 σ 为电荷面密度(单位面积上的电量),$\mathrm{d}S$ 为带电面上的面元;对于一个线分布电荷,$\mathrm{d}q=\lambda\mathrm{d}l$,其中 λ 为电荷线密度(单位长度上的电量),$\mathrm{d}l$ 为带电线上的线元.

上面我们讨论了电荷连续分布的电场计算方法,针对一些特殊情况,如例 2.3,我们来探究一下如何计算中轴线上任意一点的电场强度.

例 2.3　一均匀带电细圆环的半径为 R,所带电量为 $q>0$,环的轴线上一点 P 与环心 O 的距离为 x,如图 2.5 所示. 求 P 点的场强.

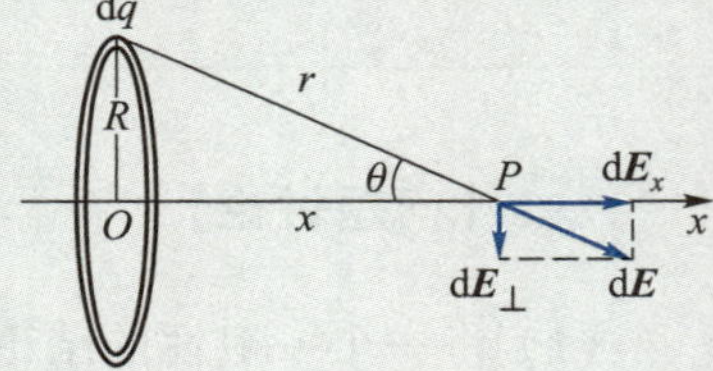

■ 图 2.5　带电细圆环轴线上的场强

解　带电细圆环可看作线分布电荷. 取圆环中心轴为 x 轴,圆心为坐标原点,令向右为正方向,如图 2.5 所示. 由题意可知,电荷线密度为 $\lambda=q/(2\pi R)$. 将圆环分割成许多小的线元,任取一线元 $\mathrm{d}l$,其(电荷元)带电量为

$$\mathrm{d}q=\lambda\mathrm{d}l=\frac{q\mathrm{d}l}{2\pi R}$$

电荷元 $\mathrm{d}q$ 在圆环轴线上距环心为 x 的 P 点的场强大小为

$$|\mathrm{d}\boldsymbol{E}|=\frac{\mathrm{d}q}{4\pi\varepsilon_0 r^2}$$

把电场 $\mathrm{d}\boldsymbol{E}$ 分解为沿 x 轴方向的分量 $\mathrm{d}E_x$ 和垂直 x 轴方向的分量 $\mathrm{d}E_\perp$,由轴对称性知,所有电荷元产生的电场的垂直 x 轴方向的分量将相互抵消,即

$$E_\perp=\int\mathrm{d}E_\perp=0$$

则总场强只有沿 x 轴方向的分量,即

$$E=E_x=\int\mathrm{d}E_x=\int\mathrm{d}E\cdot\cos\theta=\int\frac{\mathrm{d}q\cos\theta}{4\pi\varepsilon_0 r^2}$$

由于 R、x 为定值，故 θ、r 亦为常量，且 $\cos\theta=x/r, r=\sqrt{x^2+R^2}$，则

$$E=E_x=\frac{\cos\theta}{4\pi\varepsilon_0 r^2}\int \mathrm{d}q=\frac{q\cos\theta}{4\pi\varepsilon_0 r^2}=\frac{qx}{4\pi\varepsilon_0\left(x^2+R^2\right)^{3/2}} \tag{2.6}$$

$\boldsymbol{E}$ 的方向沿 x 轴正方向.

【问题讨论】

当观察点到带电体系的距离远大于带电体系的线度时，场强会表现出特殊规律，这是一般规律的极端表现，这也是物理学习中应该具备的判断能力. 本例题有

(1) 当 $x\gg R$ 时，$(x^2+R^2)^{3/2}\approx x^3$，此时有

$$E\approx\frac{q}{4\pi\varepsilon_0 x^2}$$

这表明，在相对远离带细电圆环时，x 轴上的场强，与环上电荷全部集中在环心处的一个点电荷所激发的场强相似. 这个数学结论也可以从物理意义上**推理获得**：当在远离带电圆环处看这个电荷分布时，已无法看出圆环形状，只能认为是一个“点”分布. 由此可以推理，这些距离处的场强应该与点电荷场强一致. 这就有了与数学推论一致的结果了.

(2) 当 $x=0$ 时，有

$$E=0$$

即环心处各电荷元的电场互相抵消.

【拓展探究】

通电电缆内部的金属表面会存在薄薄的、可看作静电的电荷层. 若通电电缆直径远小于观测点，电荷可看作线分布电荷. 通电电缆产生的场强是电力工程中的一个重要参量，它直接影响着电缆的运行安全和使用寿命. 比如，通电电缆产生的场强超过一定的值后，可能会导致电缆绝缘材料被击穿，从而引发事故等. 因此，有关通电电缆产生的场强的测量与监控尤为重要. 为此，我们可以设计这么一个相对理想的问题，从理论角度计算和分析一下通电直电缆中的“静”电荷产生的场强. 如图 2.6 所示，一均匀带正电直线，长为 L，电荷线密度为 λ. 在中垂面有一点 P 与带电直线的距离为 a，求 P 点的场强 $\boldsymbol{E}$ 的大小与方向.

这是一个一般带电直线的特殊点（中垂面）问题. 基本的处理方法仍然与例 2.3 一致，即**电荷元法+积分**. 建立如图 2.6 所示的坐标系，在直线任意位置上取电荷元 $\mathrm{d}q$，此电荷元到 P 点的距离为 r，则 $\mathrm{d}q$ 在 P 产生的场强大小为

$$\mathrm{d}E=\frac{\lambda\,\mathrm{d}y}{4\pi\varepsilon_0 r^2}$$

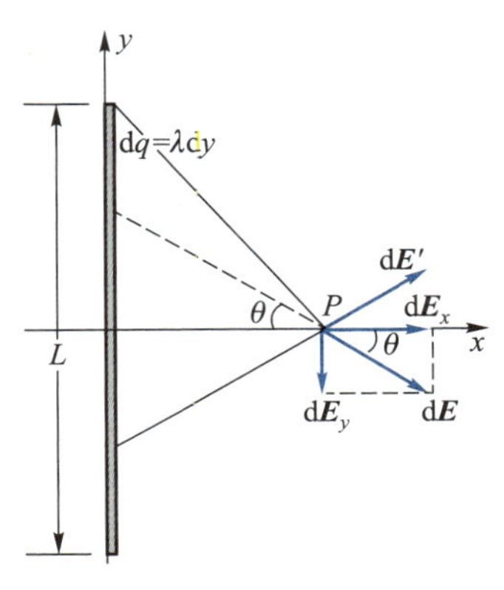

■ 图 2.6 带电直线中垂面上的电场

由于不同位置处的电荷元在 P 点产生的 $\mathrm{d}E$ 的方向不同，所以在计算场强时要分别计算沿 x 轴方向和 y 轴方向的分量，即

$$\mathrm{d}E_x=\mathrm{d}E\cdot\cos\theta=\frac{\lambda\mathrm{d}y}{4\pi\varepsilon_0 r^2}\cdot\cos\theta$$

$$\mathrm{d}E_y=\mathrm{d}E\cdot\sin\theta=\frac{\lambda\mathrm{d}y}{4\pi\varepsilon_0 r^2}\cdot\sin\theta$$

由对称性可知 $E_y=\int\mathrm{d}E_y=0$，因此 P 点的场强只有沿 x 轴方向的分量，即 $E=E_x=\int\mathrm{d}E_x$. 为了便于积分，将变量 y、r 变换为 θ. 由几何关系 $r=x/\cos\theta$、$y=x\tan\theta$，及 $\mathrm{d}y=x\mathrm{d}\theta/\cos\theta$，并考虑到直线上、下半段的对称性，积分范围取 $0\sim\theta_1$，则有

$$E=E_x=2\int_0^{\theta_1}\frac{\lambda\cos\theta\ \mathrm{d}\theta}{4\pi\varepsilon_0 a}=\frac{\lambda}{2\pi\varepsilon_0 x}\sin\theta_1 \tag{2.7}$$

$\boldsymbol{E}$ 的方向沿垂直于直线向外的方向.

若一般的长直电缆线变为特殊的“无限长”直电缆，则式(2.7)中的 $\theta_1=\pi/2$，且原来中垂面的特殊点，变为空间任一点都是无限长直线的中垂面上的点(无限长的对称性所至)，因此一根通电的无限长直电缆周围的场强为

$$E=\frac{\lambda}{2\pi\varepsilon_0 x} \tag{2.8}$$

式(2.8)是一个非常有用的公式，它在很多实际情况中都可以作为带电直导线的场强估计值的计算公式. **因为，只要观测位置靠近任意一段直导线，由于探测点的位置远小于导线长度，则看上去该导线似乎就是“无限长”，所以式(2.8)就近似适用.**

2.2 电场强度通量 静电场的高斯定理

【情景引入】

上文我们说到，电场是一个不能被直接看见或触碰的物质，如何让人们感知和“看见”，并发现其特点，是个很重要的问题. 滂沱大雨或河道流水、水龙头放水或浴缸泄水时，我们都能看见(水中散落一些离散的悬浮物即可见)明显的水流线. 水流线能显示出水流的速度大小和方向，以及水的来源和去处. 与此类比，英国物理学家法拉第用“电场线”来描绘电场. 电场线的疏密和指向表示场强的大小和方向，电场线的起点表示场强的来源，电场线的终点表示场强的去处. 本节我们借助这个电场线将会看到，静电场是个有源场，正(负)电荷就是电场线的起点(终点).

2.2.1 电场强度通量

1. 电场线

为了形象、直观地描绘电场的分布情况，法拉第引入了电场线的概念. 在静电场中，每一点的场强都有一个确定的方向. 因此，我们可以在电场中画出一系列有向曲线，使这些曲线上每一点的切线方向都与该点的场强方向一致，且曲线的疏密程度能反映该点场强的大小. 这

样画出来的曲线就称为**电场线**.

【问题讨论】

电场线虽然是人为想象出来的线,但是否可以用实验模拟呢?我们在一张导电纸上加上两个电极,并在导电纸上均匀撒上一些“毛屑”,电极两端连上电源正负极(模拟正、负电荷)后,轻敲导电纸,我们会看到什么?

我们会发现,毛屑会整齐排列在导电纸上,这就是实验模拟出来的电场线. 图 2.7 模拟了几种典型电场的电场线分布. 从这些电场线分布图可以看出,电场线有如下性质:

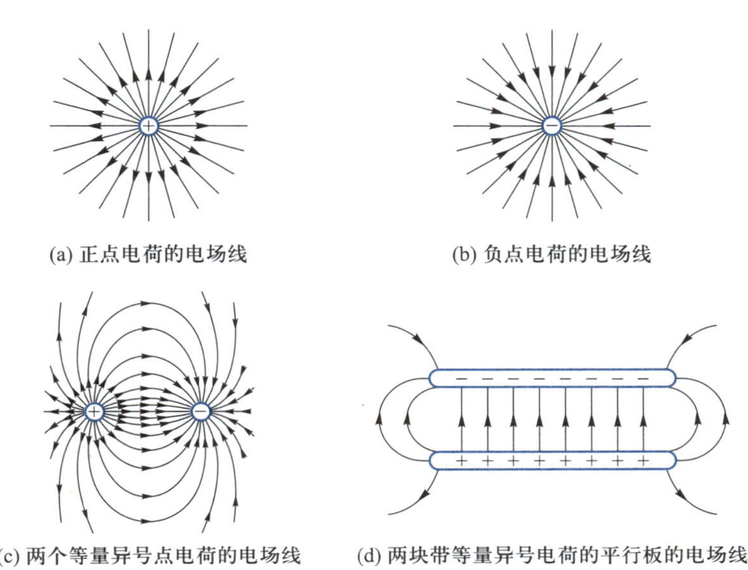

(a) 正点电荷的电场线　(b) 负点电荷的电场线

(c) 两个等量异号点电荷的电场线　(d) 两块带等量异号电荷的平行板的电场线

■ 图 2.7　几种典型电场的电场线分布

(1) 电场线为非闭合曲线. 电场线始于正电荷(或来自于无穷远处),终止于负电荷(或终止于无穷远处),在无电荷处不会中断.

(2) 任何两条电场线在无电荷处不相交.

为了使画出的电场线不仅能反映出场强方向的分布情况,而且还能反映出场强大小的分布情况. 通常还规定:在电场中每一点,**穿过垂直于场强方向单位面积的电场线根数,与该点场强的大小相等**. 即电场线密集处场强大;电场线稀疏处场强小.

2. 电场强度通量

【内容递进】

为什么要引进电场强度通量概念?天气预报中时常提到“每小时降雨多少毫米”,这就是反映降雨强度——“雨源”强弱的量. 这里的“多少毫米”是底面为单位面积的量筒在单位时间内获取的盛水高度. 用这个量值去乘以垂直降雨速度方向的面积(假设降雨速度处处相等),即为单位时间内在该平面上的降雨量,或称“雨通量”. 仿照此,我们也可以用电场中的一个“面”来集取电场线,获得电场强度通量的概念,从而引出度量电场源强弱的方法——静电场的高斯定理.

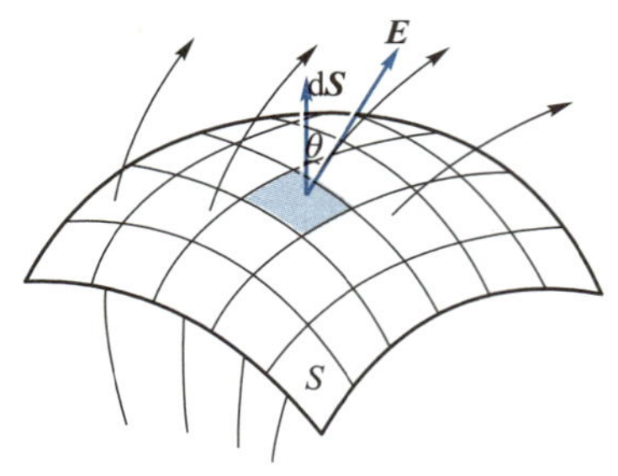

■ 图 2.8 通过任一曲面的电场强度通量

电场中,穿过任一曲面 S 的电场线条数称为通过该曲面的**电场强度通量**,用 Φ_e 表示. 当电场为非均匀电场时,如图 2.8 所示,取该曲面上一面元 $\mathrm{d}S$,若该面元的法线方向与该处场强 $\boldsymbol{E}$(在 $\mathrm{d}S$ 范围内可视为常矢量)的夹角为 θ,则 $\mathrm{d}S$ 在垂直于 $\boldsymbol{E}$ 方向的投影 $\mathrm{d}S_{\perp}=\mathrm{d}S\cos\theta$. 根据电场线画法的规定,通过该面元的电场线条数(电场强度通量)即为

$$\mathrm{d}\Phi_e=E\mathrm{d}S_{\perp}=E\mathrm{d}S\cos\theta \tag{2.9}$$

上述定义的电场强度通量实际上是大小关系,没有表达出电场线从面的"哪一侧"穿过(穿出),而这一点是体现电场线与面的相对位置关系的. 为了体现这一点,我们可定义面元 $\mathrm{d}S$ 的方位,利用规定面元的法线方向的单位矢量 $\boldsymbol{e}_n$,将面元表示为矢量(任何一个矢量均可以表示为 $\boldsymbol{A}=A\boldsymbol{a}$,$\boldsymbol{a}$ 为 $\boldsymbol{A}$ 矢量方向上的单位矢量)为

$$\mathrm{d}\boldsymbol{S}=\mathrm{d}S\boldsymbol{e}_n$$

根据矢量标积的定义,则穿过面元 $\mathrm{d}\boldsymbol{S}$ 的电场强度通量也可表示为

$$\mathrm{d}\Phi_e=\boldsymbol{E}\cdot\mathrm{d}\boldsymbol{S}$$

对于任意一个曲面 S,我们可将它分割为无限多个面元 $\mathrm{d}\boldsymbol{S}$. 这样通过该曲面 S 的电场强度通量就是通过一系列面元的电场强度通量的和. 连续求和就是积分,所以有

$$\Phi_e=\int_S\mathrm{d}\Phi_e=\int_S\boldsymbol{E}\cdot\mathrm{d}\boldsymbol{S} \tag{2.10}$$

2.2.2 静电场的高斯定理

对于非闭合的任意曲面,面元的法线正方向可以有两个选择. 由于场强的方向是确定的,所以选择不同法线正方向时,通过式(2.10)计算出的电场强度通量的符号会有正、负之别. 对闭合曲面而言,则规定面元的法线方向向外. 于是闭合曲面的电场强度通量

$$\Phi_e=\oint_S\boldsymbol{E}\cdot\mathrm{d}\boldsymbol{S} \tag{2.11}$$

就有确定的正负关系:当电场线从内部穿出时,$\Phi_e>0$;当电场线从外部穿入时,$\Phi_e<0$. 明白了这个关系,有助于理解下面的静电场的高斯定理.

1. 静电场的高斯定理

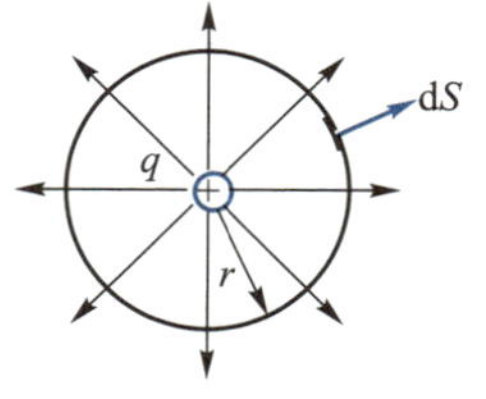

■ 图 2.9 电荷在球面内

我们先来考虑一个最简单的特例. 设有一静止点电荷 $q(q>0)$ 处于半径为 r 的球面的中心,如图 2.9 所示,求该电荷产生的静电场通过该球面的电场强度通量. 根据点电荷的场强公式,在球面 S 上每一点场强大小

注:矢量运算具有简洁性,常见矢量运算有两种:标积 $\boldsymbol{A}\cdot\boldsymbol{B}=AB\cos\theta$;叉积 $\boldsymbol{A}\times\boldsymbol{B}=\boldsymbol{C}$,其大小为 $C=AB\sin\theta$,方向为右手四指由矢量 $\boldsymbol{A}$ 转向矢量 $\boldsymbol{B}$ 时拇指所指方向. θ 为两矢量之间小于 π 的角度. 标积对应的物理量为标量,如电场强度通量 $\mathrm{d}\Phi_e=\boldsymbol{E}\cdot\mathrm{d}\boldsymbol{S}$;叉积对应的物理量为矢量,如洛伦兹力 $\boldsymbol{F}=q\boldsymbol{v}\times\boldsymbol{B}$(第三章有介绍).

均为 $E=q/(4\pi\varepsilon_0 r^2)$，场强方向均沿径向向外，$\boldsymbol{E}$ 与面元 $\mathrm{d}\boldsymbol{S}$ 同向. 因此，由式(2.11)可知，通过球面的总电场强度通量为

$$\begin{aligned}\Phi_{\mathrm{e}} &= \oint_S \mathrm{d}\Phi_{\mathrm{e}} = \oint_S \boldsymbol{E}\cdot\mathrm{d}\boldsymbol{S} = \oint_S E\mathrm{d}S = \oint_S \frac{q}{4\pi\varepsilon_0 r^2}\mathrm{d}S \\ &= \frac{q}{4\pi\varepsilon_0 r^2}\oint_S \mathrm{d}S = \frac{q}{4\pi\varepsilon_0 r^2}\cdot 4\pi r^2 = \frac{q}{\varepsilon_0} > 0\end{aligned} \tag{2.12a}$$

上述结果虽然是通过球面的电场强度通量，但可以严格证明，无论闭合曲面是什么形状(如图 2.10)，只要电荷被包围在闭合曲面内，式(2.12a)都成立.

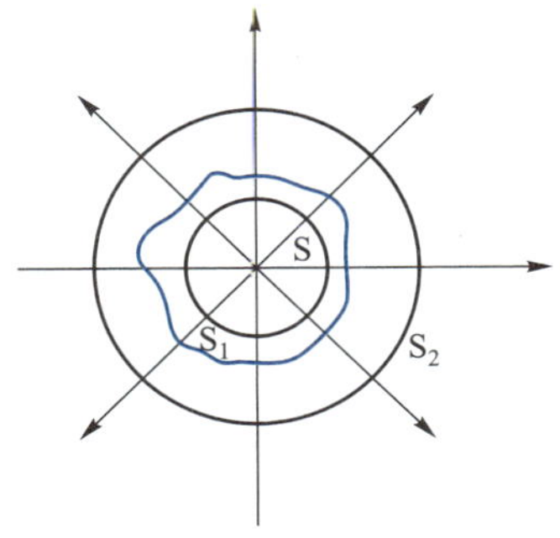

■ 图 2.10 电荷在任意闭合曲面内

【问题讨论】

(1) 式(2.12a)的含义是什么？根据电场强度通量的形象化定义，它是穿过闭合曲面的电场线条数，那么，式(2.12a)表明穿出($\Phi_{\mathrm{e}}>0$)闭合曲面的电场线条数就等于电量 q 除以 ε_0(即 q/ε_0)，且电场线始于正电荷(闭合曲面趋近电荷表面时该式仍成立).

(2) 若闭合曲面包围的是一个负点电荷，会有怎样的结论呢？这个情况的计算过程其实与正电荷情况一样，只是最后结果为负，即 $\Phi_{\mathrm{e}} = \oint_S \boldsymbol{E}\cdot\mathrm{d}\boldsymbol{S} = \frac{q}{\varepsilon_0} < 0$，其结论表明电场线从外部穿过闭合曲面并汇聚于负电荷.

(3) 若点电荷不在闭合曲面内(如图 2.11 所示)，又会有怎样的结论呢？该情况的计算结果是电场强度通量为零. 这表明穿入闭合曲面的电场线条数等于穿出的条数，进一步说明电场线在没有电荷的地方不会中断.

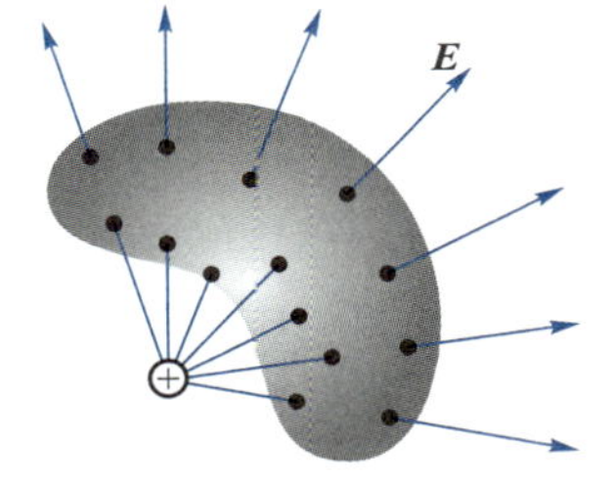

■ 图 2.11 电荷在闭合曲面之外

综合上述情况，我们可以将式(2.12a)扩展为

$$\Phi_{\mathrm{e}} = \oint_S \boldsymbol{E}\cdot\mathrm{d}\boldsymbol{S} = \begin{cases}\dfrac{q}{\varepsilon_0} & (q>0 \text{ 或 } q<0) \\ 0 & (q \text{ 不在闭合曲面内})\end{cases} \tag{2.12b}$$

这似乎可以给我们描绘这样一幅图景：电荷发出(正电荷)或汇集(负电荷)电场线，电场线在没有电荷处不会中断，静电场是由电荷产生的，这与模拟电场线实验中得出的电场线性质一致.

【内容递进】

更复杂的情况是，产生电场的电荷不止一个，闭合曲面(称为高斯面)内、外都可以同时有若干电荷存在. 那么总场强在高斯面上的电场强度通量是由什么决定的呢？

考虑到场强叠加原理[式(2.4)]，以及上述讨论的式(2.12b)，我们可以得出一般性结论：在**真空中，静电场通过任一闭合曲面的电场强度**

通量，等于该闭合曲面内所包围电荷的电量的代数和除以 ε_0，其数学表达式为

$$\Phi_e = \oint_S \boldsymbol{E} \cdot d\boldsymbol{S} = \frac{1}{\varepsilon_0}\sum_{i=1}^{n} q_i \tag{2.13}$$

式中 q_i 为高斯面内第 i 个电荷的电量. 这个一般性的结论称为静电场的**高斯定理**，即式(2.12b)是一个点电荷情况下静电场的高斯定理.

静电场的高斯定理的重要意义在于，它把电场与产生电场的源电荷联系起来，反映了静电场是有源场这一基本性质. 凡是有正电荷的地方必有电场线发出，凡是有负电荷的地方必有电场线汇聚. 正电荷是电场线的源头，负电荷是电场线的终点. 因此，静电场的高斯定理是有源静电场的理论表述.

2. 静电场的高斯定理的应用举例

静电场的高斯定理除了能表明静电场特性外，还能在带电体的电荷分布具有高度对称性时，很方便地求出带电体在空间产生的场强分布.

电学工程应用中，时常会遇到需要屏蔽电场的情况，屏蔽装置往往选择球形金属罩. 为什么多选球形？我们先来看一个例题.

例 2.4　一均匀带电薄球壳，半径为 R，带电量为 Q，试求球壳内、外的场强分布.

解　本题可作为一个范例，来了解用静电场的高斯定理求电场强度的方法和步骤. 这个方法只有电场或电荷分布具有高度对称性时才有效.

(1) 分析电场分布的对称性

设球心处为 O 点，在球壳外任取一点 P，在 OP 连线两侧的球壳上对称地选取面积相等的两个面元 dS_1 和 dS_2，设两面元所带的电量分别为 dq_1 和 dq_2，因球壳均匀带电，故有 $dq_1 = dq_2$. 设两面元激发的电场在 P 点的场强分别为 $d\boldsymbol{E}_1$ 和 $d\boldsymbol{E}_2$.

由对称性可知，$d\boldsymbol{E}_1$ 和 $d\boldsymbol{E}_2$ 的矢量和 $d\boldsymbol{E}$ 一定沿着 OP 连线方向，如图 2.12(a)所示. 将整个球壳分割成许多对对称的面元，由于球壳均匀带电，每一对对称面元上的电荷激发的电场在 P 点的场强的矢量和也一定沿着 OP 连线方向，故 P 点的总场强 $\boldsymbol{E}$ 沿 OP 方向. 由于电荷在球壳上均匀分布，所以在以 O 点为球心、以 $|OP| = r$ 为半径的球面上，各点的场强大小相等.

由此可见，均匀带电薄球壳上的电荷激发的电场分布具有**球对称性**，即，在与球壳同心的球面上各点的场强大小相等，场强的方向沿着径向，如图 2.12(a)所示.

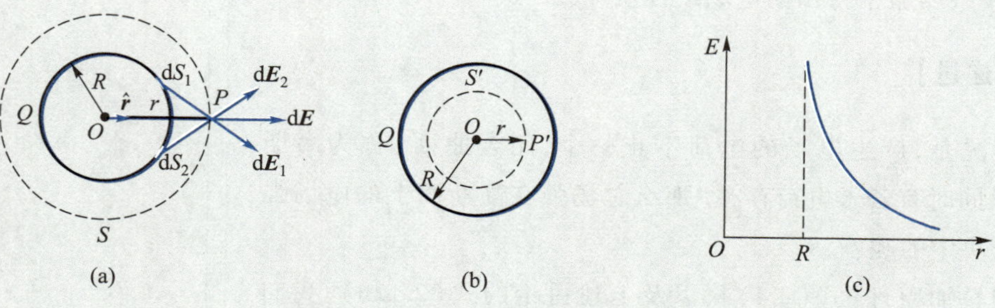

■图 2.12　均匀带电薄球壳产生的电场

（2）选取具有相同对称性的闭合曲面（高斯面）

由于场强分布具有球对称性，因此应选取以 O 点为球心、以所求场点（P 点）到球心的距离 r 为半径的球面 S 作为高斯面.

（3）计算通过所选高斯面的电场强度通量

由于球高斯面 S 上各点场强的大小相等且方向都沿径向，与各点的法线方向（即面元 $\mathrm{d}\boldsymbol{S}$ 的方向）相同. 所以，通过该高斯面 S 的电场强度通量为

$$\Phi_e = \oint_S \boldsymbol{E} \cdot \mathrm{d}\boldsymbol{S} = E \cdot 4\pi r^2 \tag{2.14}$$

此式对球壳内、外都适用.

（4）应用静电场的高斯定理求场强

① 球壳外的场强分布（$r>R$）

运用式（2.12b），因为高斯面 S 包围的电量为 Q，即 $\sum q_i = Q$，结合式（2.14）有

$$E \cdot 4\pi r^2 = \frac{1}{\varepsilon_0} Q$$

得球壳外场强分布为

$$E = \frac{Q}{4\pi\varepsilon_0 r^2} \quad (r>R) \tag{2.15}$$

这正好与点电荷的场强公式一致. 当 $Q>0$ 时，场强方向沿半径向外；当 $Q<0$ 时，场强方向沿半径指向球心.

② 球壳内的场强分布（$r<R$）

设 P' 为带电球壳内任一点，P' 点到球心的距离为 r（$r<R$）. 如图 2.12（b）所示，上述有关均匀带电薄球壳上的电荷激发的电场分布具有对称性的分析同样适用，则通过高斯面 S' 的电场强度通量表达式仍为式（2.14）. 因高斯面 S' 包围的电量为 0，即 $\sum q_i = 0$，结合式（2.14）有

$$E \cdot 4\pi r^2 = 0$$

所以，球壳内的场强等于零，即

$$E = 0 \quad (r<R)$$

由计算结果可以看出，均匀带电薄球壳在球外空间激发的电场，与电荷全部集中在球心时的点电荷激发的电场相同；在球壳内部场强处处为零. 场强大小随距离 r 变化的规律如图 2.12（c）所示. 从图中可以看出，球壳表面处的场强最大.

【问题讨论】

现继续讨论屏蔽装置问题. 上述例题中的球壳介质不一定是金属，却得出内部电场为零的结果. 后续内容（拓展模块）将会告诉大家，任何形状的导体都具有屏蔽作用，导体球壳做成的屏蔽装置不易出现“尖端放电”现象，而且节约材料. 各种电器、架空输电线转换头和航天飞行器上的屏蔽装置多做成球形，就是这个道理.

【拓展探究】

电子工程应用中，时常要用到一种电器元件——电容器. 电容器的

主要功能是存储电荷、约束电场(其他功能见后续课程). 电容器的前身就是莱顿瓶,它通常由两个金属极板及其中间的绝缘介质构成. 大多数电容器是两个相对平行的平板构成的平板电容器(柱形电容器有时也可近似看做平板电容器). 如何计算平板电容器带电之后的场强? 我们可以先看下面的例题.

例 2.5 设无限大均匀带电薄平板的电荷面密度为 $+\sigma$(单位面积的带电量),求平板外任一点处的场强分布.

解 由于电荷均匀分布在平板内,且平板为无穷大,所以电场分布具有面对称性,即到平板距离相等的各点场强大小相等,各点的场强方向应是垂直于平板且指向平板外侧(推断方法同例 2.4). 如图 2.13 所示,做一个圆柱形高斯面,让它的一个底面 S_1 过场点 P,另一底面 S_2 与 S_1 对称地置于带电平板的另一侧. 根据静电场的高斯定理,有

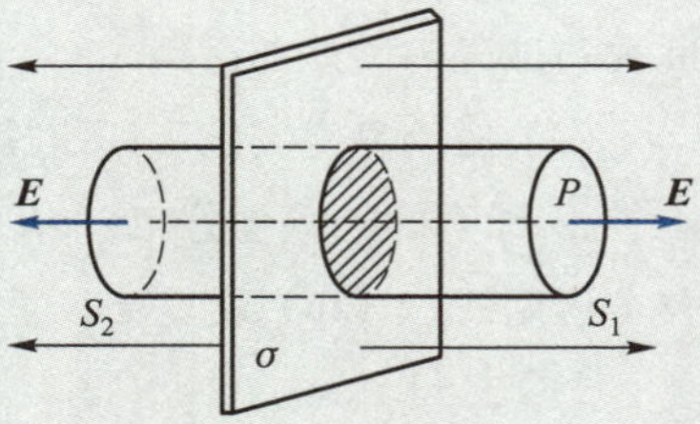

$$\Phi_e=\oint_S \boldsymbol{E}\cdot \mathrm{d}\boldsymbol{S}=\int_{S_1}\boldsymbol{E}\cdot \mathrm{d}\boldsymbol{S}+\int_{S_2}\boldsymbol{E}\cdot \mathrm{d}\boldsymbol{S}+\int_{柱侧面}\boldsymbol{E}\cdot \mathrm{d}\boldsymbol{S}=\frac{1}{\varepsilon_0}\sum q_i$$

■ 图 2.13

因场强平行于侧面,所以侧面的电场强度通量为零. 设圆柱底面的面积为 ΔS,并考虑到 $\sum q_i=\sigma\cdot\Delta S$,则有

$$E\cdot\Delta S+E\cdot\Delta S+0=\frac{\sigma\cdot\Delta S}{\varepsilon_0}$$

得

$$E=\frac{\sigma}{2\varepsilon_0} \tag{2.16}$$

上式表明,无限大均匀带电薄平板在空间任意点产生场强的大小与该点到平板的距离无关,即无限大均匀带电薄平板两侧的电场是匀强电场. 若平板带负电 $-\sigma$,场强大小仍满足式(2.16),只是方向垂直指向板面.

【互动交流】

(1) 值得说明的是,虽然无限大均匀带电薄平板实际上是不存在的,但在有限大的带电平面的附近,只要不是太靠近边缘,上面得到的结果近似成立.

(2) 设两块带电量为 $\pm\sigma$ 的均匀带电薄平板,当它们之间间距很小时,可看作平行放置的两块"无限大"均匀带电薄平板,其间的场强为 $E=\sigma/\varepsilon_0$. 这恰恰就是平板电容器内部的场强. 电容器工作时两极板之间会有电压,此时两极板会带上等量的正、负电荷. 平板电容器的两极板之间间距很小,每个极板都可看作"无限大",这就有了 $E=\sigma/\varepsilon_0$ 的结果.

2.3 静电场的环路定理 电势能 电势

【情景引入】

航空母舰上的电磁弹射装置往往有一个特大电容器,该电容器放电时,弹射装置会将静

电能转化成舰载机动能,使舰载机弹射起飞;电气设备中,通过“地线”将用电设备外壳接地使其保持恒定的电势,出现漏电时,地线能将电流导入地下. 电(势)能、电势的概念是本节的核心内容.

2.3.1 静电场的环路定理

前两节中,我们从电荷在电场中受力的角度出发,引入电场强度概念,并给出了反映静电力性质的静电场的高斯定理. 本节,我们将从静电力做功入手,导出表征静电场能量性质的静电场的环路定理,并从能量的角度认知环路定理,引出电势能、电势等概念.

1. 电场力做功

电荷在电场中运动时电场力要做功. 若有一点电荷 q(q 正、负皆可)位于真空中 O 点静止不动,一试探电荷 q_0 在 q 激发的电场中从 a 点沿任意路径 acb 移到 b 点,在这个过程中电场力将对试探电荷 q_0 做功,如图 2.14 所示. 类似地球吸引另一个重物所做的功(差别仅在于电荷既有吸引力,又有排斥力,而地球对物体只有引力)与路径无关,类比可知,该电场力做功为

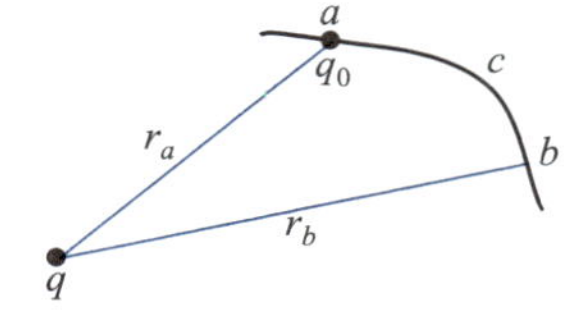

图 2.14 点电荷电场力做功

$$W_{ab}=\frac{q_0q}{4\pi\varepsilon_0}\left(\frac{1}{r_a}-\frac{1}{r_b}\right) \tag{2.17}$$

式中 r_a 和 r_b 分别为试探电荷的起点和终点到点电荷 q 的距离. 上式表明静止点电荷的电场力所做的功只与试探电荷起点和终点的位置有关,而与所通过的实际路径无关.

【学习疑惑】

上述结论是静止点电荷的电场力做功的结果,能将此结论推广到一般电荷分布情况下的静电场中的电场力做功吗?

答案是肯定的. 因为任何带电体激发的静电场都可以看成若干点电荷激发的静电场的叠加,因此,根据场强叠加原理,可以将上述结论推广到任意带电体激发的静电场中去,从而得出一般结论:电荷在任何静电场中移动时,电场力所做的功只与该电荷的起点和终点位置有关,与电荷移动的路径无关. 参照第一章力学概念中的保守力定义可知,静电场中的电场力也是保守力.

2. 静电场的环路定理

有了静电场中的电场力是保守力这一特性,那么,如将起点和终点设在同一个位置,即,使电荷在静电场中沿任意闭合路径 L 运动一周时,电场力做功必为零,即

$$W=\oint_L q_0\boldsymbol{E}\cdot\mathrm{d}\boldsymbol{l}=0$$

由此可得

$$\oint_L \boldsymbol{E} \cdot \mathrm{d}\boldsymbol{l} = 0 \tag{2.18}$$

式(2.18)称为**静电场的环路定理**.

【问题讨论】

抽象的数学形式——**静电场的环路定理表示静电场还具有什么性质？这种性质又会引申出什么物理量？**

(1) 静电场的场强沿任意闭合路径的线积分 $\oint_L \boldsymbol{E} \cdot \mathrm{d}\boldsymbol{l}$ 称为 $\boldsymbol{E}$ 的环流. 因为“环流”的含义与旋度(类比河流中的漩涡)有关,所以,静电场的环路定理[式(2.18)]表示,**静电场是无旋场**. 用电场线来表示电场的无旋性,就是电场线不封闭(如果电场线封闭,沿这根电场线路径上的 $\oint_L \boldsymbol{E} \cdot \mathrm{d}\boldsymbol{l} \neq 0$),这与静电场中的电场线“始于正电荷(无穷远处),终止与负电荷(无穷远处)”是一致的.

至此,我们可以总结静电场的两个重要特性:有源性和无旋性(分别对应静电场的高斯定理和静电场的环路定理).

(2) 对比力学概念中的保守力做功对应于势能,静电场中的电场力(保守力)可以引申出静电能,请阅读下面内容.

2.3.2　电势能

我们从静电场对电荷做功与路径无关,推理出静电场中的电场力是保守力,保守力做功对应有能量改变,因此从能量观点看,静电场的环路定理 $\oint_L \boldsymbol{E} \cdot \mathrm{d}\boldsymbol{l} = 0$ 表明,静电场存在一个由位置决定的电势能. 与重力场中的重力势能类似,电势能改变量就是电场力所做的功(的负值). 当某电荷 q_0 在电场力的作用下从电场 a 点做功到 b 点,则电势能 E_p 的变化与电场力所做的功 W 的关系为

$$W_{ab} = q_0 \int_{(a)}^{(b)} \boldsymbol{E} \cdot \mathrm{d}\boldsymbol{l} = E_{\mathrm{p}a} - E_{\mathrm{p}b} \tag{2.19a}$$

小字部分是电势能 E_p 的定义计算式,可略过不影响后续阅读.

电势能零点可任意选定,如果选 b 点为电势能零点,即令 $E_{\mathrm{p}b} = 0$,则上式可作为 a 点电势能的定义式,即

$$E_{\mathrm{p}a} = q_0 \int_{(a)}^{\text{电势能零点}} \boldsymbol{E} \cdot \mathrm{d}\boldsymbol{l} \tag{2.19b}$$

即电荷在静电场中某点的电势能等于将电荷由该点移到电势能零点的过程中电场力所做的功. 当带电体分布在有限位置时,我们通常选择离源电荷无穷远处为电势能零点. 这样式(2.19b)可改写为

$$E_{\mathrm{p}a} = q_0 \int_{(a)}^{\infty} \boldsymbol{E} \cdot \mathrm{d}\boldsymbol{l} \tag{2.19c}$$

电势能与其他形式的势能一样,是电荷 q_0 与电场共有的,它是电荷 q_0 与电场之间相互作用的能量.

式(2.19a)是电场力做功和电势能关系的表达式. 如果电场是由点电荷产生的,则与式(2.17)比较,并将 b 点设置在"无穷远处",即 $r_b\to\infty$,同时取 b 点为电势能零点,则可以得到点电荷电场中某点(a)位置处电荷 q_0 与源电荷 q 共有的电势能为

$$E_{pa}=\frac{q_0q}{4\pi\varepsilon_0 r_a} \tag{2.20}$$

2.3.3 电势

【问题引入】

电场强度是反映电场的力的特征的物理量,那么,如何理解电场的能的特征呢? 怎样引进一个描述该特征的物理量呢?

我们先以点电荷为源电荷,然后推广至一般情况. 我们又一次在电场中引入试探电荷 q_0,测量能够感知的电势能. 仍取无穷远处为电势能零点,由式(2.20)可知,在电场中某点具有的电势能 E_{pa}(标量),不仅与电场中 a 点的位置(r_a)有关,还与电场中引入的其他电荷 q_0 有关. 对比电场强度的引入,我们取比值 E_{pa}/q_0(标量),该比值只与源电荷以及场点的位置有关. 因此这比值可用来表征电势能的性质,并定义这个物理量为电势 V. 这样我们就推理得出源电荷 q 激发的电场中 a 点的电势为

$$V_a=\frac{E_a}{q_0}=\frac{q}{4\pi\varepsilon_0 r_a} \tag{2.21}$$

式(2.21)表明,在点电荷电场中,若源电荷 q 保持不变,则电势相同的空间位置是以点电荷为中心的球面. 当 $q>0$(正电荷电场)时,球面半径越大,电势越低,反之,越高;当 $q<0$(负电荷电场)时,球面半径越大,电势越高,反之,越低.

在国际单位制中,电势的单位是伏特,简称伏,符号是 V.

至此,我们多次看到"用一个物理学量去除以一个探测量"引出另一个更本质的物理量,如上述的电场强度和电势. 这种方法具有一般性,可以称为"比值法". 用比值法我们还可以定义更多的物理量.

【问题讨论】

上面推理得到的电势[式(2.21)]具有一般性吗? 换个角度说,如果源电荷不是点电荷,电场中的电势如何处理? 我们根据场强叠加原理,可以将源电荷看作一个个"点电荷"(元电荷化),将每一个"点电荷"的电势独立求出后再相加,就得到场点的总电势,这种方法称为**电势叠加原理**. 由此可知,点电荷电势计算公式具有一般性,并且可以依据式(2.21)推出以无穷远处为电势零点的一般电势计算表达式为

$$V=\sum_i\frac{q_i}{4\pi\varepsilon_0 r_i} \tag{2.22}$$

电势是从能量角度来表征静电场性质的物理量,它是标量,也是一个相对量. 原则上电势零点的选取可以是任意的,但在实际问题中,恰当地选取电势零点,可以简化电势的表达式,给相关问题的计算带来方便. 在计算中,当电荷分布在有限区域时,一般选无穷远处为电势零

点，如式(2.22)即是；在实际问题中，还常以地球为电势零点，如电器接地.

电气设备的接地作用，一是为了有一个标准本底电势；二是可以为设备提供屏蔽保护，以免受到外部信号干扰；三是为了安全. 安全因素是所有用电设备最重要的考量因素，其要义包含的是设备的正常运行和设备使用者的人身安全两方面. 如果电气设备发生漏电，接地可以很好地保证电流流入地下，而不会对使用者产生伤害. 因此，"接地"应该成为我们所有工程设计、施工和使用时的共识.

【教学活动】

如上所说，假如任意选择了某点(不是无穷远处)为电势零点，那么如何由式(2.21)计算出此时点电荷电场的新电势？

静电场中 a、b 两点电势的差值，称为这两点间的电势差，用 U_{ab}表示，所以

$$U_{ab}=V_a-V_b=\frac{E_{pa}-E_{pb}}{q_0}=\frac{W_{ab}}{q_0}=\int_{(a)}^{(b)}\boldsymbol{E}\cdot \mathrm{d}\boldsymbol{l} \tag{2.23}$$

由上式可以看出，电势差与电势零点的选取无关. 那么，我们可以先取无穷远处为电势零点，用式(2.21)分别求出场点中的任一点(r)和将要作为电势零点的点(r_0)的电势. 然后求出这两点之间的电势差，此电势差即为"以 r_0 点为电势零点的任意场点处的电势"，即

$$V=\frac{q}{4\pi\varepsilon_0 r}-\frac{q}{4\pi\varepsilon_0 r_0}$$

例 2.6　现有一间电工元器件金属调试棚，其外形为球形，球的半径为 R(这是为了便于计算而假设的)，已知棚体带电量为 q，远处距圆心距离 $d>R$ 处有点电荷 Q，如图 2.15 所示. 为了调试元器件，需要了解建筑物本底电势，求空置的调试棚中的电势.

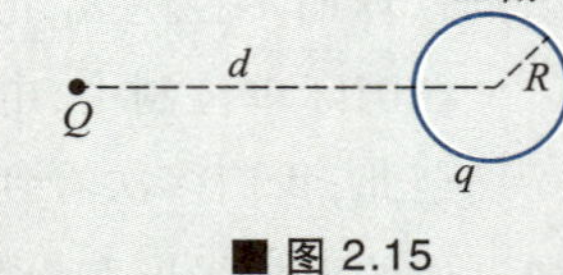

■ 图 2.15

解　本题是一道综合性较强的题目. 首先我们根据金属"屏蔽"常识(参见后续内容中的静电平衡知识)得知，金属球(调试棚)内壁无电荷，然后根据上一节介绍的静电场的高斯定理，在调试棚内任意位置，做任意形状的高斯面(闭合曲面)，可得电场强度通量等于零，从而证明调试棚内的场强为零. 利用本节所学表达式(2.23)知，调试棚内各点之间的电势差为零，称为等势体，所以，球心处的电势即代表了整个调试棚的电势.

据电势叠加原理，球心处的电势为远处点电荷产生的电势[式(2.21)]与调试棚电荷产生的电势[式(2.22)]之和. 后者由于电荷分布在球面外表面上，各电荷元到球心距离都为球的半径，用式(2.22)时只要将球面上的电荷总量"求出"(实际为已知)即可. 则有

$$V=\frac{Q}{4\pi\varepsilon_0 d}+\frac{q}{4\pi\varepsilon_0 R}$$

**【互动交流】**

(1) 该题涉及导体的静电平衡. 实际上，本题严格来说还需考虑金属的静电平衡，但在不十分严格的情况下，结合中学知识，这种证明已经足够理论化与实践化了. 工程实践中，足够的理论和足够的实践才是最好的结合.

（2）本题意义在于，即使空间存在电荷，也可以使部分空间中电场为零；虽然空间电场为零，但电势可以存在（形成本底电势）；要让本底电势为零（电工元器件调试需要），必须采取措施，比如将例题中的调试棚接地.

从第一章开始至此，我们处理问题时经常采用“元化”+“求和（积分）”的方法，如质量元、电荷元，后续（第三章）还会有电流元，这些方法都是处理连续体问题的有效且通用的方法.

2.4 电场强度与电势梯度

【情景引入】

爬山是一项很好的户外运动. 因重力方向指向高度降低的方向，经验告诉我们，爬同一座山峰时，可以选择缓坡，也可以选择陡坡，它们的区别在于，陡坡费力，缓坡省力，而克服重力所做的功是一样的. 如图 2.16 所示，如果用等高面（线）表示高度，则坡度达到 90°时，意味着最短的登高路线垂直于等高面（线），此时登高路径最短，这是最费力的一种登山形式. 这个场景结合力学的做功内容，我们可以毫不费力地求出“重力”，即，用任意等高面（线）之间人体登山所做的功（匀速爬山）除以等高面之间的最短距离（垂直距离）就可以得到重力的大小.

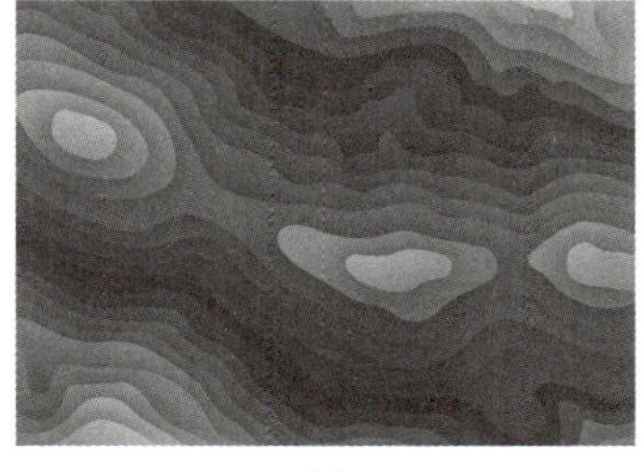

(a)

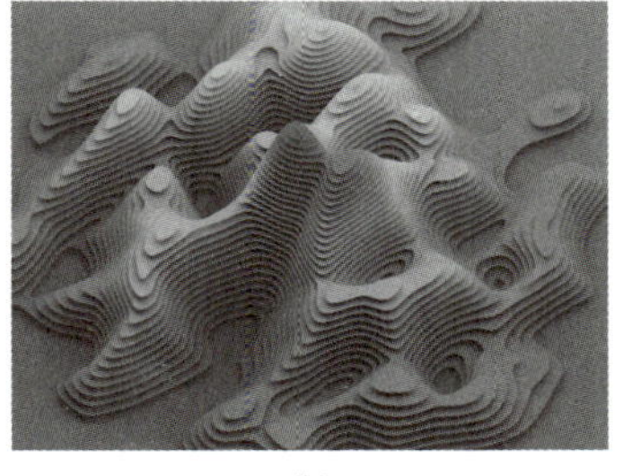

(b)

■ 图 2.16 等高面（线）

如果将登山的场景换成电场中的运动电荷，情况会怎样呢？

在任意静电场中，我们把电势相等的点连成的面称为**等势面**（相当于等高面），如图 2.17 所示. 在同一等势面内移动电荷，电场力不做功，说明场强垂直于等势面；两不同等势面上任意两点之间，移动电荷，做功相等；在某一等势面上任取一点，其到邻近等势面上各点的连线相当于等高面之间的不同坡度的路径，这说明沿各个方向的电势变化率不同. 由上述等势面特点，我们借助一点数学知识，来推导一下场强与电势的关系.

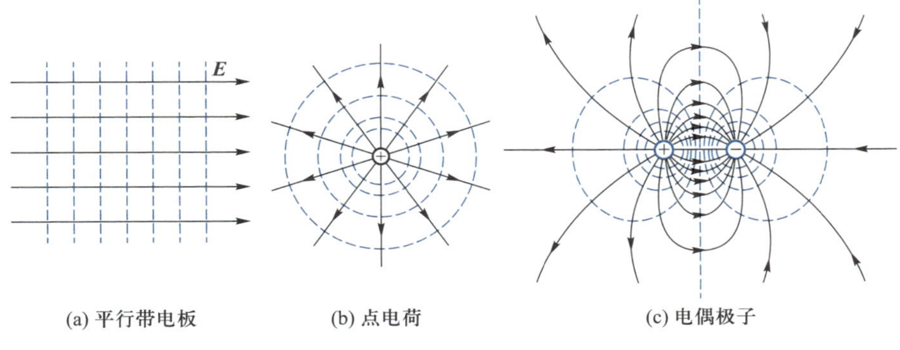

(a) 平行带电板　(b) 点电荷　(c) 电偶极子

■ 图 2.17 三种带电体等势面（虚线）

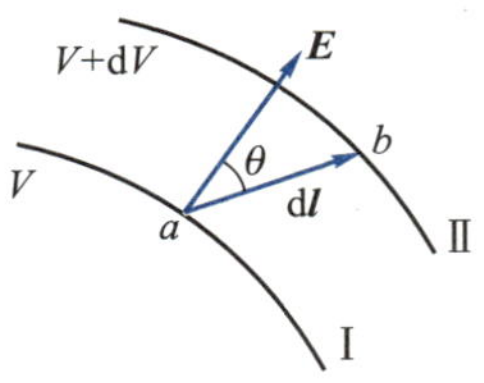

■ 图 2.18 电势梯度

取两个相距很近的等势面Ⅰ和Ⅱ,如图 2.18 所示. 它们的电势分别为 V 和 $V+\mathrm{d}V$,且 $\mathrm{d}V<0$. 在两等势面上分别任取 a 点和 b 点,一正的点电荷 q_0从 a 点沿直线移动到 b 点,电场力所做的功为

$$\mathrm{d}W=q_0(V_a-V_b)=q_0[V-(V+\mathrm{d}V)]=-q_0\mathrm{d}V \tag{2.24}$$

对比登高的垂直路径为重力方向. 垂直于等势面方向(坡度最大,距离最短)即为场强的方向,也就是电势变化最快的方向. 与登山情况比较,不同的是,重力是恒力,而电场力是变化的,但由于两等势面距离非常近,其间电场力可看作恒力,即与 a 点的电场力相同. 用电场力所做的功[式(2.24)]除以等势面间的最短距离(垂直距离)就是电场力. 设最短距离记作 $\mathrm{d}l_\mathrm{n}$,即

$$q_0E_a=\frac{\mathrm{d}W}{\mathrm{d}l_\mathrm{n}}=-q_0\frac{\mathrm{d}V}{\mathrm{d}l_\mathrm{n}}$$

由于 a 点是任一点,可以省略下标 a,约去 q_0 后得

$$E=-\frac{\mathrm{d}V}{\mathrm{d}l_\mathrm{n}} \tag{2.25}$$

该式表明,静电场中任意一点的场强大小等于电势变化最快方向上的电势变化率,方向沿电势降低的方向.

【问题讨论】

式(2.25)虽然是类比"登山情景"推导出来的,但严格的证明也类似. 物理学中用类比的方法得出未知规律的情景比比皆是. 例如本章中的库仑定律,在尚无实验完全得出此规律以前,就有科学家提出库仑定律与万有引力具类似性. 这说明,类比是我们常用的方法,掌握和应用类比方法非常重要. 但也要注意,类比不是万能的. 往往类比可以作为"先导性"猜测,为未知规律打下"前站",之后还应通过严格的实验或理论予以验证.

应当指出,电场强度与电势的变化率(微分)关系对于实际问题的求解有着重要意义. 因为电势 V 是标量,与场强 $\boldsymbol{E}$(矢量)相比,求电势 V 相对容易,所以在实际计算中,可先求电势 V,然后利用场强与电势的微分关系,进而求出矢量 $\boldsymbol{E}$.

下面看一个简单的例子.

例 2.7 一均匀带电细圆环,半径为 R,总带电量为 q,求过环心的轴线上任意一点的场强大小.

解 直接求场强需要用到场强叠加原理和矢量合成法则,但我们可以先通过对称性判断场强方向沿细圆环的轴线方向,然后用电势叠加原理求出电势,最后用式(2.25)得出场强大小.

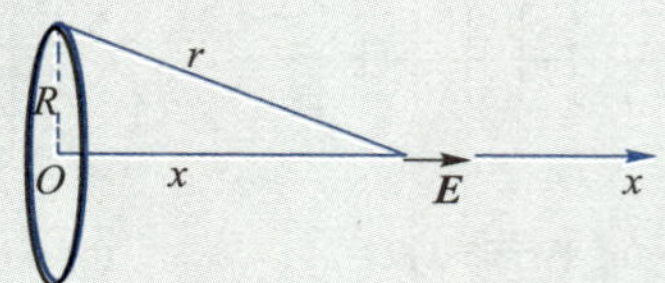

■ 图 2.19 细圆环中轴线上电势

建立如图 2.19 所示坐标系,因轴上任意一点到细圆环的距离皆相等,则

运用电势叠加原理［式(2.22)］时，只要将电量部分相加在一起即可，由于 $\sum_i q_i = q$，并考虑到几何关系 $r=\sqrt{x^2+R^2}$，则有

$$V=\sum_i \frac{q_i}{4\pi\varepsilon_0 r_i}=\frac{\sum_i q_i}{4\pi\varepsilon_0 r}=\frac{q}{4\pi\varepsilon_0 r}=\frac{q}{4\pi\varepsilon_0\sqrt{x^2+R^2}} \tag{2.26}$$

因场强方向沿 x 轴方向，所以运用式(2.25)求场强时，就只要对 x(方向)求电势的变化率(即为最快变化率). 下面我们要用到数学的工具——求导来求这个变化率.

由式(2.25)，有

$$E=-\frac{\mathrm{d}V}{\mathrm{d}x}=-\frac{q}{4\pi\varepsilon_0}\frac{\mathrm{d}}{\mathrm{d}x}\left(\frac{1}{\sqrt{x^2+R^2}}\right)$$

其中

$$\frac{\mathrm{d}}{\mathrm{d}x}\left(\frac{1}{\sqrt{x^2+R^2}}\right)=-\frac{x}{(x^2+R^2)^{3/2}}$$

则

$$E=\frac{qx}{4\pi\varepsilon_0(x^2+R^2)^{3/2}} \tag{2.27}$$

若细圆环带正(负)电，则场强沿 x 轴正(负)方向. 可以看出，这里用电势求出的场强［式(2.27)］与电场叠加原理直接求出的场强［式(2.6)］完全一样.

【实践探索】

1. 一般电力设备都要有接地装置，以保证电力设备正常工作并保护人员与设备的安全，正如2.3节开头引文中所说的. 接地电流流入地下后，将在地面形成电压降. 若接地体是一个半径为 R 的导电球体，流入地面的电流为 I，接地电阻率(土壤)为 ρ，如图 2.20 所示. 由理论计算可知，地面上距离导电球体 r 处的人的跨步电压(沿球面径向跨出的两脚间距 b 时的电势差)为

$$U\approx\int_r^{r+b}\boldsymbol{E}\cdot\mathrm{d}\boldsymbol{r}=\frac{\rho I}{4\pi}\left(\frac{1}{r}-\frac{1}{r+b}\right)=V_R\frac{Rb}{r(r+b)} \tag{2.28}$$

其中 $V_R=\dfrac{\rho I}{4\pi R}$ 为球面($r=R$)电势. 设跨步电压小于 U_k 时，流进身体内的电流不会对人体造成伤害，若以接地导体球体的球心在地面上的垂直投影为中心，试问人离中心的距离 r_0 为多少时才安全？

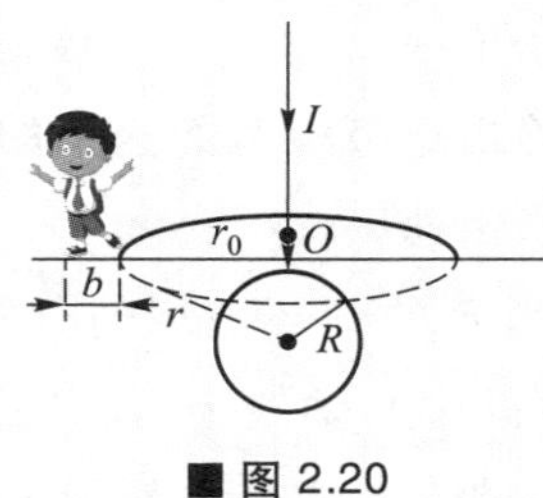

■ 图 2.20

2. 探讨起电方式的种类，并列举几个实例. 静电有何应用和危害，各举一个实例并给出原理性解释.

3. 点电荷模型是实际带电体的抽象，它在很多问题中可以起到简化计算的作用. 试讨论在什么条件下，一个实际带电体可以抽象为点电荷？

4. 探讨静电场的有源性和无旋性的表达方式，体会和理解这两种表达方式的物理图像，如何使用模拟的方式把图像显示出来？

5. 反映静电场的力的特征的物理量是什么，如何测量和定义这个物理量？反映静电场的能的特征的物理量是什么，如何测量和定义这个物理量？

6. 把一个电量为 q 的点电荷放在边长为 a 的正方形中垂线上，它到正方形的垂直距离为 $a/2$，如图 2.21 所示. 探讨求解该电荷产生的电场通过正方形的电场强度通量的方法，并尝试求出电场强度通量 Φ_e.

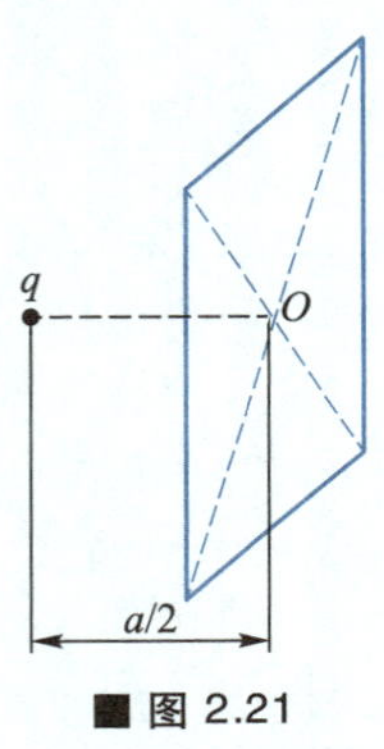

■ 图 2.21

7. 两个带等量异号电荷 $\pm Q$ 的平行板，面积为 S，两板相距为 d. 讨论：(1) 什么条件下可以认为两平行板之间的电场是匀强电场；(2) 若匀强电场条件满足，如何计算两板之间的场强；(3) 老式电子三枪（红、黄、蓝）电视机，一个电子从负极板电子枪中以 v_0 垂直于极板发射，讨论有几种求电子撞击正极板时的速率的方法，并用其中一种方法求出速率.

8. 半径为 R 的圆环上均匀分布着电量为 Q 的电荷. 在环的中心轴线上，离开环心 O 点距离为 x_a 处有一质量为 m、带电量为 q 的粒子. 此带电粒子在带电圆环电场力的作用下，由静止从 x_a 位置运动到 x_b 位置，问粒子在什么力的作用下、作什么形式的运动？如果要求在 x_b 处的速度大小，用什么方法最简单？试用最简单的方法求出 x_b处的速度大小.

9. 在复印机感光鼓（见图 2.22）表面没有受光照的状态下均匀地带上电荷，然后通过光学成像原理，使原稿成像在感光鼓上，这是复印机的工作原理. 设一半径为 R 的感光鼓表面均匀带电，在可以看做"无限长"的情况下，如何求感光鼓内、外空间的场强大小？设电荷面密度（单位面积的带电量）为 σ，尝试求出内、外空间的场强大小.

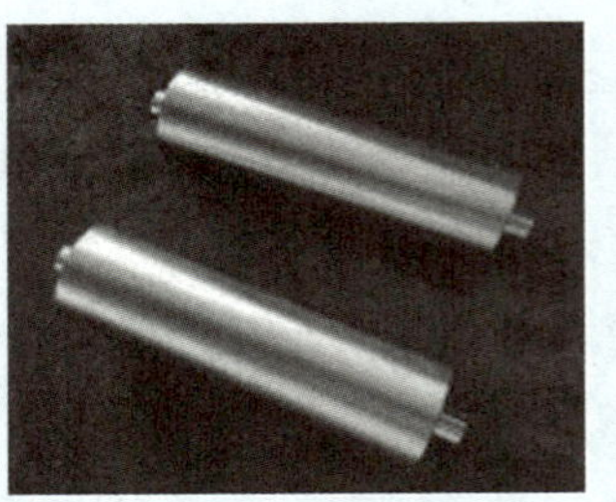

■ 图 2.22 复印机感光鼓

10. 有一场强为 $\boldsymbol{E}$ 的匀强电场，方向与 x 轴正方向平行，则穿过图 2.23 中的一个半径为 R 的半球面的电场强度通量为（ ）

(A) $\pi R^2 E$ (B) $\frac{1}{2}\pi R^2 E$

(C) $2\pi R^2 E$ (D) 0

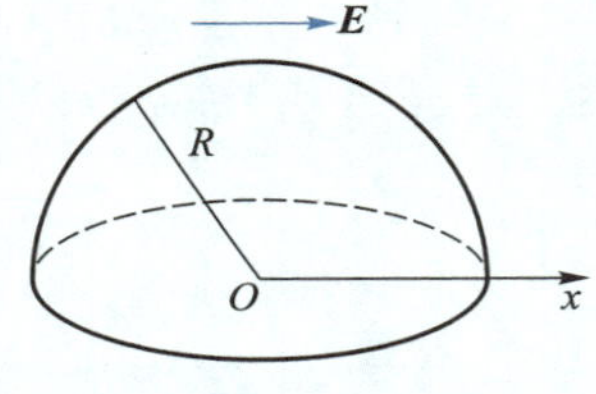

■ 图 2.23

11. 在某电场区域内的电场线（实线）和等势面（虚线）如图 2.24 所示，由图判断正确结论为（ ）

(A) $E_A>E_B>E_C, V_A>V_B>V_C$

(B) $E_A>E_B>E_C, V_A<V_B<V_C$

(C) $E_A<E_B<E_C, V_A>V_B>V_C$

(D) $E_A<E_B<E_C, V_A<V_B<V_C$

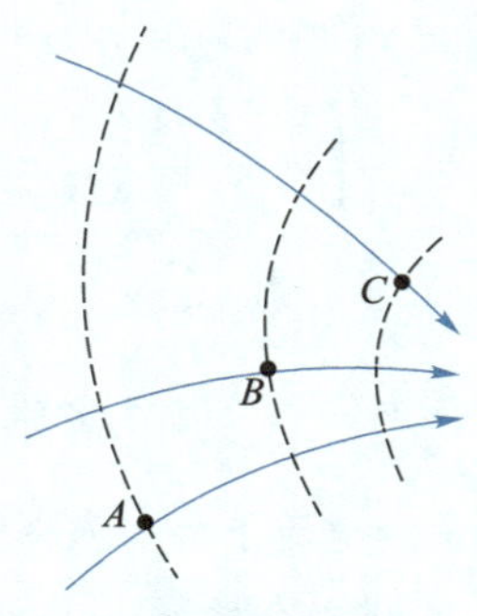

■ 图 2.24

12. 如图 2.25 所示,两块无限大平板的电荷面密度分别为 σ 和 -2σ,写出下列各区域内的场强:

Ⅰ区:$\boldsymbol{E}$ 的大小________,方向为________.

Ⅱ区:$\boldsymbol{E}$ 的大小________,方向为________.

Ⅲ区:$\boldsymbol{E}$ 的大小________,方向为________.

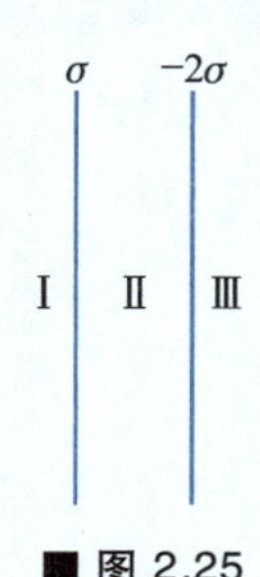

■ 图 2.25

13. 如图 2.26 所示. A、B 两点置有等量异号电荷 q,其间距为 $2R$. CMD 是以 B 点为圆心、半径为 R 的半圆弧. 若将单位正电荷从 C 点沿半圆经 M 点移至 D 点,则电场力所做的功为____________________.

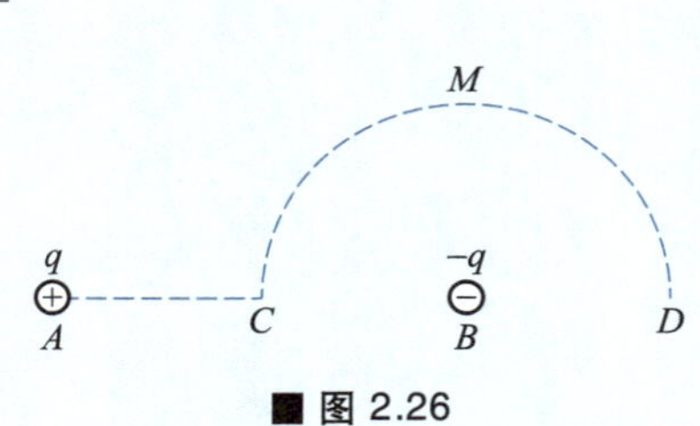

■ 图 2.26

14. 地球周围的大气不断地有雷雨产生,犹如一部大电机,不断地给地球充、放电,使地球表面的平均电场强度约为 120 V · m^{-1},方向垂直指向地面. 有了这些参量后,你能否估算出地球表面所带电量. 如果缺少条件,请自己检索补充必要的物理量.

15. 设电荷均匀分布在一空心的球面上,若把另一个点电荷放在球心上,这个点电荷能否保持平衡? 如果把它放在偏离球心的位置上,情况会有什么改变吗?

16. 点电荷只在电场力作用下运动,运动轨迹是否就是电场线? 请讨论各种可能的情况.

17. 在点电荷场强公式 $E=\dfrac{q}{4\pi\varepsilon_0 r^2}$ 中,若 $r\to 0$,则电场强度 $\boldsymbol{E}$ 趋向于无限大. 你如何看待这个问题?

18. 将一点电荷放在球形高斯面的球心上. 试讨论:(1) 该高斯面被一个与它相切的正方体表面代替;(2) 点电荷偏离球心位置,但仍处球体内;(3) 另一个点电荷放在球面外;(4) 另一个电荷放在球面内. 这几种情况下,电场强度通量是否会改变,为什么? 如果改变,变为多少?

19. 当我们将电气设备接地时,往往把地球的电势当做零,这是否意味着地球的净电荷也为零?

20. 在电场中,场强为零的地方,是否电势也为零? 电势为零的地方,是否场强也为零? 请既用理论语言解释,又用实际实例来说明.

21. 试指出本章引入的哪些物理量属于"比值法"定义的物理量.

第三章 恒定磁场及其应用

【情景引入】

在人类历史长河中，许多推动社会进步的发明都涉及磁，例如指南针——中国古代的四大发明之一. 如今，磁及其相互作用在工业生产、日常生活等领域中的实际应用非常广泛. 从电动机、发电机，到仪器仪表的计数，磁的身影无处不在. 比如，一辆山地自行车（图 3.1），为了使骑行者能随时随地了解自己的骑行速度和骑行里程（骑行体验），工程师会在山地自行车的前叉与前轮之间设计一个“霍耳传感器”，前轮每旋转一圈就会产生一个脉冲电流信号，通过电路连接在自行车龙头显示器上，将脉冲电流信号转化成速度或里程数字信号从而被骑行者获知. 这里涉及的就是磁场对运动电荷的作用. 那么，本章就是要对磁的本质、磁的性质和磁的相互作用等问题做一个从原理到实践应用的介绍，以帮助大家在未来实践过程中遇到磁现象时有基础性的理论支撑.

■ 图 3.1

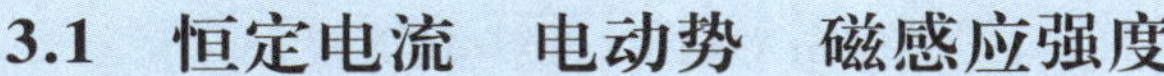

3.1 恒定电流 电动势 磁感应强度

【情景引入】

电流是由意大利生物学家伽伐尼从解剖青蛙时产生的痉挛现象中发现的，而伽伐尼与伏打关于电流源头和成因的争论，促进伏打发明了电池——伏打电堆（图 3.2），发现了恒定电流的一系列效应并加以研究. 首先是电流生热的热效应，其次是电流分解离子的化学效应，最后是电流产生磁的磁效应. 如今，所有磁效应及其应用皆可归因于电荷的流动.

■ 图 3.2

3.1.1 电流 电流强度 恒定电流

1. 电流及电流强度

电荷的定向移动形成电流. 形成电流的电荷可以是金属中的自由电子，电解质溶液中的正、负离子，等离子体中的电子和离子，半导体中的电子和带正电的“空穴”等，它们统称为**载流子**. 在导体中，由于载流子的宏观定向移动而形成的电流称为**传导电流**. 载流子的定向移动是在电场力的驱使下完成的. 如果没有外加电场的作用，载流子只会作无规则的热运动，其平均速度为零，因而不发生宏观定向移动；在有外电场作用的情况下，载流子将获得一个平均定向移动速度 $\boldsymbol{v}_{\mathrm{d}}$（称为**漂移速度**），从而形成传导电流.

除上述传导电流之外,还有一种电流形式值得关注. 即,带电物体的机械运动所形成的电流,称为运流电流,在机械加工的摩擦中时常会产生运流电流. 这种电流的形成机理和能量来源虽不同于传导电流,但其产生的磁效应殊途同归. 本教材在未加特别说明情况下所称呼的电流,主要指传导电流.

【问题讨论】

(1) 有了电流概念后,如何描述电流大小的问题呢?

电流的大小由电流强度这一物理量来描述,**电流强度**(简称**电流**)用符号 I 表示. 电流被定义为单位时间内通过任意曲面 S 的电量,即

$$I=\frac{\mathrm{d}q}{\mathrm{d}t} \tag{3.1}$$

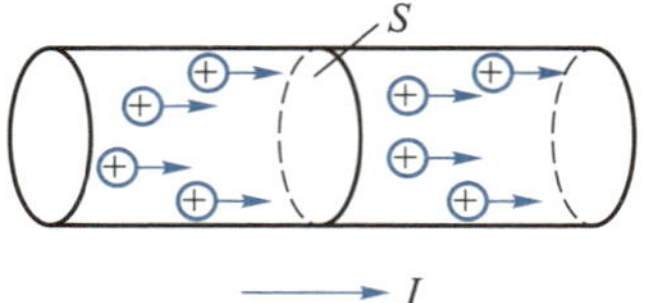

■ 图 3.3 导体中的电流

式中的 $\mathrm{d}q$ 代表在 $\mathrm{d}t$ 时间内净流过 S 的电量. 式(3.1)定义的电流是一个标量,但电流有流向. 在金属导体内,载流子是带负电的自由电子,历史上,人们把正电荷定向运动的方向(或者负电荷定向运动的反方向)规定为电流的流向. 如图 3.3 所示.

在国际单位制中,电流是一个基本物理量,其单位是安培,用符号 A 表示. 由式(3.1)可知,1 A=1 C · s^{-1}. 常用的电流单位还有 mA 和 μA.

$$1\ \mu\mathrm{A}=10^{-3}\ \mathrm{mA}=10^{-6}\ \mathrm{A}$$

(2) 电流 I 只能反映通过曲面 S 的电流的整体特征,如何说明电流在曲面 S 上各处的情况呢?

为了描述载流子通过曲面 S 上各处的具体情况,有必要引入电流密度这一概念. 在曲面 S 上任取一个面元,面元的面积为 $\mathrm{d}S$,法向单位矢量为 $\boldsymbol{e}_n$,则代表面元的面积矢量可写成 $\mathrm{d}\boldsymbol{S}=\mathrm{d}S\boldsymbol{e}_n$. 容易证明,通过该面元的电流 $\mathrm{d}I$ 可表达为

$$\mathrm{d}I=\boldsymbol{J}\cdot\mathrm{d}\boldsymbol{S}$$

其中,矢量 $\boldsymbol{J}$ 是面元 $\mathrm{d}\boldsymbol{S}$ 所在处的**电流密度**. 若载流子带正电,电流密度 $\boldsymbol{J}$ 的方向与载流子的平均速度方向相同;若载流子带负电,$\boldsymbol{J}$ 的方向与载流子的平均速度方向相反. 由上式可知,若 $\boldsymbol{J}$ 与 $\mathrm{d}\boldsymbol{S}$ 同向,则有 $\mathrm{d}I=\boldsymbol{J}\cdot\mathrm{d}\boldsymbol{S}=J\mathrm{d}S$,由此可得 $J=\mathrm{d}I/\mathrm{d}S$,说明空间一点的电流密度大小等于通过该点附近垂直于载流子运动方向单位面积的电流.

(3) 如果曲面 S 上电流密度的分布已知,如何计算通过 S 的总电流呢?

任意曲面 S 都可看作是许多面元的集合,则通过曲面 S 的电流 I 等于通过 S 上所有面元的电流的代数和,即

$$I=\int\mathrm{d}I=\int_S\boldsymbol{J}\cdot\mathrm{d}\boldsymbol{S}$$

2. 恒定电流

如果导体两端的电势差恒定,则导体内的电场不随时间变化,从而导体中的电流也不随时间变化,这种电流叫做恒定电流. 出现恒定电流的电路中,流进节点(三条及三条以上导线汇集点)的电流总和等于流出节点的电流总和.

【问题讨论】

(1) 如果没有闭合导体回路,能否形成恒定电流?

若如图 3.4 所示的一段孤立导体,其中通有恒定电流 I,则 a、b 两端会不断有电荷积聚,电荷产生的电场将不断随时间变化,导体内的电场不再是恒定电场,与恒定电流假设矛盾. 可见,只有在闭合导体回路中才有可能形成恒定电流.

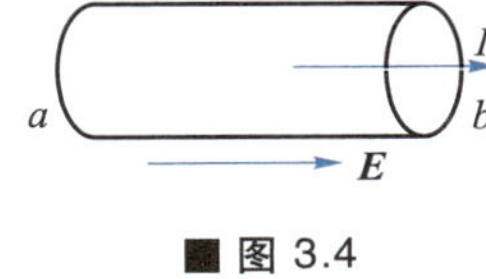

■ 图 3.4

(2) 如果只依赖恒定电场,能否在闭合导体回路中形成恒定电流呢?

载流子沿闭合导体回路运动一周,恒定电场对其所做的功为零,所以在没有能量耗散的情况下,仅靠恒定电场即可维系恒定电流,但由于导体存在电阻,电流通过时会产生焦耳热,将电能转化成热能,因此,回路中需要有给载流子补充能量的装置,而且对载流子补充能量做正功的这种力不可能是静电力(见图 3.5 的分析). 能够提供非静电力做功,并将非静电力克服静电力做功而获得的能量储存起来的装置叫做电源.

3.1.2 电动势

上文已指出,要在导体两端维持恒定电势差才能形成恒定电流. 怎么才能维持恒定的电势差呢?

在如图 3.5(a)所示的导电回路中,如果开始时极板 A 和 B 分别带有正、负电荷,暂不考虑电源的作用,则在两板之间的电场作用下,正电荷从极板 A 通过导线定向移动到 B 极板并与 B 板上负电荷中和,直至两极板间的电势差消失,电流也就没有了.

但是,如果在上述电荷定向移动的同时,电源把移动到负极上的正电荷再从负极板 B 经电源内部连续搬运到正极板 A 上,就能维持两板之间的电势差,导线中也就有了恒定电流通过. 很显然,图 3.5(b)中在电源内部搬迁正电荷的力 $\boldsymbol{F}'$,不可能是静电力. 电源中的非静电力对单位电荷所做的功,称为电源的电动势,其大小为

$$\mathscr{E}=\int_{负极}^{正极}\boldsymbol{E}_{\mathrm{k}}\cdot\mathrm{d}\boldsymbol{l} \tag{3.2}$$

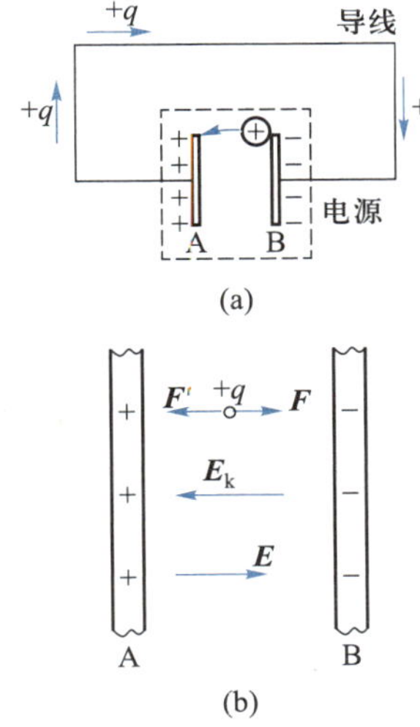

■ 图 3.5 电源内的非静电力把正电荷从负极板移至正极板

其中 $\boldsymbol{E}_{\mathrm{k}}=\boldsymbol{F}'/q$ 为电源内部单位正电荷所受的非静电力. 电源电动势是电源的重要指标,它表示接入电路后电源能输出的最大电压. 比如,一般干电池铭牌上标注的 1.5 V,即表示电动势.

电动势不是矢量,但为了便于判断在电流通过电源时非静电力是做

正功(输出电能——放电)还是做负功(输入电能——充电),通常把电源内部电势升高的方向,即从负极经电源内部到正极的方向规定为电动势的方向.

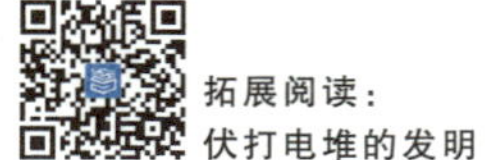
拓展阅读:
伏打电堆的发明

电源的种类繁多.根据非静电力的种类,电源可分为化学电源(化学反应)、光生伏打电源(光电转化效应)、温差电源(扩散效应)、磁电源(电磁感应)等.

3.1.3 磁感应强度

磁场与静电场一样,是一个矢量场.在上一章中,静止电荷激发的电场可以用电场强度 $\boldsymbol{E}$ 这一矢量来描述,这里我们引入磁感应强度矢量 $\boldsymbol{B}$ 来定量地描述磁场.实验发现,磁场对运动电荷及通电导线存在作用力.正如用试探电荷 q 所受的电场力来定义场强 $\boldsymbol{E}=\boldsymbol{F}/q$ 一样,磁感应强度也可以用运动电荷或通电导线在磁场中所受的磁场力来定义磁感应强度 $\boldsymbol{B}$.

1. 磁感应强度的定义

类比场强的定义,我们可以利用磁场作用在运动电荷上的磁场力,引入磁感应强度 $\boldsymbol{B}$ 的大小,磁感应强度 $\boldsymbol{B}$ 的方向与小磁针置于该点时其磁 N 极的指向一致.

实验发现:磁场中静止不动的电荷不受磁场力的作用;以速度 $\boldsymbol{v}$ 运动的试探电荷 q 所受的磁场力 $\boldsymbol{F}$ 与 $\boldsymbol{v}$ 和 $\boldsymbol{B}$ 的方向都有关,当 $\boldsymbol{v}$ 与 $\boldsymbol{B}$ 的夹角为 $\pi/2$ 时,F 最大,为 $F_{\max}$,定义此时的磁场力与试探电荷的电量及速率的比值为该点的磁感应强度的大小,即

$$B=\frac{F_{\max}}{|q|v} \tag{3.3}$$

在国际单位制中,磁感应强度 $\boldsymbol{B}$ 的单位为 $\mathrm{N\cdot A^{-1}\cdot m^{-1}}$,称为特斯拉,用符号 T 表示,即

$$1\ \mathrm{T}=1\ \mathrm{N\cdot A^{-1}\cdot m^{-1}}$$

地球磁场在赤道附近的磁感应强度大约为 2.5×10^{-5} T,可见 T 是一个很大的单位,历史上磁感应强度曾用高斯作为单位,用符号 Gs 表示,1 Gs $=10^{-4}$ T,现已不推荐使用.

2. 几种常见的磁场

(1) 地球磁场

地球是一个巨大的磁体,地表附近各处的磁感强度在 0.025 ~ 0.065 mT 区间.地球磁场产生的原因至今没有完全确定,但普遍认为是由地核内液态铁的流动引起的.最具代表性的假说是“发电机理论”.1945 年,美国物理学家埃尔萨塞根据磁流体发电机的原理,猜测液态的外地核流体在地球自转所导致的科里奥利力(非惯性系中的一种运动效应,可看作一种“力”)作用下,形成南北轴向的卷状物,在最初的弱磁场

(固体板壳中的"永磁体")中运动,如图 3.6 所示,像磁流体发电机一样产生电流,电流的磁场又使原来的弱磁场增强,这样外地核流体与磁场相互作用,使原来的弱磁场不断加强. 磁场在加强时会阻碍外地核流体的继续运动,同时外地核流体流动时因摩擦生热而消耗能量,因此,磁场增加到一定程度,运动就停止了,即形成了现在的地球磁场.

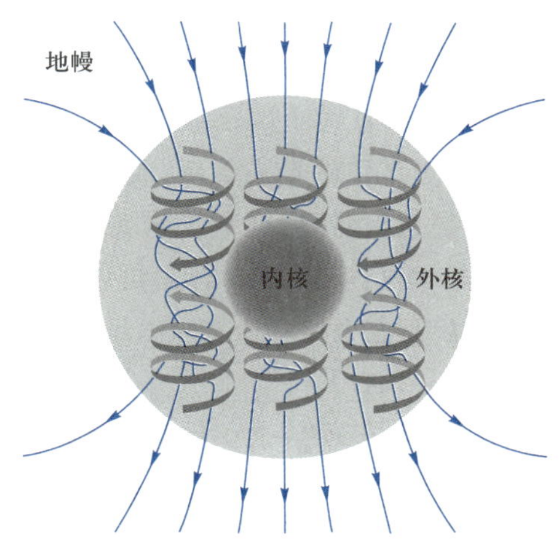

■ 图 3.6 地球磁场

地球磁场可以阻止太阳风、宇宙射线等外太空高能粒子的侵蚀,保护大气免受直接冲击,同时保护地球上的生命免遭自然辐射的涂炭,也可以维持大气层的存在(否则空气会被太阳风吹离大气层),使地球生灵得以生存.

(2) 永磁体

能够长期保持其磁性的磁体称为**永久磁体**(简称**永磁体**),它既可以是天然产物(如磁铁矿,其主要成分为 Fe_3O_4),也可以人工制造(如钕铁硼磁铁、铝镍钴合金、铁氧体永磁材料等). 永磁体是硬磁体,不易失磁,也不易被磁化,极性也不会变化,广泛应用于电子、电气、机械、运输、医疗等各个领域,例如永磁体可制成发电机、医用核磁共振成像设备中的磁体,各种仪表的磁芯,计算机的磁盘驱动器等(图 3.7). 在实际应用中,一般永磁体磁极附近的磁感应强度在 0.5 T 左右.

■ 图 3.7 实验室常用的 U 形磁铁多由铁氧体永磁材料制成

(3) 电磁体

电磁体与永磁体不同,它是利用通有电流的线圈使其内部铁芯磁化的装置,如图 3.8 所示. 电磁体的铁芯由容易磁化、容易消磁的软铁材料(如硅钢)制成,使得电磁体在通电时有磁性,断电后磁性随之消失. 电磁体的磁性既来自电流的磁效应,又来自磁介质的磁化效应,是两者的结合. 电磁体的磁感应强度是可控的,可以小到几个高斯,大到几十个特斯拉. 2013 年 8 月,依托华中科技大学建设的国家脉冲强磁场科学中心自行研制的脉冲磁体成功实现了 90.6 T 的峰值磁场,使我国继美国、德国之后,成为世界上第三个突破 90 T 大关的国家.

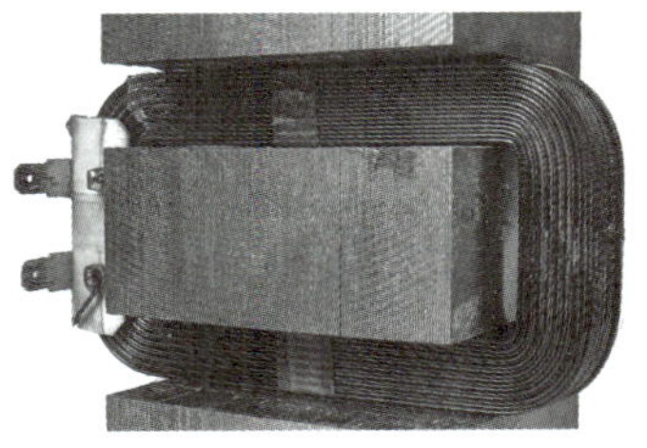

■ 图 3.8 电磁体

【科技中国】

稳态强磁场是物质科学研究中的一种极端实验条件，是推动重大科学发现的“利器”. 2022 年 8 月 12 日，中国科学院合肥物质科学研究院强磁场科学中心研制的国家稳态强磁场实验装置（图 3.9）实现新突破，其混合磁体产生了 45.22 T 的稳态磁场，刷新了美国国家强磁场实验室于 1999 年创造并保持了 23 年之久的同类型磁体的世界纪录.

■ 图 3.9　稳态强磁场实验装置混合磁体

国家稳态强磁场实验装置属于国家重大科技基础设施，由国家发改委 2008 年批准建设，经过多年的自主创新，成功克服了关键材料国际限制、关键技术国内空白等重大难题，建成了继美国之后世界第二台 40 T 级混合磁体，并于 2017 年 9 月 27 日在合肥投入使用，使我国成为继美国、法国、荷兰、日本之后第五个拥有稳态强磁场的国家.

3.2　毕奥-萨伐尔定律

【情景引入】

尽管人们对磁现象的研究开始很早，但一直是把它作为与电现象割裂的独立的一种现象来研究，没有认识到两者之间的联系. 直到 19 世纪初，丹麦物理学家奥斯特发现了电流的磁效应，才使人们认识到磁现象起源于电荷的运动，并与电现象有着不可分割的联系. 电流是由于电荷的定向运动而产生的，如何计算电流所激发的磁场是这一章的一个基本问题，就如静电场一章中电荷激发电场一样.

3.2.1　毕奥-萨伐尔定律的来龙去脉

在第二章中，计算任意带电体所产生的电场在空间一点的电场强度时，可以把带电体分成无限多个电荷元 $\mathrm{d}q$，然后利用场强叠加原理，求出带电体在该点激发的总电场强度 $\boldsymbol{E}$. 同样，我们可以采用类似的方法求任意恒定电流所激发的磁场. 先把恒定电流分割成许多小段的电流元，用矢量 $I\mathrm{d}\boldsymbol{l}$ 表示，其中 I 是电流，$\mathrm{d}\boldsymbol{l}$ 是电流元的线元，其大小是线元的长度，其方向与电流流向一致. 如果知道电流元 $I\mathrm{d}\boldsymbol{l}$ 激发磁场的规律——毕奥-萨伐尔定律，就可以根据叠加原理求出完整恒定电流所产生的总磁场.

【学习疑惑】

电荷元 $\mathrm{d}q$ 可以独立存在，但电流元 $I\mathrm{d}\boldsymbol{l}$ 并不能独立于完整恒定电流而存在，那么，找出电流元激发磁场的规律后，如何用实验来验证该规律的正确性呢？

的确，由于电流元不可能单独存在，故毕奥-萨伐尔定律不能直接通过实验证明，但由它推出的所有结果都与实验相符，从而间接证明了它的正确性. 对此，本教材准备了一个有关毕奥-萨伐尔定律来源的视频，通过该视频可以了解定律的正确性是如何被间接证明的. 请扫码观看视频“毕奥-萨伐尔定律的来龙去脉”.

3.2.2 毕奥-萨伐尔定律及其运算

1. 毕奥-萨伐尔定律

1820 年，法国科学家毕奥、萨伐尔、拉普拉斯和安培在理论分析、实验探究的基础上，总结出了电流元激发磁场的规律：毕奥-萨伐尔定律（以下简称毕-萨定律）. 其内容如下：

通电细导线中任一电流元 $I\mathrm{d}\boldsymbol{l}$ 激发的磁场在空间一点 P 的磁感应强度 $\mathrm{d}\boldsymbol{B}$ 的大小与电流元 $I\mathrm{d}\boldsymbol{l}$ 的大小成正比，与电流元 $I\mathrm{d}\boldsymbol{l}$ 和径矢 $\boldsymbol{r}$（$\boldsymbol{r}$ 是由电流元指向场点 P 的矢量，如图 3.10 所示）的夹角 θ 的正弦成正比，与径矢 $\boldsymbol{r}$ 大小的平方成反比，即

$$|\mathrm{d}\boldsymbol{B}| = \frac{\mu_0}{4\pi}\frac{I\mathrm{d}l\sin\theta}{r^2} \tag{3.4}$$

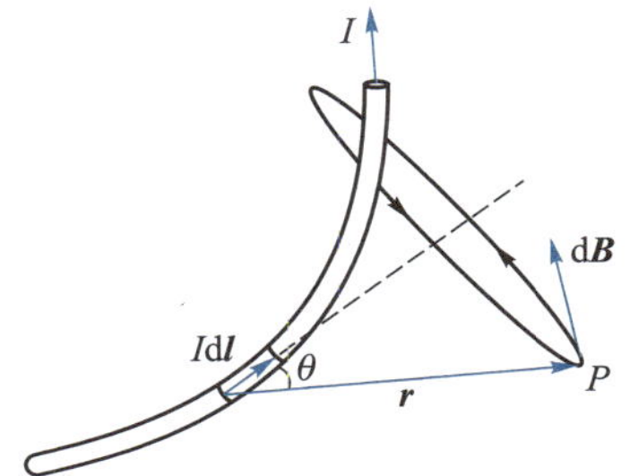

■ 图 3.10 电流元产生的磁场

式中的常量 μ_0 称为真空磁导率，其大小为

$$\mu_0 = 4\pi\times10^{-7}\ \mathrm{N\cdot A^{-2}}$$

$\mathrm{d}\boldsymbol{B}$ 的方向垂直于 $I\mathrm{d}\boldsymbol{l}$ 与 $\boldsymbol{r}$ 所确定的平面，具体由右手螺旋定则确定：伸开右手，四指并拢，大拇指与四指垂直，让四指先指向 $I\mathrm{d}\boldsymbol{l}$ 的方向，然后经小于 π 的角转向 $\boldsymbol{r}$ 的方向，则伸直的大拇指所指的方向就是 $\mathrm{d}\boldsymbol{B}$ 的方向，如图 3.11 所示.

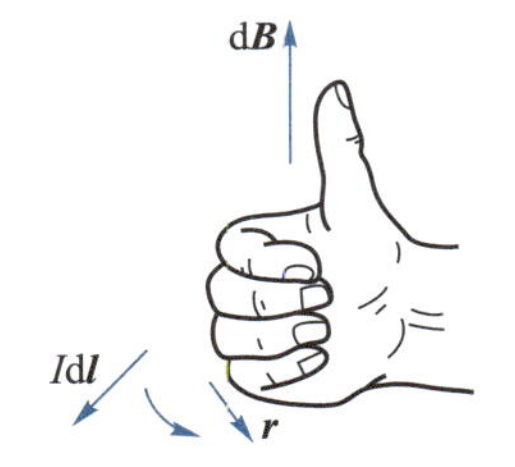

■ 图 3.11 用右手螺旋定则确定 dB 的方向

电流元 $I\mathrm{d}\boldsymbol{l}$ 在 P 点产生的磁感应强度可用矢量式表示为

$$\mathrm{d}\boldsymbol{B} = \frac{\mu_0}{4\pi}\frac{I\mathrm{d}\boldsymbol{l}\times\boldsymbol{r}}{r^3} \tag{3.5}$$

完整恒定电流所激发的磁场在 P 点的总磁感应强度 $\boldsymbol{B}$，等于组成该恒定电流的所有电流元激发的磁场在该点的磁感应强度 $\mathrm{d}\boldsymbol{B}$ 的矢量和，即

$$\boldsymbol{B} = \int\mathrm{d}\boldsymbol{B} = \int\frac{\mu_0}{4\pi}\frac{I\mathrm{d}\boldsymbol{l}\times\boldsymbol{r}}{r^3} \tag{3.6}$$

一般来说，式(3.6)的计算可能是很复杂的，每一个电流元产生的磁感应强度可能都不在同一条直线上，甚至不在同一个平面内，这就需要进行矢量合成的计算，好在我们总可以通过矢量分解的方法，获得式(3.6)所对应的分量积分式，下面的例子采取的就是这种方法.

2. 毕奥-萨伐尔定律的运算实例

例 3.1 如图 3.12 所示，在大型吊装车间有一通有电流 I 的桁车电缆线 CD，设 P 点到 CD 的垂直距离为 r_0，试求 CD 附近任意一点 P 处的磁感应强度 $\boldsymbol{B}$.

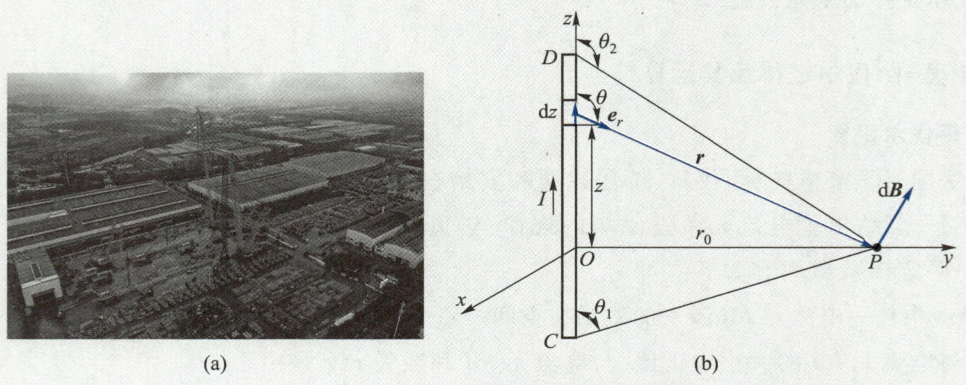

■ 图 3.12 载流直导线的磁场

解 选取如图 3.12(b)所示的坐标系，在 CD(z 坐标)上取电流元 $I\mathrm{d}z\boldsymbol{k}$，它和 P 点的连线与 z 轴正方向的夹角为 θ，由几何关系可知 $z=r_0\cot(\pi-\theta)=-r_0\cot\theta$，电流元到 P 点的距离为 $r=r_0\csc(\pi-\theta)=-r_0\csc\theta$. 由毕-萨定律[式(3.4)]可知，电流元在 P 点激发的磁感应强度 d$\boldsymbol{B}$ 的大小为

$$|\mathrm{d}\boldsymbol{B}|=\frac{\mu_0}{4\pi}\frac{I\mathrm{d}z\sin\theta}{r^2}=\frac{\mu_0 I}{4\pi r_0}\sin\theta\mathrm{d}\theta$$

由于电缆线上所有电流元在 P 点产生的磁感应强度都沿 x 轴负方向，所以总磁感应强度的大小即为上式的标量积分，即

$$B=\int|\mathrm{d}\boldsymbol{B}|=\frac{\mu_0 I}{4\pi r_0}\int_{\theta_1}^{\theta_2}\sin\theta\mathrm{d}\theta$$

其中的 θ_1 和 θ_2 分别是 P 点与电缆线电流流入端和流出端的连线与电流流向的夹角，这两个角度反映的是电缆线的长短以及 P 点相对电缆线的方位. 通过对上式积分运算，可得

$$B=\frac{\mu_0 I}{4\pi r_0}(\cos\theta_1-\cos\theta_2) \tag{3.7}$$

若电缆线无限长，即 $\theta_1\to 0$，$\theta_2\to\pi$，则式(3.7)变为

$$B=\frac{\mu_0 I}{2\pi r_0} \tag{3.8}$$

这表明，对“无限长”通电直导线而言，场点的磁感应强度大小反比于场点到通电直导线的垂直距离 r_0，方向是在过场点、以直导线为轴线的圆周的切线方向，与电流成右手螺旋关系（拇指指向电流方向，四指弯曲方向为磁感应强度的方向）.

【互动交流】

(1) 本例题中的“无限长”在客观上是不存在的，那么如何获得这种理想状态的“无限长”呢？

当考察的场点位于导线中段，且到导线的垂直距离比导线长度小很多的情况下，导线就可以看作“无限长”. 此外，用式(3.8)来估计通电直导线周围的磁感应强度分布时，结果也是一个数量级不错的近似，在工程问题中时常需要这样做.

(2) 本例题在工程实践中有何意义？

意义大致有两个方面. 一方面，因为磁场对人体是有影响的(这里主要是指有害的影响)，而工程需要的电流往往是很大的，所以，通过式(3.8)的估计，可以了解工人离开导线的安全距离；另一方面，通电导线之间通过磁场相互作用，作用力大小受磁场强弱的影响，工厂车间中的强电流导线往往很多，这时就需要考虑导线的排布，考虑各导线产生的磁感应强度问题. 因磁场问题而导致的电缆事故确实发生过，某发电厂因电缆距离太近出现过电缆被磁场力从桩体中拔出的事故，这就不得不对有关电流的磁感应强度进行必要的运算.

例 3.2 图 3.13(a)所示为主动式探雷器，其环形线圈半径为 R，通有电流 I，试求：在通过圆心并垂直于线圈所在平面的轴线上，任意一点 P 处的磁感应强度.

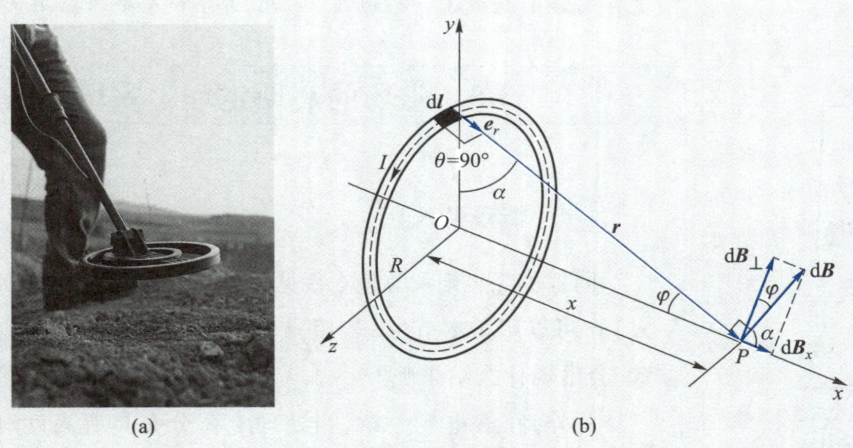

■图 3.13 探雷器

解 选取如图 3.13(b)所示的坐标系，在圆电流上任取一个电流元 $Id\boldsymbol{l}$，电流元指向 x 轴上 P 点(坐标为 x)的位矢为 $\boldsymbol{r}$. 由于环形线圈上的电流分布具有轴对称性，P 点的磁感应强度设有垂直于 x 轴方向分量. 因为 $Id\boldsymbol{l}$ 与 $\boldsymbol{r}$ 垂直，式(3.5)中矢量 $Id\boldsymbol{l}\times\boldsymbol{r}$ 在 x 轴方向的分量为 $r\sin\varphi Idl$，则电流元在 P 点产生的磁感应强度的 x 轴方向分量为

$$dB_x=\frac{\mu_0 Idl}{4\pi r^2}\sin\varphi$$

其中 $\sin\varphi=R/r$，$r=\sqrt{R^2+x^2}$，则根据叠加原理，P 点的磁感应强度 $\boldsymbol{B}$ 的大小为

$$B=\int dB_x=\int\frac{\mu_0 Idl}{4\pi r^2}\sin\varphi=\int\frac{\mu_0 IRdl}{4\pi(R^2+x^2)^{3/2}}$$

考虑到 $\int dl=2\pi R$，则上式化简整理可得

$$B=\frac{\mu_0 IR^2}{2(R^2+x^2)^{3/2}} \tag{3.9}$$

B 的方向平行于轴线，且满足右手螺旋定则：右手四指沿着电流流向弯曲，大拇指的指向为磁感应强度的方向. 当 $x=0$ 时圆电流中心处磁感应强度的大小为

$$B=\frac{\mu_0 I}{2R} \tag{3.10}$$

【互动交流】

圆电流磁场的计算有何理论价值和实践价值？

圆电流的磁感应强度计算有非常重要的理论价值和实践价值. 理论价值是由圆电流组成的磁偶极子，是历史上首次获得电磁波的发射与接收装置的主体；实践价值有很多，其中例题的情景就是一个很好的应用，当圆线圈与交变信号发生器相连，并通以交变电流时，产生的磁场为交变磁场，一旦交变磁场遇到地下的金属管线或金属地雷就会产生感生磁场（将在第四章有所介绍），回馈到环圈中触发反馈信号并报警，表明底下有金属物体，这样圆线圈就成了一个地质、交通、通信和军事等探测系统的探头.

3.3　磁场的高斯定理　安培环路定理

【情景引入】

同样的“落雨”场景（参见第二章静电场中的高斯定律【情景引入】），可以用于本节中. 若用一个上、下敞开的圆柱体，无论开口如何放置，会出现什么结果呢？

此外，在静电场一章，当处理电荷分布具有高度对称性的带电体系时，我们利用静电场的高斯定理求出静电场在空间的分布，非常便捷. 那么，对于电流分布具有高度对称性的载流体系，有没有类似的手段求解空间磁场的分布呢？

3.3.1　磁感应线　磁通量

静电场的高斯定理和环路定理给出的场景是，电荷是静电场的源——电场线起始或终止于电荷，静电场具有无旋性——电场线不封闭. 那么，对应的磁场的场景——磁感应线有怎样的特点呢？

1. 磁感应线

为了形象地反映磁场分布，引进与电场线一样的磁感应线，图 3.14 所示是载流长直导线、圆电流、载流螺线管周围磁感应线分布的模拟及示意图.

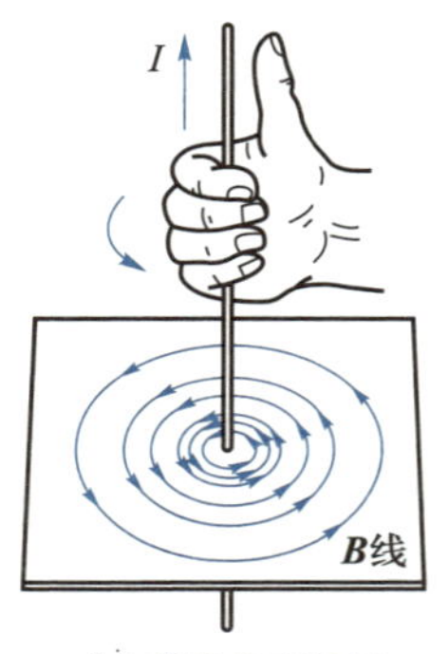

(a) 载流长直导线

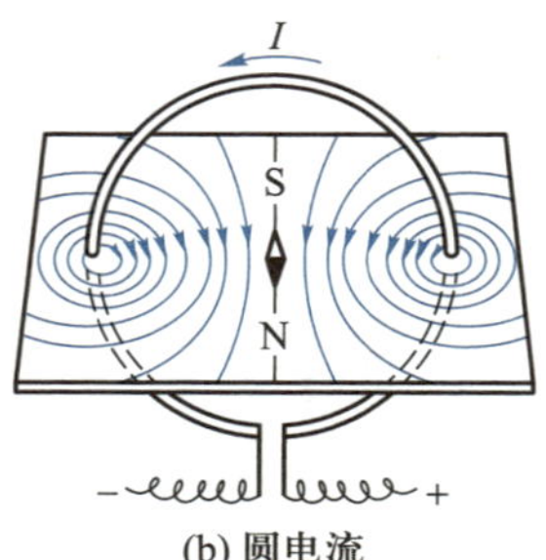

(b) 圆电流

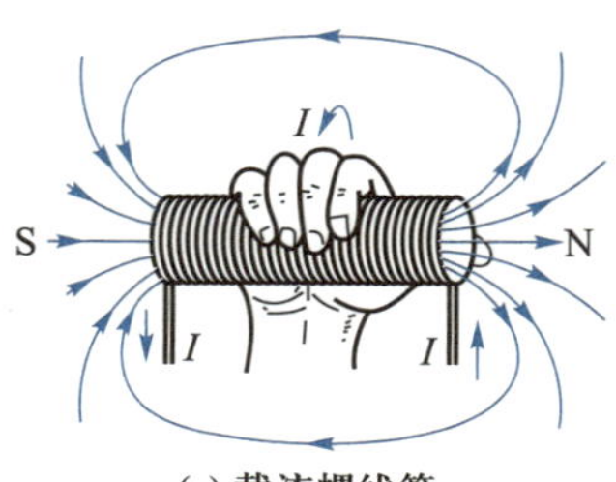

(c) 载流螺线管

■ 图 3.14　几种常见的磁感应线

【教学活动】

如何模拟磁感应线呢?

如图 3.15 所示,在水平放置的玻璃板上撒一些铁屑,当玻璃板靠近小磁铁时,铁屑就会被磁化变成一个个小磁针,轻轻敲击玻璃板,铁屑就会按一定规则排列,显示出磁感应线的分布图像. 同理,我们可以让导线(或长直或圆形或螺旋形)靠近玻璃板并通以电流,重复上面的步骤,就可以得到图 3.14 所示的模拟磁感应线.

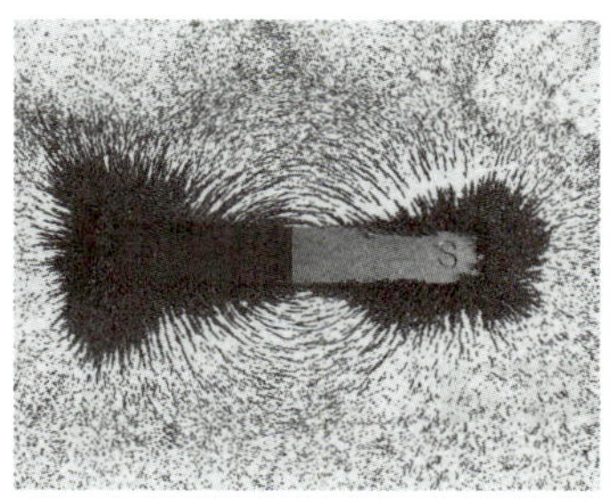

■ 图 3.15 小磁铁磁感应线的模拟

对比第二章中的电场线,磁感应线样貌上与电场线很相似,且反映强弱的疏密程度也是一样的,但是两者有本质的不同,即磁感应线首尾相接,是封闭的,这一点与电场线完全不同,说明恒定磁场和静电场是两种不同性质的场.

2. 磁通量

磁通量与电场强度通量的定义方法完全一样. 如图 3.16 所示,在曲面 S 上任取一个面积为 $\mathrm{d}S$ 的面元,其法向单位矢量为 $\boldsymbol{e}_n$,对应的面积矢量可写成 $\mathrm{d}\boldsymbol{S}=\mathrm{d}S\boldsymbol{e}_n$. 设面元 $\mathrm{d}\boldsymbol{S}$ 所在处的磁感应强度为 $\boldsymbol{B}$,$\boldsymbol{B}$ 与 $\mathrm{d}\boldsymbol{S}$ 的夹角为 θ,则通过面元 $\mathrm{d}\boldsymbol{S}$ 的磁通量等于通过面元的磁感应线条数,其定义式为

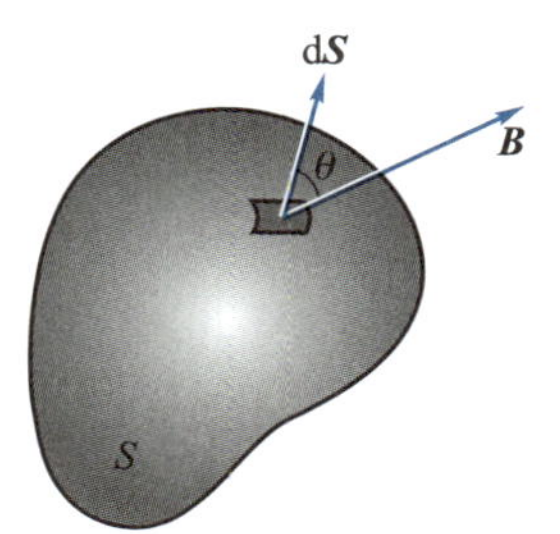

■ 图 3.16 磁通量的定义

$$\mathrm{d}\Phi=\boldsymbol{B}\cdot\mathrm{d}\boldsymbol{S}=B\mathrm{d}S\cos\theta \tag{3.11}$$

注意到,式中 $\cos\theta$ 可正、可负、可为零,这表明磁通量有正、负之别. 通过图 3.16 中曲面 S 的磁通量等于通过组成曲面 S 的各个面元磁通量的代数和,即

$$\Phi=\int_S\mathrm{d}\Phi=\int_S\boldsymbol{B}\cdot\mathrm{d}\boldsymbol{S}=\int_S B\cos\theta\mathrm{d}S \tag{3.12}$$

在国际单位制中,磁通量的单位为韦伯,用符号 Wb 表示,$1\ \mathrm{Wb}=1\ \mathrm{T}\cdot\mathrm{m}^2$.

3.3.2 磁场的高斯定理

由于磁感应线是无头无尾的闭合曲线,所以对任一闭合曲面来讲,穿入的磁感应线的数目与穿出的磁感应线的数目一定相等,正、负磁通量刚好抵消. 因此,通过磁场中任意闭合曲面的磁通量恒等于零,这个结论称为磁场的高斯定理. 高斯定理的数学表达式为

$$\oint_S\boldsymbol{B}\cdot\mathrm{d}\boldsymbol{S}=0 \tag{3.13}$$

这一公式表明磁场是无源场,不存在独立的磁荷(磁单极子).

【学习疑惑】

上文中常用静电场规律对比得出磁场规律,后续我们还会知道,电

和磁是统一体的两个方面. 那为什么有独立存在的正、负电荷，而没有对应的独立存在的磁荷呢？

这个问题的回答是极为复杂的. 一方面，我们当然希望有独立的磁荷，这会使电、磁更加地对称，理论上表达更加优美，但自 20 世纪 30 年代狄拉克预言有磁单极子存在以来，经几代人的探求也未得“真容”；另一方面，我们所言电磁统一，是指电和磁作为整体的一致性，同时，变化的电场和变化的磁场之间才有电、磁的转化. 由此看来，电磁的统一并不要求电与磁完全一致，虽然（静）电场与（恒定）磁场都是由电荷产生的，但毕竟磁场是由运动电荷产生，这一微小差别可能就是导致电与磁在“荷”这个问题上不对称的原因吧！

3.3.3　安培环路定理及其应用

在静电场中，场强 $\boldsymbol{E}$ 沿任意闭合路径 L（闭合环路）的线积分恒等于零，即 $\oint_L \boldsymbol{E}\cdot\mathrm{d}\boldsymbol{l}=0$，表明静电场是保守场. 那么，在恒定磁场中，磁感应强度 $\boldsymbol{B}$ 沿任意闭合环路 L 的线积分 $\oint_L \boldsymbol{B}\cdot\mathrm{d}\boldsymbol{l}$ 是什么呢？

1. 安培环路定理

因理论推导的复杂性，我们以真空中无限长载流直导线激发的磁场为特例，利用式(3.8)计算 $\oint_L \boldsymbol{B}\cdot\mathrm{d}\boldsymbol{l}$，将得出的结果直接推广到一般情况，以此得出安培环路定理.

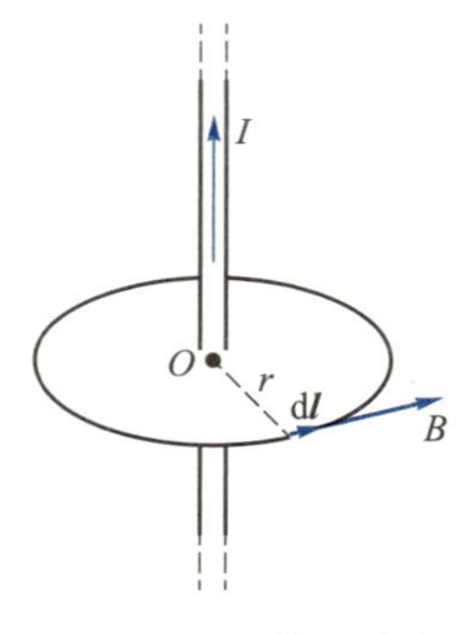

■ 图 3.17　安培环路定理

如图 3.17 所示，取一与载流直导线垂直的平面，并以该平面与导线的交点 O 为圆心，在平面上作一半径为 r 的圆. 由式(3.8)可知，在圆上任意一点的磁感应强度 $\boldsymbol{B}$ 的大小均为 $B=\mu_0 I/(2\pi r)$，方向沿圆的切线方向. 若选取圆周的绕行方向与电流方向遵循右手螺旋定则，则圆周上每一点的 $\boldsymbol{B}$ 的方向与该点附近线元 $\mathrm{d}\boldsymbol{l}$ 的方向相同，即夹角 $\theta=0$. 所以，磁感应强度 $\boldsymbol{B}$ 沿着该闭合环路的线积分为

$$\oint_L \boldsymbol{B}\cdot\mathrm{d}\boldsymbol{l}=\oint_L B\mathrm{d}l\cos\theta=\oint_L \frac{\mu_0 I}{2\pi r}\mathrm{d}l=\frac{\mu_0 I}{2\pi r}\cdot 2\pi r=\mu_0 I \qquad (3.14\mathrm{a})$$

上式表明，$\oint_L \boldsymbol{B}\cdot\mathrm{d}\boldsymbol{l}$ 只与穿过闭合环路的电流有关，而与环路的半径 r 无关. 如果导线中的电流方向与图 3.17 中的方向相反，则 $\boldsymbol{B}$ 与 $\mathrm{d}\boldsymbol{l}$ 的方向相反，上述积分变为

$$\oint_L \boldsymbol{B}\cdot\mathrm{d}\boldsymbol{l}=\oint_L B\mathrm{d}l\cos\pi=-\oint_L \frac{\mu_0 I}{2\pi r}\mathrm{d}l=-\frac{\mu_0 I}{2\pi r}\cdot 2\pi r=-\mu_0 I \qquad (3.14\mathrm{b})$$

由此可见，积分结果与电流方向有关. 因此通常规定，当环路绕行方向与电流方向遵循右手螺旋定则时，该电流取正值，反之取负值.

【内容递进】

以上结论虽然是从长直电流和圆形环路这一特例得出的，但可以证明它对任意恒定电流分布和任意形状的闭合环路都普遍适用. 也就是说，**在恒定磁场中，磁感应强度 $\boldsymbol{B}$ 沿任意闭合环路的线积分等于 μ_0 乘以穿过该环路的所有电流的代数和，这个结论就是磁场的安培环路定理**，简称安培环路定理，其数学表达式为

$$\oint_L \boldsymbol{B} \cdot \mathrm{d}\boldsymbol{l} = \mu_0 \sum_i I_i \tag{3.15}$$

理解安培环路定理时应注意以下几点：

第一，$\sum I_i$ 是穿过闭合环路的所有电流的代数和，不包括没有穿过环路的电流. 在穿过环路的电流中，凡是方向与环路的绕行方向遵循右手螺旋定则的电流取正值，反之取负值.

第二，式(3.15)中的 $\boldsymbol{B}$ 是闭合环路上各点的总磁感应强度，是由空间所有电流激发的，包括穿过环路的电流和没有穿过环路的电流.

第三，安培环路定理反映了磁场性质的另一个特性——磁场的有旋性.

上述从特殊到一般的归纳方法是一种重要方法，它在科学研究和工程实践中都有着非常重要的作用. 面对复杂问题，譬如工程问题，往往不能一步获得解决问题的方法，那么，我们可以先用一系列简单特殊的相似问题作为引导，找出解决这些问题的方法，然后推知或尝试用这种方法解决复杂问题. 这在科学规律的建构中也是常见的，比如牛顿运动定律的形成，就是在一个个特殊实例中总结出的一般规律.

2. 安培环路定理的应用

安培环路定理的应用，犹如静电场的高斯定理，可以很方便地计算出具有一定对称性的电流的磁场分布. 下面举例说明.

例 3.3 如图 3.18 所示，有一半径为 R 的无限长圆柱形电缆，通有电流 I，横截面上电流均匀分布，求磁感应强度的分布.

解 由对称性可知，圆柱形电缆内、外磁场的磁感应线具有轴对称性，则选取以轴线上点为圆心、与轴线垂直、半径为 r 的圆周作为闭合环路 L，L 上磁感应强度 $\boldsymbol{B}$ 的大小处处相等，$\boldsymbol{B}$ 的方向与圆周相切. 选取环路绕行方向与电流满足右手螺旋关系，如图 3.18 所示. 于是在下列运算中，磁感应强度可以从积分号中提出，有

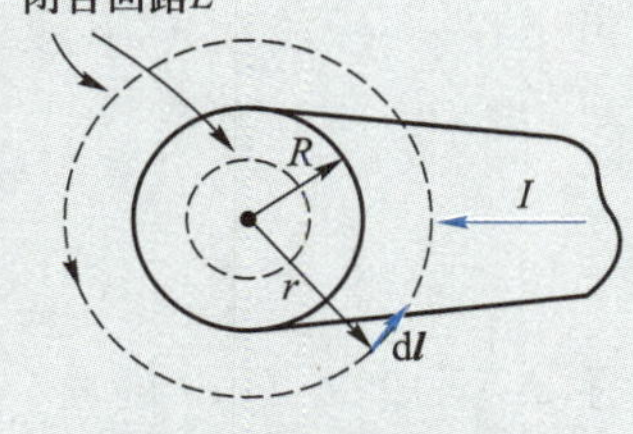

■ 图 3.18 圆柱形电缆

$$\oint_L \boldsymbol{B} \cdot \mathrm{d}\boldsymbol{l} = \oint_L B\mathrm{d}l = B \cdot 2\pi r = \mu_0 \sum_i I_i$$

在柱内，$r<R$，L 所包围的电流为部分电流，即

$$\sum_i I_i = \frac{I}{\pi R^2} \cdot \pi r^2 = \frac{Ir^2}{R^2}$$

这样就可以方便地求出

$$B = \frac{\mu_0 Ir}{2\pi R^2} \quad (r<R) \tag{3.16}$$

同样,在柱外,$r>R$,L 所包围的电流为总电流

$$\sum_i I_i = I$$

则

$$B=\frac{\mu_0 I}{2\pi r} \quad (r>R) \tag{3.17}$$

【问题讨论】

(1) 由上述求解过程可知,能将磁感应强度从积分号中提出,是解决此问题的关键,而获得此结果的唯一条件是"对称性",所以,用安培环路定理直接求解磁感应强度的前提就是对称性,而用对称性化简物理问题往往是一种有效方式.

(2) 实际电缆线中传输的电流如果是交变电流,则由于"趋肤效应"会使电流在导线表面流动,那么,上述结果会有怎样的变化?答案是:在 $r<R$ 的空间内,$B=0$;在 $r>R$ 的空间内,结果的形式不变.

例 3.4 许多工程实践需要一个匀强磁场的环境,长直密绕螺线管就是能提供这种环境的装置. 如何求出长直密绕螺线管中的磁感应强度就成为一个重要的问题. 设如图 3.19 所示的长直密绕螺线管通有电流 I,单位长度上绕有 n 匝线圈,求磁感应强度 $\boldsymbol{B}$ 的大小.

解 一个长直密绕螺线管通有电流 I,当螺线管的长度远大于其直径时,实验表明,在螺线管的中间部分,其磁场分布具有以下特点:管内的磁感应强度 $\boldsymbol{B}$ 的方向与管的轴线处处平行,大小处处相等,即管内是匀强磁场;管外壁附近的磁感应强度等于零.

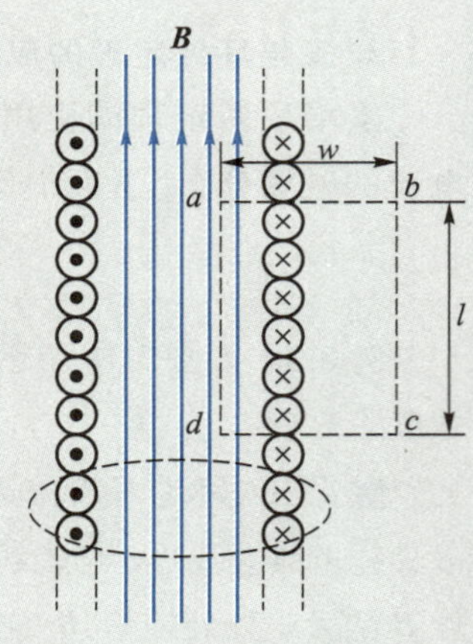

■图 3.19 长直密绕螺线管的磁场

根据上述特点,我们可以应用安培环路定理计算管内中间任一点的磁感应强度. 在图 3.19 所示图中作矩形闭合回路 $abcda$,由安培环路定理可知

$$\oint_L \boldsymbol{B}\cdot \mathrm{d}\boldsymbol{l} = \int_{a\to b}\boldsymbol{B}\cdot \mathrm{d}\boldsymbol{l} + \int_{b\to c}\boldsymbol{B}\cdot \mathrm{d}\boldsymbol{l} + \int_{c\to d}\boldsymbol{B}\cdot \mathrm{d}\boldsymbol{l} + \int_{d\to a}\boldsymbol{B}\cdot \mathrm{d}\boldsymbol{l}$$

由于在 $a\to b$ 段及 $c\to d$ 段,因 $\boldsymbol{B}\perp \mathrm{d}\boldsymbol{l}$,故 $\boldsymbol{B}\cdot \mathrm{d}\boldsymbol{l}=0$;而在 $b\to c$ 段,因该处 $B=0$,故 $\boldsymbol{B}\cdot \mathrm{d}\boldsymbol{l}=0$. 因此有

$$\oint_L \boldsymbol{B}\cdot \mathrm{d}\boldsymbol{l} = \int_{d\to a}\boldsymbol{B}\cdot \mathrm{d}\boldsymbol{l}$$

在 $d\to a$ 段,$\boldsymbol{B}$ 与 $\mathrm{d}\boldsymbol{l}$ 同向,$\int_{d\to a}\boldsymbol{B}\cdot \mathrm{d}\boldsymbol{l} = \int_{d\to a} B\mathrm{d}l = Bl$. 同时,通过矩形回路的电流为 $\sum_i I_i = nlI$,由此可得,$Bl=\mu_0 nlI$,所以长直密绕螺线管内部磁感应强度的大小为

$$B=\mu_0 nI \tag{3.18}$$

【内容递进】

当螺线管内部充满均匀的、各向同性的磁介质时,磁介质在螺线管中传导电流所激发的磁场的作用下发生磁化,在介质表面出现磁化电流,传导电流和磁化电流所激发的磁场叠加

的结果是:在“无限长”螺线管的外部,$\boldsymbol{B}=0$;在螺线管内部,磁感应强度的大小满足

$$B=\mu_0\mu_r nI \tag{3.19}$$

这里,μ_r 称为磁介质的相对磁导率. 对于铁磁材料,μ_r 远大于 1,一般为数百乃至数千.

【拓展探究】

长直密绕螺线管除了能为工程实践提供匀强磁场外,还能在通以突变电流的情况下产生瞬间高电压(这一点在第四章中将会介绍其原理),应用于其他很多场景,比如,螺线管作为镇流器放入气体放电的触发电路中,成为应用元器件. 由此可见,一个物理基本单元可以为各种“应用环境”提供不同的物理性能,这就是**物理的基础性体现**.

3.4 带电粒子在磁场中的运动 磁场对载流导线的作用

【情景引入】

极光的璀璨令人陶醉:在高纬地区漆黑的夜幕下,繁星闪烁,天空中突然出现了一条隐约的光带,在其还未消逝前,另一条光带又交叠出现,直至整片天空都被虹色的光带点亮如图3.20(a). 极光是如何形成的呢? 太阳风是太阳外层大气持续向外释放出的高能等离子体(带电粒子)流,如图(b),在地球附近,这些带电粒子的速度可达 10^2 km/s 量级,而极光就是太阳风与地球高层大气中的分子、原子碰撞过程中所伴随的发光现象.

(a)

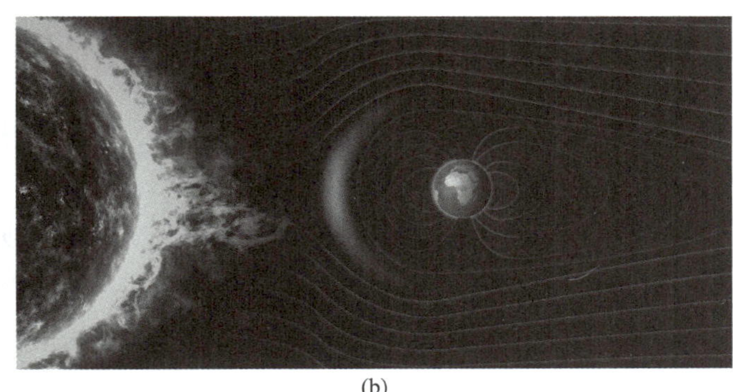

(b)

■图 3.20 北极光和地球磁场

我们对电磁的了解,实质是为了了解磁场对放入其中的运动电荷或电流的作用,这个作用力才是最终工程实践的关键,比如各种磁电式仪表、工程卷扬机、传送带和很多传感器都是磁场力或磁力矩的应用.

3.4.1 带电粒子在磁场中的运动及其应用

1. 带电粒子在磁场中的运动

由式(3.3)可知,当带电粒子 q 在磁场中的速度 $\boldsymbol{v}$ 与磁感应强度 $\boldsymbol{B}$ 垂直时,磁场力——洛伦兹力取最大值 $F_{max}=|q|vB$. 一般情况下,洛伦兹力的表达式为

$$\boldsymbol{F}=q\boldsymbol{v}\times\boldsymbol{B} \tag{3.20}$$

依据矢量叉积定义，式(3.20)表明，带电粒子**受力 $\boldsymbol{F}$ 的方向同时垂直于速度 $\boldsymbol{v}$ 和磁感应强度 $\boldsymbol{B}$ 的方向**，大小为

$$F=qvB\sin\theta \tag{3.21}$$

其中 θ 是速度与磁感应强度的夹角(小于 180°). 由式(3.21)可知，本章第一节磁感应强度定义中的实验规律：速度与磁场平行时($\theta=0$)，带电粒子不受磁场力作用；速度与磁场垂直时($\theta=\pi/2$)，带电粒子受力最大 $F_{max}=qvB$.

因洛伦兹力垂直于速度，所以洛伦兹力不做功，它不会改变粒子的动能、速率，但可以改变粒子运动速度的方向. 下面我们讨论带电粒子在**匀强磁场中**运动的三种情况：

(1) 带电粒子 q 进入磁场时，其速度 $\boldsymbol{v}$ 与 $\boldsymbol{B}$ 同向或反向

因在这种情况下，带电粒子所受的洛伦兹力为零，所以带电粒子在不受其他力作用的情况下作匀速直线运动.

(2) 带电粒子 q 以初速度 $\boldsymbol{v}$ 垂直于 $\boldsymbol{B}$ 进入匀强磁场

因这种情况下，带电粒子所受的洛伦兹力 $\boldsymbol{F}$ 的大小恒为 $F=|q|vB$，且 $\boldsymbol{F}$ 在带电粒子所在的、垂直于磁感应强度 $\boldsymbol{B}$ 的平面内，并与速度 $\boldsymbol{v}$ 垂直，所以粒子在该平面内作匀速圆周运动，如图 3.21 所示. 设粒子的质量为 m，圆周轨道半径为 R，则根据牛顿第二定律，粒子作匀速圆周运动的运动方程为

■ 图 3.21　带电粒子在匀强磁场中作匀速圆周运动

$$|q|vB=m\frac{v^2}{R}$$

可得

$$R=\frac{mv}{|q|B} \tag{3.22}$$

粒子运动一周所需的时间(即圆周运动的周期)为

$$T=\frac{2\pi R}{v}=\frac{2\pi m}{|q|B} \tag{3.23}$$

而单位时间内运动的圈数(即圆周运动的频率)为

$$f=\frac{1}{T}=\frac{|q|B}{2\pi m} \tag{3.24}$$

式(3.24)表明，带电粒子作圆周运动的频率与粒子的速率和圆周运动的半径无关，而只取决于带电粒子的比荷(荷质比)q/m 和磁感应强度 B. 第一代回旋加速器就是利用该原理制成的.

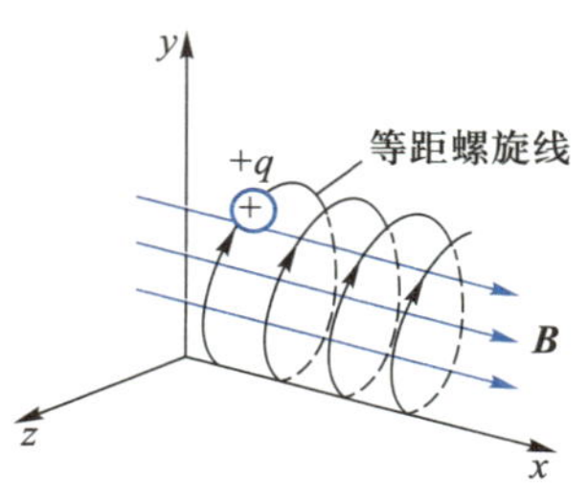

■ 图 3.22　带电粒子在匀强磁场中的等距螺旋线轨迹

(3) 带电粒子运动速度 $\boldsymbol{v}$ 与 B 的夹角为任意值 θ

把 $\boldsymbol{v}$ 分解为平行于磁场 $v_{\parallel}$ 和垂直于磁场 $v_{\perp}$ 的两分量，带电粒子的运动可看作平行于磁场方向的匀速直线运动和垂直于磁场平面内的匀速圆周运动的合成. 则粒子作半径为 R、螺距为 h 的螺旋运动，如图 3.22 所示. 设 $\boldsymbol{Q}$ 为速度 $\boldsymbol{v}$ 与磁场 B 的夹角. 则 $v_{\parallel}=v\cos\theta$，$v_{\perp}=v\sin\theta$，于是有

$$R_{\perp}=\frac{mv_{\perp}}{|q|B}=\frac{mv\sin\theta}{|q|B}$$

则带电粒子作圆周运动的周期为

$$T=\frac{2\pi m}{|q|B}$$

螺旋线的螺距(带电粒子每运动一周时前进的距离)

$$h=v_{\parallel}T=\frac{2\pi mv}{|q|B}\cos\theta$$

【问题讨论】

若有速度大小近似相等的电子束从发射角(最大发射角称为孔径角)θ 很小的喷枪中射入纵向匀强磁场,电子还能再一次相聚吗?

由上述(3)的讨论中我们可以知道,由于各粒子的发射角 θ 不同,$v_{\perp}$ 不同,故它们在磁场中作螺旋运动的半径 $R_{\perp}$ 不同,同时 $v_{\parallel}$ 也不同,则螺距 h 也不同,所以严格说来,喷射出的电子就不会再相聚,但是若发射角 θ 很小,可做如下近似:$v_{\parallel}=v\cos\theta\approx v$,则它们的螺距基本相同,为

$$h=\frac{2\pi mv}{|q|B}\cos\theta\approx\frac{2\pi mv}{|q|B}$$

因此,这些粒子回旋一个周期后又重新汇聚,如图 3.23 所示,这种效果如同凸透镜对光线的聚焦作用相似,故称为**磁聚焦**.

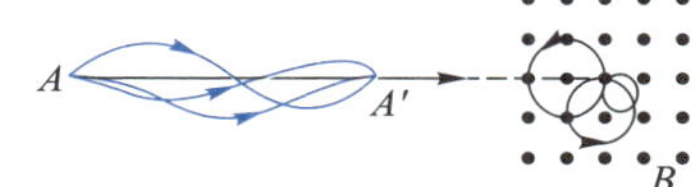

图 3.23　匀强磁场的磁聚焦

【拓展探究】

磁聚焦被广泛应用于电子真空器件中,例如电子显微镜就是根据磁聚焦原理制成的. 当然工程上还会有更细致的考虑,有关内容可以参见视频“磁透镜的聚焦原理”.

视频:
磁透镜的聚焦原理

2. 洛伦兹力的应用

(1) 根据式(3.22)可进行带电粒子质量的测量——质谱仪.

由式(3.22)可知,在同一磁场中,带电量 q 相同、运动速度 $\boldsymbol{v}$ 相同的不同带电粒子,它们的运动轨道半径与质量 m 成正比,质谱仪就是利用这个原理制成的.

拓展阅读:
质谱仪简介

(2) 利用式(3.23)或式(3.24)可对带电粒子进行不断的加速——加速器.

由式(3.23)或式(3.24)可知,对 m 和 q 均相同的粒子而言,不管 v 有多大,它们作圆周运动的周期或频率均相同,因此,若引进固定周期(与圆周运动周期 T 相同)的交变加速电场,就可使粒子总是被加速. 回旋加速器就是利用这个原理制成的.

拓展阅读:
回旋加速器简介

(3) 霍耳效应及其应用

如图 3.24 所示,有一小块宽为 a、厚为 d 的导电材料置于磁感应强度

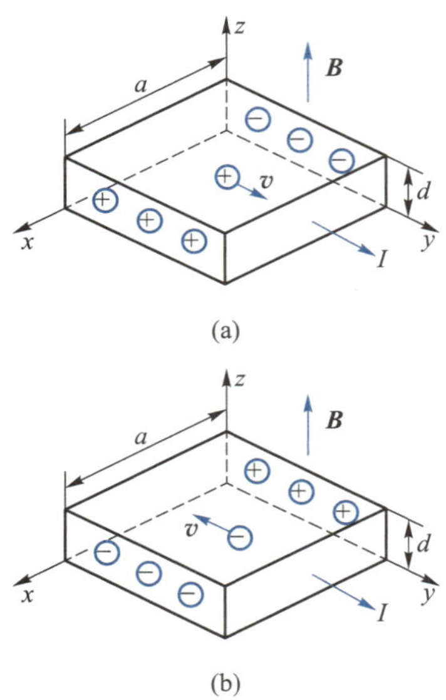

■ 图 3.24 霍耳效应

为 $\boldsymbol{B}$ 的磁场中，磁感应强度方向垂直于导电材料的上、下表面. 现沿 y 轴正方向对导电材料通以电流 I. 设导电材料只有一种载流子，其数密度为 n，每个载流子的带电量为 q. 如果载流子带正电，则载流子沿 y 轴正方向运动；如果载流子带负电，则载流子沿着 y 轴负方向运动. 带正电（或负电）的载流子，在洛伦兹力的作用下向 $x=a$ 的侧面偏转并在其上聚集，根据电荷守恒可知，另一面将出现等量的负电荷（或正电荷）两个面之间会产生一个沿 x 方向的电场 $\boldsymbol{E}$. 当两面之间的电场稳定后（洛伦兹力与电场力相等时），导电材料的 $x=a$ 和 $x=0$ 两面之间会出现稳定电势差，这种现象叫做**霍耳效应**，所产生的电势差称为**霍耳电压** U_{H}，由洛伦兹力与电场力平衡可得

$$U_{\mathrm{H}}=\frac{IB}{nqd}=R_{\mathrm{H}}\frac{IB}{d} \tag{3.25}$$

其中 $R_{\mathrm{H}}=1/(nq)$ 称为**霍耳系数**. 若载流子带正电（$x=a$ 面带正电），$U_{\mathrm{H}}>0$；若载流子带负电（$x=a$ 面带负电），$U_{\mathrm{H}}<0$. 所以，从霍耳电压的正负，我们可以判断导电材料中载流子的属性（带的是正电还是负电）.

【问题讨论】

我们常把能出现霍耳效应的材料称为霍耳元件.

（1）为什么常见的霍尔元件都是扁平（厚度小）的材料？

由式（3.25）表示的霍耳电压可知，当其他条件都一样的情况下，材料厚度 d 越小，霍耳电压越大，这表明材料越薄越有利于产生霍耳效应.

（2）为什么常见的霍耳元件多是由半导体材料构成的？

我们知道，霍耳效应是电流和磁场的作用结果，所以材料必须导电，但是由式（3.25）知，霍耳系数 R_{H} 越大越有利于产生霍耳效应，因此，导电性能太强（比如导体，n 很大，R_{H} 小），霍耳效应越不明显，所以通常要选半导体（n 很小，R_{H} 大）.

有关霍耳效应的应用有很多，比如测磁场、电流，测载流子数密度及其与温度的关系，还可以用于指导磁流体发电的设计，等等. 在此我们不做赘述，只简单说一说本章开头的【情景引入】中的霍耳效应在山地自行车测速问题的应用：如图 3.1 所示，在山地自行车前叉与车把间连接含有霍耳元件的电路，在前轮上贴有一块小磁铁. 当小磁铁随前轮周而复始地转至霍耳元件处，就会产生霍耳电压，使电路中产生脉冲电流，再将脉冲电流信号的时间差转化为转速信号，显示在骑行者眼前，会使骑行者产生良好的骑行体验.

上述应用正是**物理学在工程技术中基础性作用的体现**.

【拓展探究】

限于教学需要，上述内容都是相对简单的情景——带电粒子在匀强

磁场中的运动. 实际上,无论是理论研究,还是实践需要,有很多都是非匀强磁场中的情景,比如带电粒子的受控运动就是在具有所谓“磁瓶”形状的非均匀磁场中实现的. 有关此内容可参见视频“磁镜约束的物理原理”.

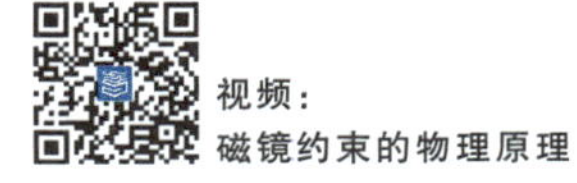

本节【情景引入】所提到的璀璨极光,正是高能粒子进入非均匀地磁场后,被犹如“磁镜”式的地磁场约束,汇聚到南北两极,粒子在约束状态下运动、碰撞、电离、发光.

【科技中国】

中国科学家也正是利用磁场的约束作用,在 2006 年成功实现了世界上第一个全超导托卡马克装置——东方超环首次等离子体放电. 而 2020 年投入运行的“中国环流器二号 M”装置成为中国规模最大、参数最高的磁约束可控核聚变实验研究装置,我们期待有进一步的硕果. 2021 年 12 月 30 日晚,东方超环实现 1 056 s 的长脉冲高参数等离子体运行,再次创造托卡马克实验装置运行的世界纪录.

3.4.2 磁场对载流导线的作用

【内容递进】

电流是电荷定向移动的集体表现,因而磁场对载流导线的作用一定也是洛伦兹力对“一群”运动电荷的作用力的表现. 以下我们不加证明地给出安培对此研究后的结论.

1. 安培定律

在研究静电场对带电体的作用时,我们用微元法将带电体分割为无限多个微元,求出各个微元所受的电场力,然后用叠加法求出整个带电体所受的力. 同样,我们在磁场对载流导线作用的计算中依然如此,可以将载流导线分割为许多无穷小的电流元,找到磁场对电流元的作用规律,整个载流导线所受的作用力便可通过叠加法计算出来.

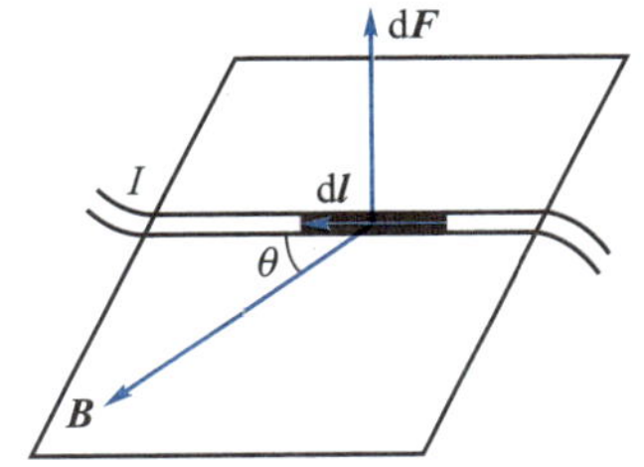

图 3.25 电流元在磁场中所受磁场力

如图 3.25 所示,在载流导线上取一电流元 $I\mathrm{d}\boldsymbol{l}$,设此电流元所在处的磁感应强度为 $\boldsymbol{B}$,$I\mathrm{d}\boldsymbol{l}$ 与 $\boldsymbol{B}$ 之间的夹角为 $\theta(\theta<\pi)$,则此电流元 $I\mathrm{d}\boldsymbol{l}$ 在磁场中所受的磁场力,在数值上等于电流元的大小、电流元所在处的磁感应强度的大小以及夹角 θ 的正弦的乘积,即

$$|\mathrm{d}\boldsymbol{F}| = BI\mathrm{d}l\sin\theta \tag{3.26}$$

这个规律称为安培定律. 磁场对电流元的作用力通常叫做安培力. 安培力的方向由右手螺旋定则判定:右手四指由 $I\mathrm{d}\boldsymbol{l}$ 经 θ 角弯向 $\boldsymbol{B}$,大拇指的指向就是安培力的方向,如图 3.26 所示. 于是,安培定律可以写成矢量式,即

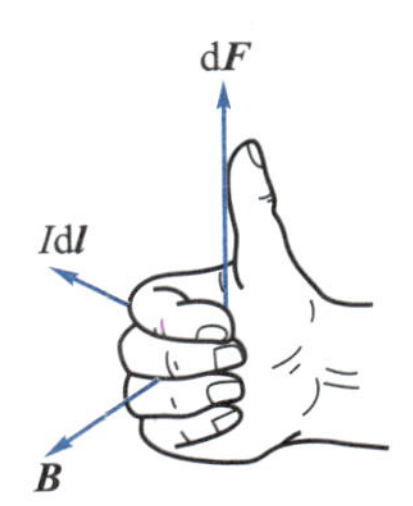

图 3.26 右手螺旋定则

$$\mathrm{d}\boldsymbol{F} = I\mathrm{d}\boldsymbol{l}\times\boldsymbol{B} \tag{3.27}$$

对于有限长直载流导线可以通过对式(3.26)积分，求得该载流导线在匀强外磁场中所受的作用力的大小为

$$F=\int_L |\mathrm{d}\boldsymbol{F}| =\int_L BI\mathrm{d}l\sin\theta = BIL\sin\theta \tag{3.28}$$

式中 L 为直导线的长度.

例 3.5　如图 3.27 所示，两根相距为 a 的无限长载流电缆平行放置，通过的电流分别为 I_1 和 I_2，电流流向相同. 试求：单位长度导线上受到的安培力大小和方向.

解　在两根电缆上各截取一段电流元，$I_1\mathrm{d}\boldsymbol{l}_1$ 和 $I_2\mathrm{d}\boldsymbol{l}_2$，根据式(3.8)或式(3.17)可得，每一根无限长载流电缆在对方电流元处的磁感应强度分别为

$$\begin{cases} B_{12}=\dfrac{\mu_0 I_1}{2\pi a} \\ B_{21}=\dfrac{\mu_0 I_2}{2\pi a} \end{cases}$$

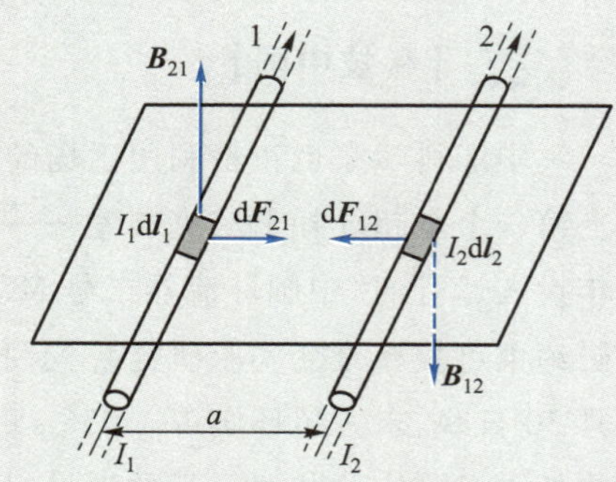

■ 图 3.27　两根平行放置载流电缆之间的作用

根据式(3.26)可得各电流元受力分别为

$$\begin{cases} \mathrm{d}F_{12}=I_2\mathrm{d}l_2B_{21}=\dfrac{\mu_0 I_2 I_1}{2\pi a}\mathrm{d}l_2 \\ \mathrm{d}F_{21}=I_1\mathrm{d}l_1B_{12}=\dfrac{\mu_0 I_1 I_2}{2\pi a}\mathrm{d}l_1 \end{cases}$$

则单位长度的受力为

$$\frac{\mathrm{d}F_{12}}{\mathrm{d}l_2}=\frac{\mathrm{d}F_{21}}{\mathrm{d}l_1}=\frac{\mu_0 I_1 I_2}{2\pi a} \tag{3.29}$$

方向根据右手螺旋定则可确定为各自指向对方，即相互吸引.

【问题讨论】

(1) 如果两电缆中的电流流向相反，则电缆之间会出现相互排斥的作用力. 由此看出，载流电缆之间一定会有作用力.

(2) 由于工程电缆中的电流一般都会很高，若电缆之间的距离相对比较近，则通过式(3.29)计算可知，电缆之间的相互作用力会很大，此时就要考虑电缆之间要保持适当距离，使得作用力保持在安全范围内. 这正是我们学习物理知识后应该有的**工程安全意识**.

2. 磁场对载流线圈的作用

下面我们讨论刚性矩形线圈置于匀强磁场中的情况. 如图 3.28 所示，矩形线圈 $abcd$ 的边长分别为 l_1、l_2，通有电流 I，线圈可绕垂直于磁感应强度 $\boldsymbol{B}$ 的中心轴 OO' 自由转动. 探究线圈转动时受到的磁力矩 M.

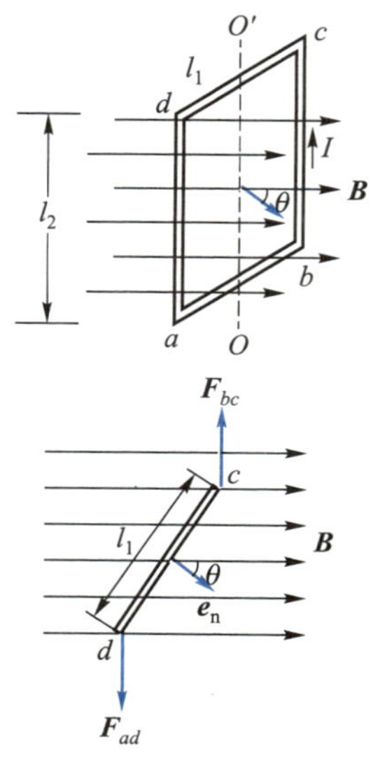

■ 图 3.28　载流线圈在磁场中受力

设线圈的法向单位矢量 $\boldsymbol{e}_n$ 与磁感应强度 $\boldsymbol{B}$ 的夹角为 θ，由式(3.28)可知 ab、cd 两边受力大小相等，均为

$$F_{ab}=F_{cd}=Il_1B\sin\left(\frac{\pi}{2}-\theta\right)=Il_1B\cos\theta$$

$\boldsymbol{F}_{ab}$与$\boldsymbol{F}_{cd}$方向相反，平行于OO'轴，由于线圈是刚性的，所以这一对力不产生任何运动效果.

bc 和 ad 两边都与 $\boldsymbol{B}$ 垂直，它们所受的安培力大小相等，均为

$$F_{bc}=F_{ad}=BIl_2$$

方向相反，但不在同一直线上，对 OO'轴形成力偶矩，如图 3.28 所示，该力偶矩使线圈的法向单位矢量 $\boldsymbol{e}_{\mathrm{n}}$ 向 $\boldsymbol{B}$ 方向旋转. 由于这两个力的力臂都是 $l_1\sin\theta/2$ 且力矩的方向相同，因此磁力矩 $\boldsymbol{M}$ 的大小为

$$M=F_{bc}\frac{l_1}{2}\sin\theta+F_{ad}\frac{l_1}{2}\sin\theta=IBl_1l_2\sin\theta$$

由以上分析可得，磁力矩的大小为

$$M=IBS\sin\theta \tag{3.30}$$

式中 $S=l_1l_2$ 是矩形线圈所围的面积.

【问题讨论】

从上述教学内容看，矩形线框所受到的总磁场力为零，线框不会平动，但受到磁力矩作用会有旋转，这种情况在什么条件下是普遍成立的？对线框形状有限制吗？

可以证明，只要发生在匀强磁场中，这种情况就具有普遍意义，且不受线框形状限制. 因此，式(3.30)中的 S 用任意形状的线圈面积代入即可.

3. 电动机原理及其工程应用

为满足社会发展、环境保护等需要，越来越多的动力系统用上了电. 比如，汽车工业生产中，燃油、燃气发动机越来越多地被电动机所取代，中国汽车工业在经历几十年奋斗后，在新能源赛道上弯道超车，取得了辉煌成就，创造了许多自主产权的品牌新能源汽车.

电动机是利用通电线圈在磁场中受到磁力矩而转动，将电能转换成机械能的一种设备. 电动机主要由定子与转子组成，通电线圈在磁场中的受力方向跟电流方向和磁场方向有关. 如果磁场方向不变，则转子在旋转 1/2 圈后所受的力矩将阻止转子的转动，成为阻力矩(当然，可以通过转向电刷改变转子线圈中的电流方向从而解决此问题，但转向电刷会出现氧化或放电等不利现象)，所以通常利用定子中的通电线圈产生旋转磁场，让转子(如鼠笼式闭合铝框)所受的磁力矩始终为动力矩. 电动机按使用电源不同分为直流电动机和交流电动机，电力系统中的电动机大部分是交流电机，可以是同步电机或者是异步电机(电机定子磁场转速与转子转速不同步). 另外，目前在机床、印刷设备、包装设备、激光加工设备、机器人、自动化生产线等对工艺精度、加工效率和工作可靠性等

要求相对较高的设备中，广泛用到伺服电机. 伺服电机是指在伺服系统中控制机械元件运转的发动机，是一种补助马达间接变速装置. 它可以控制速度，位置精度非常准确，可以将电压信号转化为转矩和转速以驱动控制对象.

文档：
电动机原理、结构和种类

文档：
我国古代科学家对于磁现象的观察、研究与应用

文档：
我国近代磁学的奠基人之——施汝为

电动机的调速方法有很多，能适应不同生产机械对速度变化的需求. 一般电动机调速时其输出功率会随转速而变化. 从能量消耗的角度看，调速大致可分两种：

① 保持输入功率不变. 通过改变调速装置的能量消耗，调节输出功率以调节电动机的转速.

② 控制电动机输入功率以调节电动机的转速. 具体的应用如电机、电动机、制动电机、变频电机、调速电机、三相异步电动机、高压电机、多速电机、双速电机和防爆电机等. 更多、更详细的电动机介绍请参见二维码中内容：电动机原理、结构和种类.

【实践探索】

1. 扬声器是一种将电信号转化为声信号的电声装置，可将一定范围内的音频电功率信号转换成低失真、声压级足够的可听声音. 扬声器种类繁多，常见的有电磁式、压电、静电和离子扬声器. 试分析电磁式扬声器的工作原理，特别说明永磁体在其中扮演的角色，并同学之间相互交流.

2. 北京正负电子对撞机是用等量的正电子和负电子相向运动（对冲）来探讨碰撞中的一系列物理问题的装置. 对撞机的储存环（轨道）是周长为 240 m 近似圆形的轨道. 若环中电子的运动速率接近真空中光速 c，试求一对正负电子在环中运动时的等效电流. 若环中连续分布正负电子时，电流又如何计算？

3. 磁感应强度方向如何定义？试用小磁针测量一下，并与理论判断的方向对比，看是否一致.

4. 一条磁感应线上的任意两点处的磁感应强度一定大小相等么？某一点处的磁感应强度大小由什么决定？如果一条磁感应线上各点磁感应强度相等，那么磁感应线有何特征？

5. 有两个共面且同心的载流圆环，它们的半径分别为 R_1 和 R_2，通有的电流分别为 I_1 和 I_2. 若两圆环的圆心处总磁感应强度为零，同学们试由式（3.10）分析和交流两电流之间的关系.

6. 有一边长为 L 的导体方框，通有电流 I，则根据式（3.7），分析和交流方框中心处磁感应强度的大小与 L 和 I 有何关系？

7. 一半径为 R 的长直裸铜线中通有恒定电流，若铜线表面的磁感应强度的大小为 B，试讨论，能否把长直裸铜线看作无限长，从而由式（3.16）或式（3.17）计算电流 I.

8. 如图 3.29 所示，六根无限长载直流导线互相绝缘，通过的电流均为 I，区域 Ⅰ、Ⅱ、Ⅲ、Ⅳ 均为面积相等的正方形，讨论和分析哪一个区域指向纸内的磁通量最大？

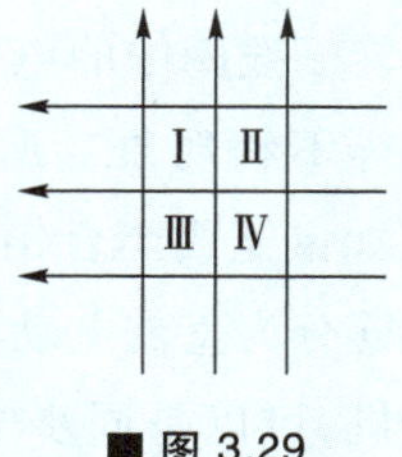

■ 图 3.29

9. 一张气泡室照片显示，某带电粒子（质量为 m、电量为 $q>0$）的运动轨迹是一段半径为 R 的圆弧，运动轨迹所在平面与磁场垂直. 试分析，还需知道什么物理量才能求出粒子速度大小？补充这个物理量后，试写出粒子的速度大小计算式.

10. 一铜条置于匀强磁场 $\boldsymbol{B}$ 中，铜条中电子流的方向如图 3.30 所示. 试分析铜条上 a、b 两点中哪一点电势更高？请说出其物理机制.

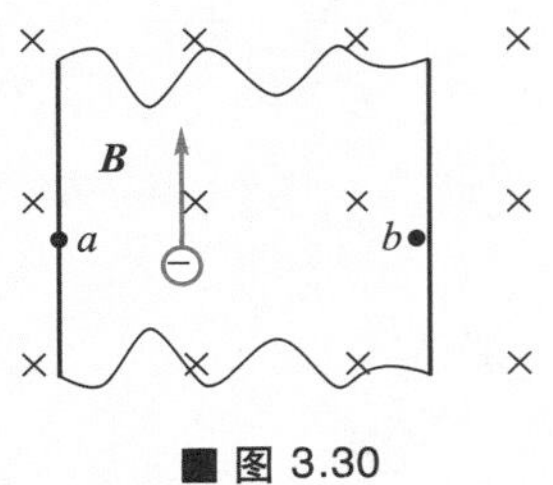

■ 图 3.30

11. 如图 3.31 所示，一测定水平方向匀强磁场的磁感应强度 $\boldsymbol{B}$ 的实验装置. 位于竖直面内且横边水平的矩形线框是一个多匝线圈，它挂在天平的右盘下，其下端横边位于待测磁场中. 当线框没有通电时，将天平调节平衡；通电后，须在天平左盘中加砝码 m 才能使天平重新平衡. 若待测磁场的磁感应强度增大为原来的 3 倍，而通过线圈的电流减为原来的一半，磁场和电流方向保持不变，则要使天平重新平衡，左盘中砝码的质量应为多少？

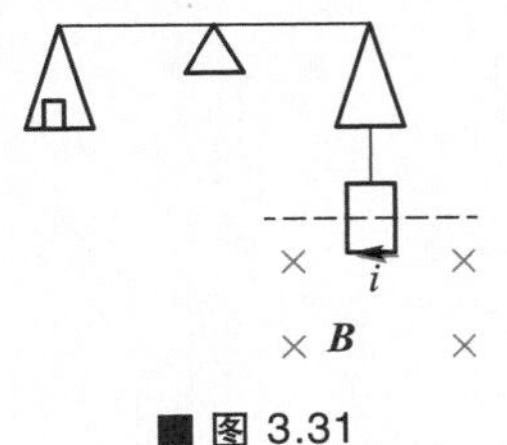

■ 图 3.31

12. 判断下列说法是否正确，并说明理由：若所取围绕长直载流导线的积分路径是闭合的，但不是圆，安培环路定理也成立.

13. 在阴极射线管的上方放置一根载流直导线，导线平行于射线管轴线，电流方向如图 3.32 所示，阴极射线向什么方向偏转？当电流 I 反向后，结果又将如何？

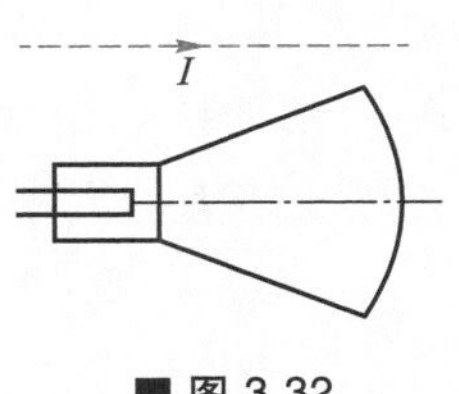

■ 图 3.32

14. 设电流均匀流过无限大载流平面，面上各处电流流向均相同，且垂直于电流方向单位长度流过的电流都相等. 试从对称性出发，判断平面两侧磁感应强度的方向.

15. 如图 3.33 所示，在动脉血管上下两侧分别安装电极并在左右两侧加以磁场，试分析用霍耳效应测量血管中血液流速的原理，并与同学讨论结果.

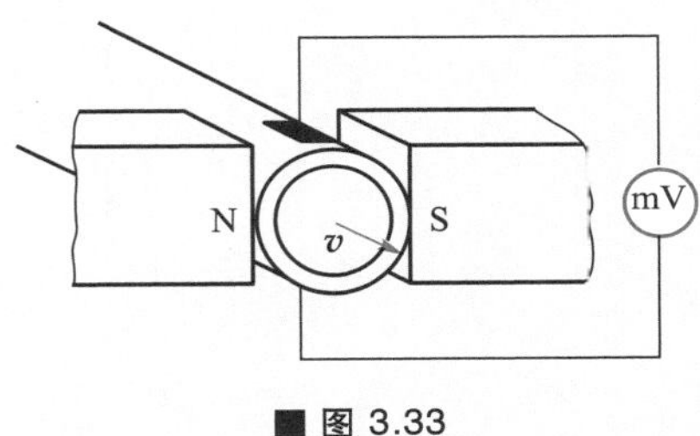

■ 图 3.33

16. 磁场力可以用来输送导电液体（如液态金属、血液等）而不需要机械活动部件. 试结合图 3.34 中输送液态钠的管道装置，分析、讨论其输送原理. 图中 $\boldsymbol{J}$ 的方向表示电流流向.

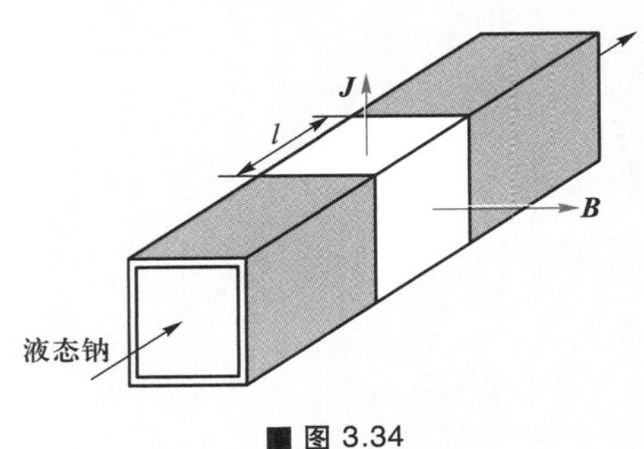

■ 图 3.34

17. 有两个半径之比为 2∶1 的载流圆环，它们各自在其中心处产生的磁感应强度相等，求当两载流圆环平行放在与均匀外磁场垂直方向或平行方向时，它们所受力矩大小之比.

18. 一通有电流I的长直导线在一平面内被弯成如图3.35所示形状，并放置于垂直纸面向里的匀强磁场$\boldsymbol{B}$中，讨论如何求整个导线所受的安培力，并试着求一下安培力的大小和方向.

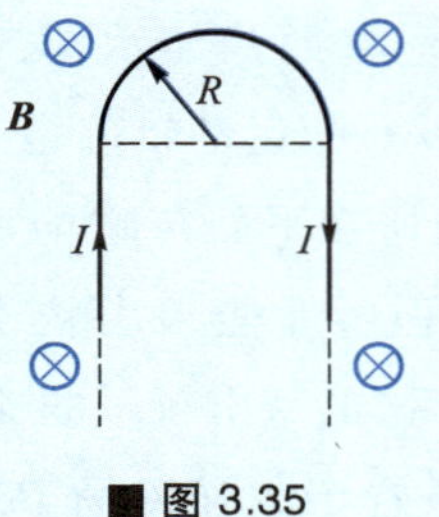

■图3.35

第四章 电磁感应及其应用

【情景引入】

我们知道,当电路中存在电动势才能使电流在其中稳定流动. 对于工业生产和日常生活中使用的绝大多数电气设备来说,电动势主要来源于发电站. 这些发电站可以将水力发电厂中水的重力势能、火力发电厂中燃煤或燃油的化学能、核电站中核燃料的核能、风力发电厂(图 4.1)中的风能等转化为电能. 那么,这些能量转化是如何完成的呢? 它们背后都涉及一种称为**电磁感应**的物理学现象. 这一现象是 1831 年由英国物理学家法拉第首次发现的,该发现为人类从蒸汽时代向电气时代的过渡提供了理论基础和技术支撑.

■ 图 4.1 云南磨豆山风力发电厂

电磁感应的核心原理,亦即本章的基石,是法拉第电磁感应定律(简称电磁感应定律). 本章的主要内容有:电磁感应定律和楞次定律,动生电动势和感生电动势,自感和互感,涡流及其应用.

4.1 电磁感应定律

【情景引入】

摇滚乐因其灵活、奔放的表现形式和富有激情的音乐节奏,在全世界范围内广受人们的喜爱. 电吉他[图 4.2(a)]是摇滚乐队中重要且富有表现力的拨弦乐器,它与我们平时常见的原声吉他有什么区别呢? 原声吉他[图 4.2(b)]是完全通过机械振动发出声音的:琴弦的振动通过琴枕传递到吉他的发音面板上,引起面板的振动,面板与琴身共鸣箱内的空气发生共振而使

(a)电吉他

(b)原声吉他

■ 图 4.2 电吉他与原声吉他的发声原理不同

声音被放大. 原声吉他是木制的,而电吉他的材料可以多种多样,且电吉他的琴身是实心的,往往比原声吉他更薄,如图所示,琴身在产生和放大声音方面的作用性很小. 那么,没有共鸣箱的电吉他是如何发声的呢?

电吉他弦芯含有铁磁材料,用的最多的是纯镍、镀镍钢和不锈钢三种材质. 如图 4.3 所示,琴弦被电吉他拾音器(声频设备中常用的一种采集声音的元件,能够将振动转换成可以通过音箱播放的电信号)上的磁铁所磁化,在振动时,它们在拾音器线圈附近产生的磁场随时间变化,导致线圈中产生微小的电流(电流的变化频率与琴弦的振动频率相同),电流经放大器增强后驱动扬声器发声,实现从电信号到声信号的转化. 这就是电磁感应现象的一个具体实例. 拾音器线圈中产生的电流叫做**感应电流**,其出现表明回路中一定有电动势存在,这个电动势称为**感应电动势**.

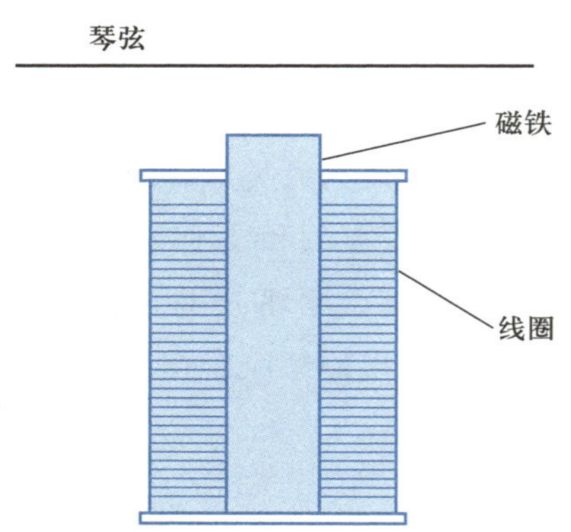

■ 图 4.3　电吉他拾音器

我们知道,奥斯特于 1820 年发现了电流的磁效应. 法拉第在多年科学实验中充分意识到事物之间对立统一的辩证关系,他根据逆向思维,提出:能否利用磁效应产生电流呢? 法拉第经过十年如一日的不懈努力,最终于 1831 年在实验研究中发现了利用磁场产生电流的物理现象——电磁感应现象. 法拉第的发现进一步揭示了电与磁之间的关系,为麦克斯韦后来建立一套完整的电磁学理论奠定了基础,其重要性无论我们如何强调都不为过.

拓展阅读:
奥斯特发现电流磁效应

拓展阅读:
法拉第发现电磁感应定律

从法拉第所做的系列实验中,可以总结出如下结论:**当穿过闭合导体回路的磁通量发生变化时,回路中就会产生感应电动势;感应电动势与通过回路的磁通量对时间的变化率成正比**,即

$$\mathscr{E} = -\frac{\mathrm{d}\Phi}{\mathrm{d}t} \tag{4.1}$$

这是**法拉第电磁感应定律**的一般表达式. 式中,Φ 代表通过以闭合导体回路为边界的任意曲面 S 的磁通量,其单位为 Wb;感应电动势 $\mathscr{E}$ 的单位为 V.

实验研究表明,式(4.1)中感应电动势的方向由如下规律来判断:**闭合导体回路中感应电流所激发的磁场总是试图阻碍引起感应电动势的磁通量的变化**,这一规律叫做**楞次定律**.

【教学活动】

如图 4.4 所示,将一根半米长的空心 PVC 管竖直放置,把一直径略小于 PVC 管内径的圆柱形永磁体从管上端放入管口,永磁体从静止开始下落,然后从管下端落出. 换用一根同样长度的铜管,并重复上述实验. 比较两组实验中永磁体下落速度的快慢.

从上述实验容易发现,永磁体在铜管中下落时比在 PVC 管缓慢得多. 铜管与 PVC 管一样没有磁性,那么,是什么原因使永磁体在铜管中下落得更慢呢?

提示:如图 4.5 所示,在铜管中永磁体下方取一截铜环 C,利用楞次定律判定 C 中感应电流的方向,以及 C 与永磁体相互作用力的方向.

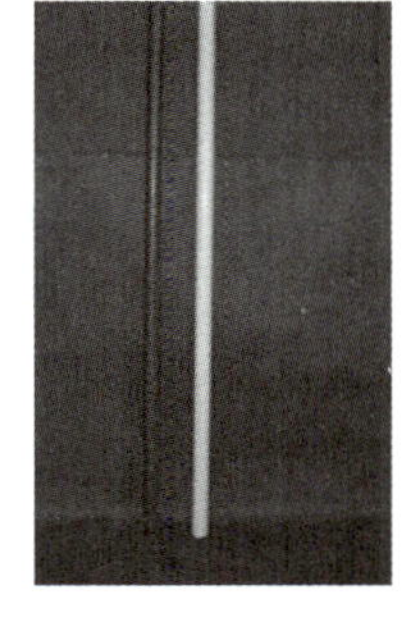

■ 图 4.4 永磁体在铜管和 PVC 管中下落

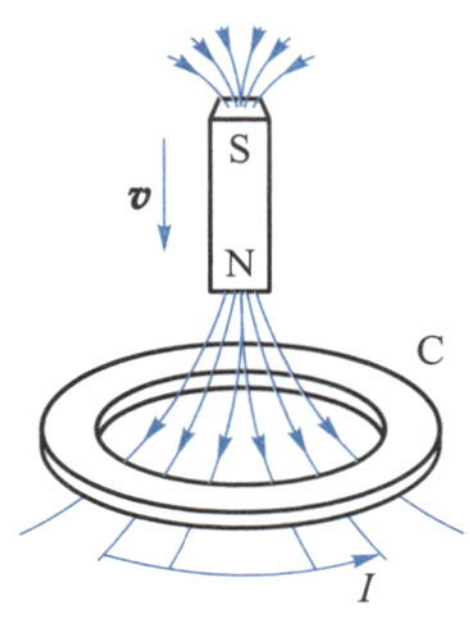

■ 图 4.5 永磁体下方铜管中的感应电流

在上述演示实验中,金属管不动而永磁体运动,根据相对运动原理,如果永磁体不动而金属导体运动,导体中也会有感应电流产生,这有什么应用价值呢? 磁电式电流表是一种常用的电子测量仪表,测量时,外电流通过电流表线圈产生磁力矩,从而带动指针转动. 当指针达到平衡时,电流表通电线圈所受磁力矩与螺旋弹簧中的扭矩相平衡(图 4.6),

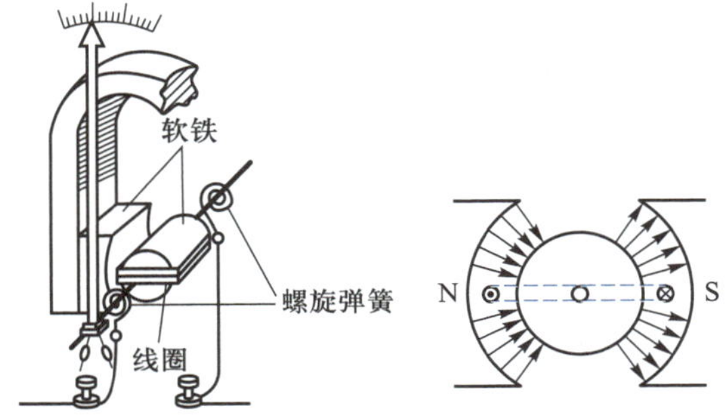

■ 图 4.6 磁电式电流表的工作原理

但由于指针转动轴的摩擦力矩很小，若不采取措施，指针将会在指示值附近来回摆动，不易稳定下来. 拆开一块电流表的外壳，观察其内部结构，分析磁电式电流表指针能够迅速稳定下来的设计原理.

为了使指针摆动快速稳定下来，从而便于快速读出示数，磁电式电流表将线圈绕在闭合的铝框上，当线圈和指针转动时，铝框相对磁场运动，框内产生感应电流，根据楞次定律，感应电流产生的磁场总是试图抵消通过铝框的磁场的变化，因此铝框的摆动会因受到阻力而迅速停止，这就是所谓的**电磁阻尼**.

【拓展探究】

2006 年 4 月 27 日，上海磁悬浮列车（图 4.7）首条线路正式开通运营，线路全长 30 公里，单程运行时间约 8 分钟. 由于采用多种混合制动系统，上海磁悬浮列车的安全可靠性很高. 试通过查阅资料，了解上海磁悬浮列车采用了哪些制动系统，哪些用到了电磁阻尼原理.

■ 图 4.7 上海磁悬浮列车

利用式（4.1）计算感应电动势时，可以先规定回路的绕行正方向，这一方向与曲面 S 上面元 $\mathrm{d}\boldsymbol{S}$ 的法线方向满足右手螺旋关系，由此得出通过 S 的磁通量 $\Phi = \int_S \boldsymbol{B}\cdot\mathrm{d}\boldsymbol{S}$，最后由式（4.1）确定感应电动势：若 $\mathscr{E}>0$，则感应电动势与规定的正方向相同；若 $\mathscr{E}<0$，则感应电动势与规定的正方向相反.

【学习疑惑】

从电吉他的例子我们了解到，变化的磁场可以在线圈中激发感应电动势，还有其他产生感应电动势的方法吗？

以图 4.8 所示的匀强磁场中的平面单匝线圈为例，线圈所围平面的面积为 S，平面法线方向与磁感应强度 $\boldsymbol{B}$ 的夹角为 θ，则通过平面线圈的磁通量为

$$\Phi = \int \boldsymbol{B}\cdot\mathrm{d}\boldsymbol{S} = BS\cos\theta$$

由式（4.1）可知，线圈中的感应电动势为

$$\mathscr{E} = -\frac{\mathrm{d}\Phi}{\mathrm{d}t} = -\frac{\mathrm{d}(BS\cos\theta)}{\mathrm{d}t}$$

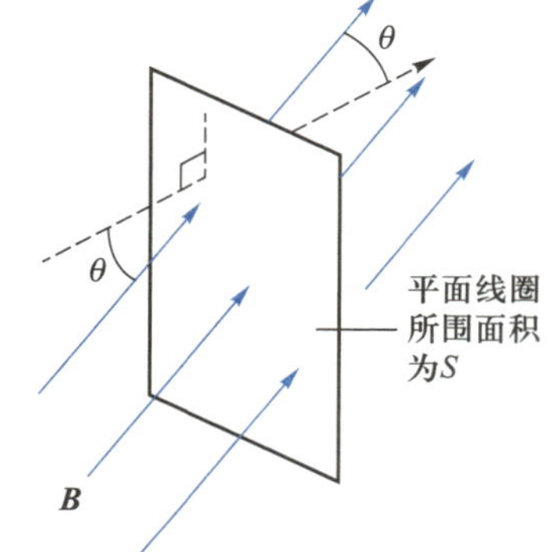

■ 图 4.8 匀强磁场中的平面线圈

可见，磁场、面积和取向，即 B、S 和 θ 三个量中的任何一个随

时间变化，都能在线圈中产生感应电动势. 通常把由于磁场变化而产生的感应电动势称为**感生电动势**；而把由于回路所围面积的变化(参见例 4.1)或者回路空间取向的变化(参见例 4.2)而引起的感应电动势称为**动生电动势**；一般情况下，回路中既有感生电动势，又有动生电动势. 我们将在下一节中详细介绍动生电动势和感生电动势.

例 4.1 在第三章我们了解到，通过恒定磁场中载流导线所受的安培力做功，能够使导体中的电能转化成机械能. 那么，机械能能否反过来转化成电能呢？ 我们来看下面这个例子. 一个 U 形光滑金属导轨水平放置，其上放有长度为 l 的导体棒 CD，两者构成一个矩形导体回路，回路所在平面与匀强磁场 $\boldsymbol{B}$ 垂直，如图 4.9 所示. 若 CD 在外力作用下以恒定速度 $\boldsymbol{v}$ 向右运动，求回路中的感应电动势.

解 由图 4.9 可知，导体回路所围平面区域的面积为 $S=lx$. 设回路绕行的正方向为顺时针方向，则根据右手螺旋定则，以回路为边界的平面区域 S 的法线方向与磁场 $\boldsymbol{B}$ 同向，则通过 S 的磁通量为

$$\Phi = \int_S \boldsymbol{B} \cdot \mathrm{d}\boldsymbol{S} = BS = Blx$$

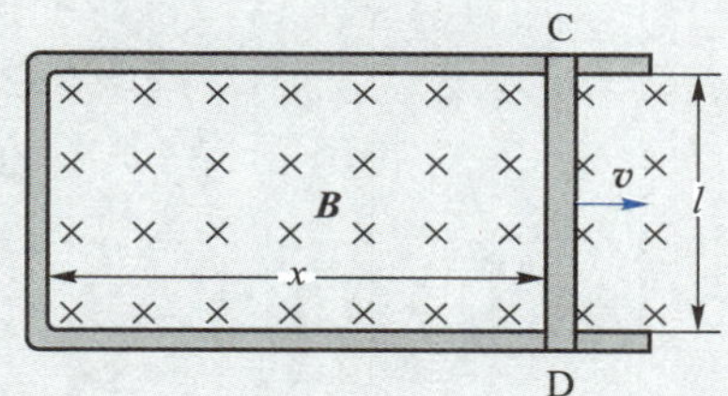

■ 图 4.9 磁场中金属棒的运动引起感应电动势

注意到，x 为导体棒 CD 到导体回路上与之平行的另一边的距离，它对时间的变化率等于导体棒 CD 的运动速率 v，即 $\mathrm{d}x/\mathrm{d}t=v$，则回路中的感应电动势可由式(4.1)求得，为

$$\mathscr{E} = -\frac{\mathrm{d}\Phi}{\mathrm{d}t} = -Bl\frac{\mathrm{d}x}{\mathrm{d}t} = -Blv<0$$

由此可得，感应电动势的大小为 Blv，而 $\mathscr{E}<0$ 说明该电动势与规定的绕行正方向相反，沿逆时针方向.

设回路中的总电阻为 R，则产生的感应电流为 $I=Blv/R$. 如果去掉题设中的外力作用，导体棒 CD 的机械动能被转化成电能，感应电流流经回路中电阻时，电能又转化成热能，最后导体棒的速度以及回路中的感应电流都越来越小，逐渐趋于零. 从这个例子我们可以看出，能量遵循能量守恒定律：它既不会凭空产生，也不会凭空消失，只能从一种形式转化为另一种形式，或者从一个物体转移到另一个物体，在转化或转移的过程中，总量始终保持不变. 如果要持续发生这样的能量转化. 就必须要有持续对棒的机械做功，以保证棒以不变的速度运动.

【内容递进】

如果回路由 N 匝密绕线圈组成，且穿过每匝线圈的磁通量都等于 Φ，则在每匝线圈中的感应电动势也都相等，均由式(4.1)给出. 若各匝线圈是串联的，则它们的电动势之和就等于线圈中的总感应电动势，即

$$\mathscr{E} = -N\frac{\mathrm{d}\Phi}{\mathrm{d}t} \tag{4.2}$$

本节【情景引入】中提到的电吉他，当被磁化的琴弦振动时，它在空间各处产生的磁场随时间变化，磁场与琴弦的振动状态在变化规律上一致，这导致通过拾音器线圈的磁通量随时间的变化亦如此，根据电磁感应定律，线圈中产生了感应电动势和感应电流，可见电吉他的发声原理是基于电磁感应现象的.

例 4.2　**交流发电机**是利用电磁感应现象将机械能转化为电能的. 如图 4.10 所示，N 匝线圈可以绕固定转子轴，在磁极 N 和 S 所激发的、近似匀强的磁场 $\boldsymbol{B}$ 中以角速度 ω 匀速旋转. 线圈的两端分别接在两个与线圈一起转动的金属滑环上，滑环通过石墨电刷与外电路接通. 若线圈的面积为 S，且在 $t=0$ 时线圈的法线方向与磁感应强度 $\boldsymbol{B}$ 的方向相同，求线圈中的感应电动势.

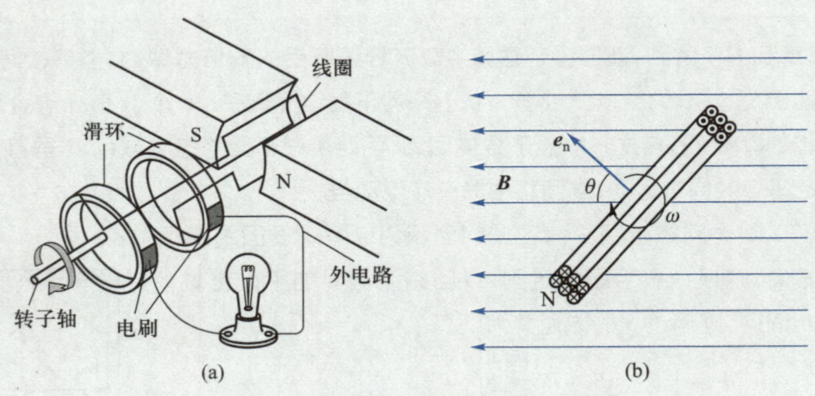

■ 图 4.10　交流发电机的基本原理

解　由题意可知，在 t 时刻，线圈的法向单位矢量 $\boldsymbol{e}_n$ 与磁感应强度 $\boldsymbol{B}$ 的夹角为 $\theta=\omega t$，则通过单匝线圈的磁通量为

$$\Phi=\int_S \boldsymbol{B}\cdot \mathrm{d}\boldsymbol{S}=BS\cos\theta=BS\cos\omega t$$

由式(4.2)可得，线圈中的感应电动势为

$$\mathscr{E}=-N\frac{\mathrm{d}\Phi}{\mathrm{d}t}=NBS\omega\sin\omega t=\mathscr{E}_m\sin\omega t$$

式中 $\mathscr{E}_m=NBS\omega$ 是感应电动势的最大值，它与磁场的磁感应强度、线圈的匝数和面积、转动的角速度成正比. 从上述计算可以看出，这种感应电动势是时间的正弦函数，因此称为**简谐交变电动势**.

【问题讨论】

上述交流发电机有一个缺点，在这个模型中，电刷是为了配合滑环实现电流换向的，是必须要有的装备，但电刷时常会因摩擦而产生电火花，导致其导电表层容易在空气中氧化. 能否不使用电刷而产生相同的发电效果呢？

特斯拉从相对运动思想出发，想到一个好办法：使线圈固定不动，而让磁场旋转，同样可以产生感应电流. 现在的巨型发电机组的线圈通常就是不动的（称为**定子**），发电时不需滑环连接也可输出电流，而转子中装有铁芯和励磁绕组，当转子转动时，磁场也随之旋转，通过定子线圈的磁通量也随时间发生变化，从而产生感应电动势.

【科技中国】

全世界最大的水力发电站和清洁能源生产基地——三峡水电站（图 4.11）的发电机组就是采用这种方式发电的. 三峡大坝坝顶高程为 185 m，正常蓄水位 175 m，水库长 2 335 m，装有 32 台单机容量为 7×10^5 kW 的混流式水轮发电机组(其中地下电站安装有 6 台),外加 2 台 5×10^4 kW 水轮发电机组,总装机容量 2.25×10^7 kW,年发电量达 10^{11} kW·h,2012 年 7 月 10 日首台机组投产.

■ 图 4.11 三峡大坝

【教学活动】

漏电保护器(又叫漏电保护开关)是一种串接在低压电路中的电气安全装置,当发生漏电或触电且泄漏电流达到限定的电流值时,保护器立即在限定时间内断开线路,实现漏电保护. 拆开漏电保护器的外壳,观察保护模块内部结构,分析漏电保护器的工作原理.

如图 4.12 所示,一根火线 L 和一根零线 N 穿过零序电流互感器(一种线路故障电流监测器)的铁芯. 当没有发生漏电或触电时,火线电流和零线电流大小相等、流向相反(零序电流为零),此时零序电流互感器铁芯中的磁通量为零,绕在铁芯上的次级线圈中没有感应电流,开关 S 处于通电状态,系统正常供电. 当线路发生漏电或有人触电时,由于漏电流的存在,火线电流大于零线电流(零序电流不为零),此时零序电流互感器铁芯中的磁通量发生变化,绕在铁芯上的次级线圈中有感应电流产生,若感应电流达到额定值,漏电检测与控制装置(比如继电器)被触发,开关 S 断开,实现漏电保护.

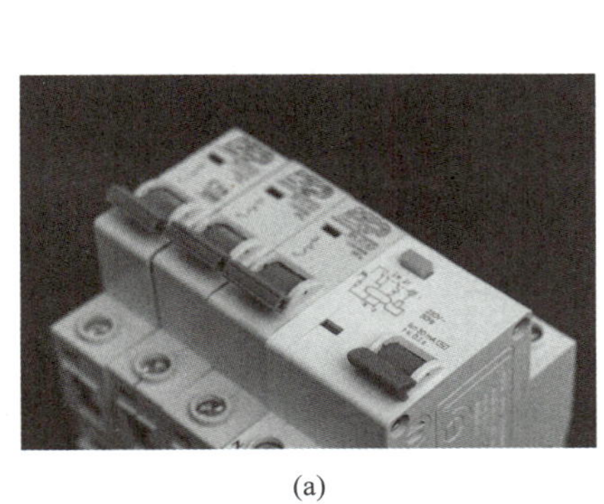

(a)

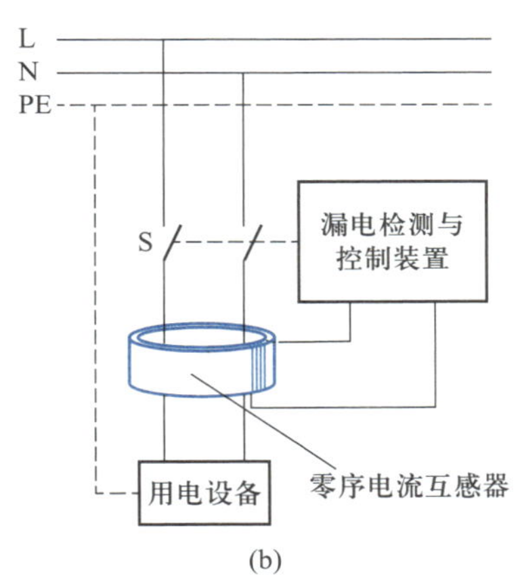

(b)

■ 图 4.12 漏电保护器

【互动交流】

(1) 分别用同样规格、同样长度的铜漆包线和铝漆包线制成形状和大小一模一样的两个线圈,分别放入同一磁场的同一位置. 若磁场的磁感应强度随时间线性增加,则在两个线圈中产生的感应电动势相同吗?

通过不同材料制成的两线圈的磁通量相同,相同的规律随时间变化,由式(4.1)可知,两线圈中产生的感应电动势也必然相同. 这说明,感应电动势的大小与线圈的材料无关,只与线圈的形状、大小以及外磁场有关.

(2) 2018 年 2 月 2 日,电磁监测试验卫星“张衡一号”(图 4.13)在酒泉卫星发射中心由长

(a)

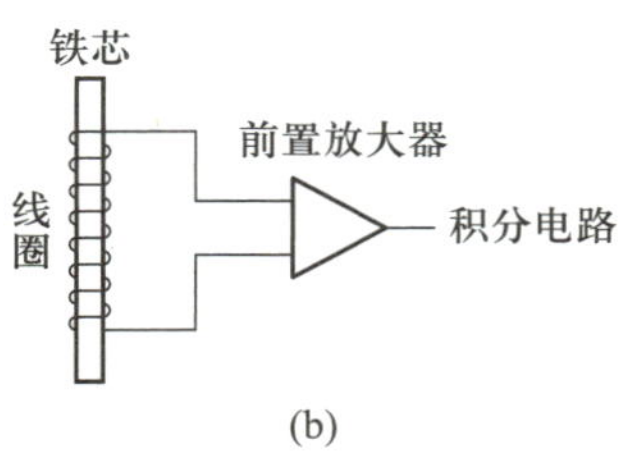

(b)

■ 图 4.13　"张衡一号"感应式磁力仪

征二号丁运载火箭发射升空，顺利进入预定轨道，使我国成为世界上少数几个拥有在轨运行高精度地球物理场探测卫星的国家中的一员. 感应式磁力仪是"张衡一号"的主要科学载荷之一，主要用于探测地震形成过程中产生并向空间传播的电磁波(变化的电磁场). 磁力仪探头上的坡莫合金(铁芯)上绕有 12 000 匝线圈，当有变化的磁场通过时，线圈中产生感应电动势，经前置放大器放大后，再利用积分电路将感应电动势对时间积分，然后输出相关信号. 那么，感应式磁力仪测量磁场的原理是什么呢？

由式(4.1)可得，在 $\mathrm{d}t$ 时间内，通过磁力仪探头线圈的磁通量的变化量为

$$\mathrm{d}\Phi = -\mathscr{E}(t)\,\mathrm{d}t$$

将上式积分，整理后得到

$$\int_0^t \mathscr{E}(t')\,\mathrm{d}t' = \Phi(t=0) - \Phi(t)$$

由于通过磁力仪探头线圈的磁通量正比于探头附近的磁感应强度，因此上式说明，从磁力仪积分电路输出的信号与待测磁场成线性关系. 这就是感应式磁力仪测量磁场的基本原理.

"张衡一号"卫星上的感应式磁力仪是通过 3 副两两相互垂直(三维六向)的探头来测量空间中变化的磁感应强度 $\boldsymbol{B}$.

4.2　动生电动势　感生电动势

【情景引入】

根据上文中对动生电动势和感生电动势的定义，例 4.1、例 4.2 和磁电式电流表中线圈(或闭合导体回路)内产生的是动生电动势，而电吉他拾音器线圈和演示实验中铜管内产生的是感生电动势. 那么，动生电动势和感生电动势具体如何计算呢？它们在工业生产和生活中有哪些具体的应用呢？本节以及下面几节将围绕这些内容展开.

4.2.1　动生电动势

在例 4.1 中，矩形导体回路所在的磁场不随时间变化，如果导体棒 CD 静止不动，回路中就没有感应电动势，可见，导体棒在垂直于磁场的平面内相对于磁场的运动，是动生电动势产生的原因，也就是说与运动部分有关，回路中不运动的部分不产生动生电动势. 因此，若将 U 形金属导轨去掉，运动的导体棒中的动生电动势应该前后不变. 由例 4.1 的结论可知，在垂直于匀强磁场 $\boldsymbol{B}$ 的平面内，长为 l 的导体棒 CD 在垂直

于棒长的方向以速度 $\boldsymbol{v}$ 运动，如图 4.14 所示，导体棒中的动生电动势的大小为

$$\mathscr{E}=Blv \tag{4.3}$$

式(4.3)是本节中动生电动势的基本计算式.

【问题讨论】

(1) 导体棒 CD 中的动生电动势是如何产生的？如何判断棒中哪一端电势高呢？

在导体棒相对于磁场 $\boldsymbol{B}$ 运动的方向上，棒中自由电子与棒的速度相同，均为 $\boldsymbol{v}$，电子受到的洛伦兹力 $(-e)\boldsymbol{v}\times\boldsymbol{B}$ 由 C 指向 D，导致自由电子向 D 端运动并在该端积聚而使其带负电，同时 C 端带正电(图 4.14)，由此建立起的电场在棒内由 C 指向 D，因而 C 端电势比 D 端电势高，在导体棒中产生动生电动势，而且矢量 $\boldsymbol{v}\times\boldsymbol{B}$ 所指的为高电势端，也就是说，电动势由低电势指向高电势方向.

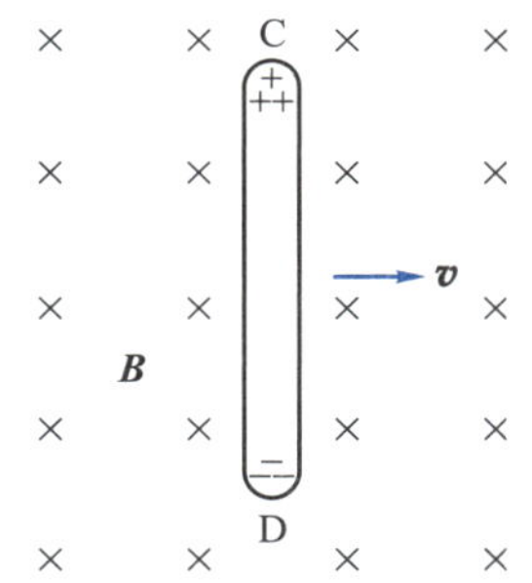

图 4.14 在磁场中作平动的导体棒上的动生电动势

(2) 在垂直于匀强磁场 $\boldsymbol{B}$ 的平面内，导体棒 CD 除了平动外，还可以转动，此时棒中的动生电动势如何计算？

转动时的电动势按理应该用动生电动势的基本公式(4.3)计算，但因棒旋转时各点速度大小不等，实际计算要用到微积分，比较复杂，我们先换个思路来求解. 如图 4.15 所示，长为 l 的导体棒 CD 在垂直于匀强磁场 $\boldsymbol{B}$ 的平面内，以角速度 ω 绕 C 端逆时针匀速旋转，若在平面内加入一根长为 l 的导体棒 AC 和一段以 C 为圆心、半径为 l 的金属圆弧轨道 AD，由于 AC 和 AD 静止不动，这两部分不产生动生电动势，因此导体棒 CD 上的动生电动势就等于扇形导体回路 ACD 中的感应电动势 $\mathscr{E}_{\mathrm{ACD}}$，而 $\mathscr{E}_{\mathrm{ACD}}$ 可由法拉第电磁感应定律直接求出. 由图 4.15 可知，扇形区域的面积为 $S=\theta l^2/2$，设 ACD 回路绕行正方向为顺时针方向，则根据右手螺旋定则，扇形区域的法向方向与磁感应强度 $\boldsymbol{B}$ 同向，因此通过 ACD 回路的磁通量为 $\Phi=BS=Bl^2\theta/2$，回路中的感应电动势为

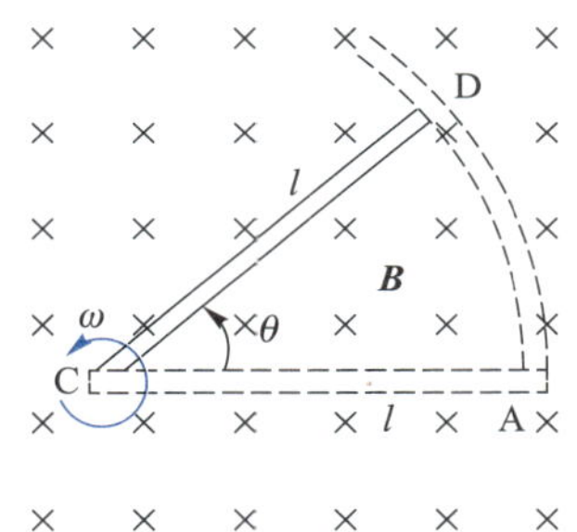

图 4.15 磁场中转动的导体上的动生电动势

$$\mathscr{E}_{\mathrm{ACD}}=-\frac{\mathrm{d}\Phi}{\mathrm{d}t}=-\frac{1}{2}Bl^2\frac{\mathrm{d}\theta}{\mathrm{d}t}=-\frac{1}{2}B\omega l^2$$

式中负号说明，电动势的方向沿逆时针方向，所以，以角速度 ω 旋转的导体棒产生的动生电动势的大小为

$$\mathscr{E}=\frac{1}{2}B\omega l^2 \tag{4.4}$$

方向由 D 指向 C. 这与动生电动势法判断的方向一致. 请同学们自行讨论.

(3) 学会打破思维定势、从不同的视角审视分析同一问题，有助于培养思维的广阔性、探索性、灵活性、深刻性和创新性，对培养分析问题、解决问题的能力尤为重要. 图 4.14 和图 4.15 中的导体棒，一个相对于磁场

做平动，棒上各点速度都一样；另一个相对于磁场转动，棒上各点速度都不一样. 两者动生电动势产生的机制是一样的. 如何用式(4.3)来求解旋转导体棒中的动生电动势？

图 4.15 中导体棒可以看作许多长度为 $l=\mathrm{d}x$ 的棒元的集合，每个棒元是如此之小，可以认为其上各点速度相同，也就是说，在任意瞬间每个棒元都可看作在做平动. 距离 C 端为 x 处棒元的速率为

$$v=\omega x$$

由式(4.3)可知，该棒元上动生电动势的大小为

$$\mathrm{d}\mathscr{E}=Bv\mathrm{d}x=B\omega x\mathrm{d}x$$

方向由 D 指向 C. 每一个棒元都可以看作是一个小电源，它们彼此同向串联，所以导体棒上的总电动势等于所有这些棒元的电动势之和，即

$$\mathscr{E}=\int\mathrm{d}\mathscr{E}=\int_0^L B\omega x\mathrm{d}x=\frac{1}{2}B\omega L^2$$

电动势的方向由 D 指向 C. 这一结果与式(4.4)完全一致！

4.2.2　感生电动势

【情景引入】

粒子加速器是一种利用电磁场加速带电粒子的仪器设备. 大型粒子加速器主要应用于粒子物理学基础研究，也能作为同步辐射光源应用于凝聚态领域. 小型粒子加速器也被广泛应用于粒子束肿瘤诊疗、医疗诊断的放射性同位素的产生、半导体工业的离子注入机等. 图 4.16 所示是一种用来加速电子的装置，叫做**电子感应加速器**. 两个电磁铁受交变电流激发，在它们之间产生一个由中心向外强度逐渐减弱且轴对称分布的交变磁场. 在两个电磁铁之间有一环形真空管，若用电子枪把电子沿切线方向射入真空管，电子在磁场的作用下（洛伦兹力）沿圆形轨道运动并被一个电场加速. 一个 100 MeV 的大型电子感应加速器可将电子加速到真空中光速的 0.999 986 倍.

【问题讨论】

(1) 电子感应加速器中，使电子加速的电场会不会是静电场？

由第二章内容可知，静电力做功与路径无关，即电荷在静电场中沿任意闭合路径运动一周，电场力做功都为零. 而感应加速器中的电子是被一圈圈加速的.因此，感应加速器中的加速电场不可能是静电场，我们将之称为**感生电场**，其场强用符号 $\boldsymbol{E}_{\mathrm{i}}$ 表示.

(2) 感生电场源自什么？

假想在图 4.16 中电子束所在处放一个半径为 R 的金属圆环，由于两电磁铁之间存在着轴对称的交变磁场 $\boldsymbol{B}$，通过圆环的磁通量 Φ 随时间变化，因而在圆环内会产生感应电动势$\mathscr{E}$，

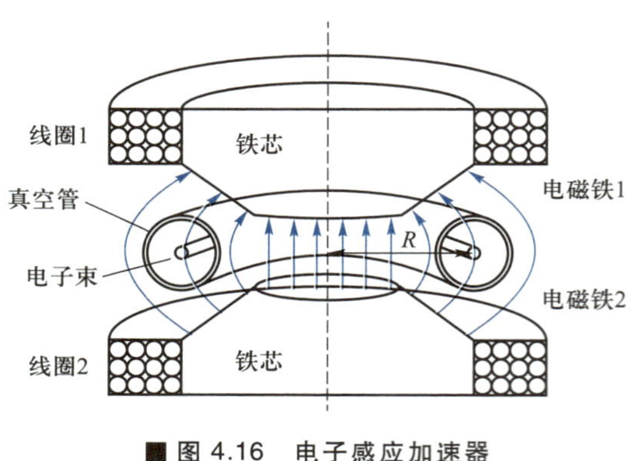

■ 图 4.16　电子感应加速器

根据法拉第电磁感应定律,有

$$\mathscr{E}=-\frac{\mathrm{d}\Phi}{\mathrm{d}t}$$

这一电动势源于变化的磁场,属于感生电动势. 伴随着感生电动势出现的是圆环中的感应电流,这一电流是于圆环中自由电子在感生电场 $\boldsymbol{E}_{\mathrm{i}}$ 的电场力作用下作定向移动形成的. 由此可知,感生电场的产生与变化的磁场有关. 根据电源电动势的定义,单位正电荷在 $\boldsymbol{E}_{\mathrm{i}}$ 的作用下绕圆环运动一周的过程中电场力所做的功等于圆环中的感生电动势,与上式联立可得

$$\oint_L \boldsymbol{E}_{\mathrm{i}}\cdot \mathrm{d}\boldsymbol{l}=\mathscr{E}=-\frac{\mathrm{d}\Phi}{\mathrm{d}t}=-\frac{\mathrm{d}}{\mathrm{d}t}\int_S \boldsymbol{B}\cdot \mathrm{d}\boldsymbol{S}=-\int_S \frac{\mathrm{d}\boldsymbol{B}}{\mathrm{d}t}\cdot \mathrm{d}\boldsymbol{S} \tag{4.5}$$

式(4.5)充分显示出感生电场源于变化磁场.

虽然上述逻辑推理过程用到了导体回路,但麦克斯韦指出:变化磁场所激发的感生电场不仅存在于导体中,而且在空间任意一点都有分布;式(4.5)不仅适用于导体回路,而且适用于任意闭合路径.

(3) 静电场是有源、无旋场,其电场线从正电荷发出,终止于负电荷或无穷远处,或从无穷远处发出,终止于负电荷,是不闭合的. 那么,感生电场的电场线是否是闭合的呢?

从电子感应加速器这一例子我们看到,电子在两电磁铁之间绕对称轴作圆周运动. 感生电场 $\boldsymbol{E}_{\mathrm{i}}$ 对电子做正功使之加速. 可见,电子感应加速器中感生电场的电场线是一系列与交变磁场具有相同对称轴的圆. 可以证明,更一般的情况,感生电场的电场线也都是闭合的.

螺线管外形体积小,通电时产生的磁场具有均匀性好等特性,在电工、电子、电力、医学等领域有广泛应用,其主要用途包括:产生标准磁场,为霍耳探头和各种磁强计定标等. 从上一章的学习我们知道,无限长载流螺线管在管内产生的是方向沿轴线的匀强磁场,为了研究螺线管中通以交变电流时产生的感生电场,我们将这一问题抽象简化,得到如下例题.

例 4.3 如图 4.17(a)所示,在半径为 R 的无限长圆柱形空间内充满着沿轴向的匀强磁场 $\boldsymbol{B}$,磁场的方向保持不变,垂直于纸面向里,磁场的大小随时间的变化率 $\mathrm{d}B/\mathrm{d}t>0$,求感生电场在空间的分布.

解 由系统的对称性可知,感生电场的电场线是以圆柱形空间的轴线为对称轴的圆. 假想在某条电场线所在位置放有一圆线圈,则利用楞次定律很容易判断出,线圈中感应电流的方向沿逆时针方向,感生电场 $\boldsymbol{E}_{\mathrm{i}}$ 与感应电流同向.

选取半径为 r 的电场线 L 作为式(4.5)中的积分路径,取逆时针方向为线积分方向,由右手螺旋定则可知,L 所围圆面 S 的法线方向与 $\boldsymbol{B}$ 反向,因此通过该圆面的磁通量为 $\Phi=\int_S \boldsymbol{B}\cdot \mathrm{d}\boldsymbol{S}=-\int_S B\mathrm{d}S$. 由于在 L 上感生电场 $\boldsymbol{E}_{\mathrm{i}}$ 大小处处相等,且其处处与线积分方向相同,则有

$$\oint_L \boldsymbol{E}_{\mathrm{i}}\cdot \mathrm{d}\boldsymbol{l}=\oint_L E_{\mathrm{i}}\mathrm{d}l=2\pi r E_{\mathrm{i}}$$

当 $r>R$ 时,通过回路 L 所围面积的磁通量为 $\Phi=-\pi R^2 B$,因此有

$$-\frac{\mathrm{d}\Phi}{\mathrm{d}t}=\pi R^2\frac{\mathrm{d}B}{\mathrm{d}t}$$

由式(4.5)可得

$$2\pi rE_{\mathrm{i}}=\pi R^{2}\frac{\mathrm{d}B}{\mathrm{d}t}$$

因此有

$$E_{\mathrm{i}}=\frac{R^{2}}{2r}\frac{\mathrm{d}B}{\mathrm{d}t}\quad(r>R)\tag{4.6}$$

同理，当 $r\leqslant R$ 时，利用式(4.5)可得

$$2\pi rE_{\mathrm{i}}=\pi r^{2}\frac{\mathrm{d}B}{\mathrm{d}t}$$

所以

$$E_{\mathrm{i}}=\frac{r}{2}\frac{\mathrm{d}B}{\mathrm{d}t}\quad(r\leqslant R)\tag{4.7}$$

感生电场在空间的分布如图 4.17(b)所示.

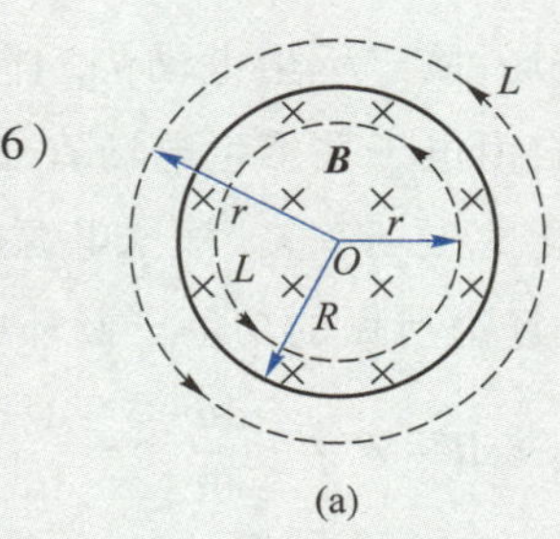

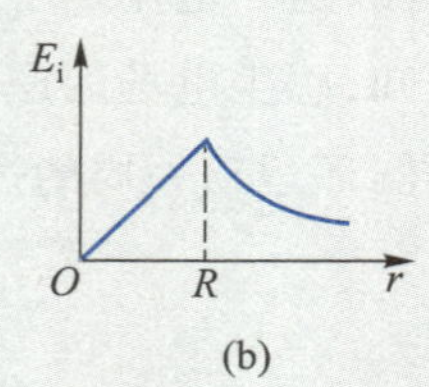

■ 图 4.17 圆柱形轴向匀强磁场变化时所产生的感生电场

【拓展探究】

存储器是计算机系统中的记忆设备，用来存放程序和数据. 磁表面存储器是用磁性材料做成的存储器，包括磁鼓、磁带、磁盘和磁卡片等，其中信息的存取主要是由磁层和磁头完成的. 磁层是存放信息的介质，由氧化铁、镍钴合金等材料制成. 磁头是实现“电—磁”和“磁—电”转换的元件，它是由坡莫合金等软磁材料制成的铁芯，在铁芯上开有缝隙并绕有线圈. 那么，磁表面存储器是如何实现信息的存取呢？

一般情况下，磁头是固定的，当磁层作高速旋转或匀速直线运动时，磁头的缝隙对准磁层进行信息存取. 当磁头写入线圈中通以写入电流脉冲时，在磁头缝隙处生成的磁场穿过磁层中的一微小区域，通过控制写入电流流向使之沿一定方向磁化，写入电流脉冲消失后，磁层仍保持该方向的剩磁，这就是信息写入的过程. 磁盘上的数据就是磁层中一些磁极方向不同的微小局部区域. 在信息读出时，当磁层中某一记录单元运动到磁头缝隙下方时，该处附近磁场的变化激发出感生电场，在读线圈的两端产生感生电动势. 由于各个微小局部区域的磁极方向不完全相同，所以磁头在通过这些区域时会产生不同方向的感应电流，经放大电路整形和放大后成为读出信号，这是一个将磁信号通过电磁感应现象转化为电信号的过程. 电脑硬盘(图 4.18)的读写基于相同的原理.

■ 图 4.18 电脑硬盘的读写

【互动交流】

活塞式螺旋桨飞机(图 4.19)是以活塞式航空发动机作为动力装置、通过螺旋桨产生推进力的飞机. 为了增加冗余(人为增加的重负部分以增强安全性)，飞机的点火系统没有与电池绑定，以保证在飞行中电池或交流发电机电源关闭的情况下，发动机仍能继续工作. 那么，火

花塞是如何获得高电压从而产生电火花以点燃燃料-空气混合物的呢？试用图 4.19 所给的基本原理图来分析磁电式点火系统给火花塞供电的原理．请阅读相关文献，交流讨论．

(a)

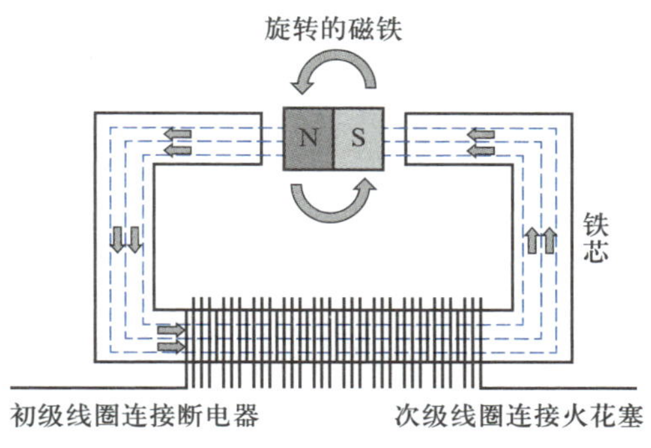

(b)

■ 图 4.19 活塞式螺旋桨飞机及其磁电式点火系统

4.3 自感 互感

4.3.1 自感

【情景引入】

作为道路交通的显著标识，交通信号灯时刻影响着人们出行的效率和安全．目前，信号灯大多采用传统红绿灯，交通系统是按照事先设定的配时方案而不是根据实时车流状态，对红绿灯进行控制的．交通信号“绿波带”（图 4.20）的出现，是现代交通迈向智能化的第一步．

“绿波带”使用的是智能信号灯系统，该系统通过埋在地下的载流线圈来测量并记录车流量，计算机自动调整红绿灯间隔时间，合理分配信号周期，优先安排车流量大的路口车辆通行．当遇到连续车流量时，它可以实现多个路口连续绿灯，让车辆一路畅行．那么，地下的载流线圈是如何测量车流量的呢？这其中涉及的主要是自感现象．

■ 图 4.20 交通信号“绿波带”

1. 自感 自感电动势

一个继电器开关在吸合、释放过程中，自身线圈中流过的电流会发生变化，这时会产生什么现象呢？如图 4.21(a) 所示，一个闭合载流回路在其周围空间产生磁场，导致有磁通量通过线圈自身．回路中电流激发的磁感应强度 $\boldsymbol{B}$ 与回路中电流 I 成正比，因而，通过回路的磁通量 Φ 也正比于回路中电流 I，即

$$\Phi = LI \tag{4.8}$$

式中的比例系数 L 称回路的**自感系数**（简称**自感**），它的数值与回路中通有的电流无关，只由回路的大小、几何形状以及磁介质的情况决定．

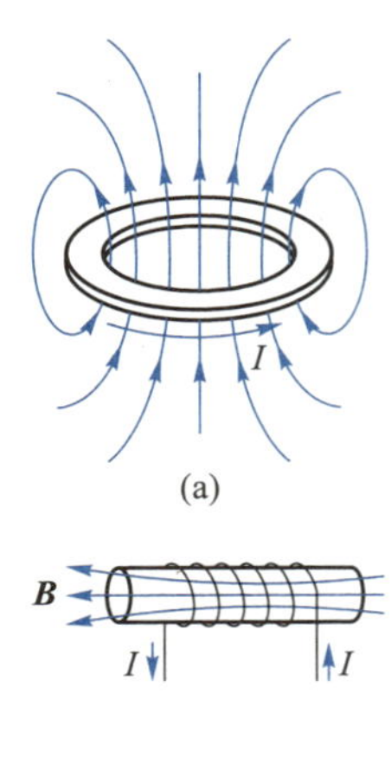

■ 图 4.21　自感现象

当回路中电流 I 变化时,磁通量 Φ 也随之发生变化,根据法拉第电磁感应定律可知,任何承载变化电流的电路都会因为通过其自身的磁场的变化而产生感生电动势,这就是**自感现象**,产生的电动势称为**自感电动势**.回路中的自感电动势的表达式为

$$\mathscr{E}=-\frac{\mathrm{d}\Phi}{\mathrm{d}t}=-L\frac{\mathrm{d}I}{\mathrm{d}t} \tag{4.9}$$

根据楞次定律,自感电动势总是反抗引起自感电动势的电流变化的,因此表现出的是回路中电流的变化更难发生——电流的增、减都会变缓.在国际单位制中,自感的单位是亨利,符号为 H.由式(4.9)可知

$$1\ \mathrm{H}=1\ \mathrm{V}\cdot\mathrm{A}^{-1}\cdot\mathrm{s}=1\ \Omega\cdot\mathrm{s}$$

【内容递进】

如图 4.21(b)所示,如果回路是由 N 匝密绕线圈组成的,且穿过每匝线圈的磁通量都等于 Φ',则整个线圈($\Phi=N\Phi'$)中的自感电动势由式(4.9)给出.由于通过每匝线圈的磁通量 Φ'正比于线圈中电流 I,则线圈中的自感电动势可写成

$$\mathscr{E}=-N\frac{\mathrm{d}\Phi'}{\mathrm{d}t}=-L\frac{\mathrm{d}I}{\mathrm{d}t} \tag{4.10}$$

式中 L 代表线圈的自感,考虑到式(4.8),自感的计算公式为

$$L=\frac{N\Phi'}{I} \tag{4.11}$$

L 的数值与线圈中通有的电流无关,而只由线圈的匝数、大小、几何形状以及周围磁介质的分布情况所决定.

在本节【情景引入】中提到,埋在地下的载流线圈能够感知车流量,这是因为汽车上大量使用了钢——一种铁磁材料,当汽车经过时,钢被线圈所产生的磁场磁化,它激发的磁场反过来使通过线圈的磁通量发生变化,从而引起回路中的电信号变化,被检测器检测到,实现对车辆的感知.当车流量达到预设的阈值时,交通信号“绿灯带”开启.

上述多次提到自感 $\boldsymbol{L}$ 与线圈是否通电无关,只与自身结构和磁介质有关,下面我们用一个相对理想的线圈例子来验证这个说法.

例 4.4　设有一单层密绕螺线管,其总匝数为 N,截面积为 S,长度为 $l(l\gg\sqrt{S})$,且管内部充满相对磁导率为 μ_r 的均匀磁介质,求该螺线管的自感.

解　由题意,螺线管可看作是无限长的,当通以电流 I 时,管内的磁场是均匀的,磁感应强度的大小为

$$B=\mu_0\mu_r nI$$

其中 $n=N/l$ 为螺线管沿轴线方向单位长度上的线圈匝数.通过每匝线圈的磁通量 Φ'都相同,为

$$\Phi'=BS=\mu_0\mu_r nSI$$

由式(4.11)的定义可知,该螺线管的自感为

$$L=\frac{N\Phi'}{I}=\mu_0\mu_r n^2 Sl=\mu_0\mu_r n^2 V \tag{4.12}$$

式中 $V=Sl$ 代表螺线管的体积.

由式(4.12)可以看出,螺线管的自感 L 与线圈匝数 N 的平方成正比(因为 $n=N/l$),与磁介质的相对磁导率 μ_r 成正比. 如果螺线管中插入的是铁氧体铁芯,相对磁导率 μ_r 从几十到几万都有,范围很广. 以 $l=20\ \text{cm}$, $S=10.0\ \text{cm}^2$, $N=2\ 000$, $\mu_r=5\ 000$ 的螺线管为例,由式(4.12)可知,其自感约为

$$L=\frac{\mu_0\mu_r N^2 S}{l}=\frac{4\pi\times10^{-7}\times5\ 000\times2\ 000^2\times(10.0\times10^{-4})}{0.20}\ \text{H}=125.6\ \text{H}$$

若螺线管中的电流变化率 $\mathrm{d}I/\mathrm{d}t=200\ \text{A}\cdot\text{s}^{-1}$,则由式(4.10)可得,螺线管中自感电动势为

$$|\mathscr{E}|=L\left|\frac{\mathrm{d}I}{\mathrm{d}t}\right|=125.6\times200\ \text{V}\approx2.5\times10^4\ \text{V}$$

家用小汽车点火系统的电源是蓄电池,其电动势为 12 V 或 24 V,但点火线圈(可看作是螺线管)和断电器共同产生的感应电动势可高达 10 kV 量级.

【教学活动】

电感式传感器是利用电磁感应定律对位移、压力、振动、应变、流量等非电量进行测量的一种装置,是近距离定位金属部件的通用方式,目前已经广泛应用于几乎所有自动化控制的行业与领域,对检测和自动控制系统的可靠运行具有关键性的作用. 例如,在汽车制造业中,制造环节主要包括四个主体部分:冲压、焊装、涂装和总装,而电感式传感器大量应用于每一个环节,尤其在焊装、涂装和总装车间,积放链输送线上遍布电感式传感器,起到滑翘检测或分轨到位检测等作用. 螺线管式自感传感器的结构如图 4.22 所示,试分析其测量工件尺寸等参数的原理.

如图 4.22 所示,螺线管式自感传感器的主要元件是一个螺线管和一根柱形衔铁. 在传感器工作时,衔铁伸入线圈的长度变化将引起螺线管自感的变化,利用自感和伸入长度的关系曲线就可以测得工件尺度等非电量.

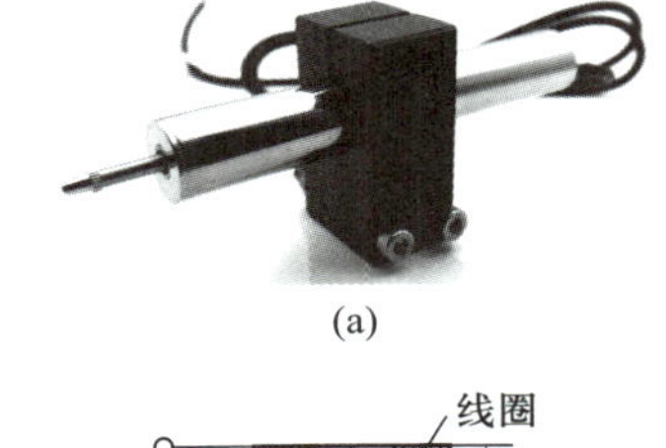

(a)

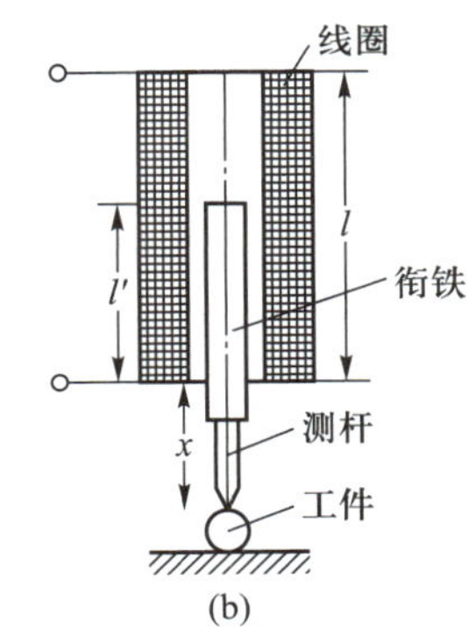

(b)

■ 图 4.22 螺线管式自感传感器

【拓展探究】

(1) 延时开关. 在夜晚上下楼梯时,既要保证安全,又要节约用电,因此需要用到延时开关. 在关掉某层楼的电灯前,要保证人有足够的时间离开此楼层,应该怎样设计开关?

(2) 镇流器的作用. 日光灯的主体是一根内壁涂有一层荧光粉的玻璃管,管内充有稀薄的水银蒸气和微量的惰性气体,管的两端各有一个灯丝作为电极. 当灯管通电后,荧光粉就会发出可见光. 查阅资料并讨论镇流器的自感现象在日光灯的正常工作中所发挥的关键作用.

(3) 自感的危害. 自感现象除有益的一面以外,有时非常有害,试列举两三个生产、生活中的实例,并分析解释实践中减小自感危害的方法和措施.

2. 自感磁能

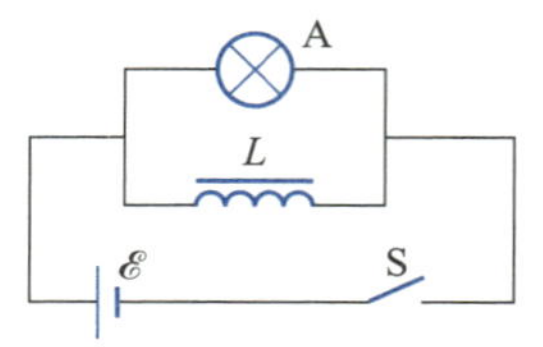

■ 图 4.23　开关断开时观察灯泡的亮度

我们先看一个自感演示实验. 如图 4.23 所示,一个电灯 A 与一个自感线圈 L 并联在电路里. 为现象明显,电灯电阻需要大于自感线圈电阻. 开关闭合时电灯正常发光. 当开关断开瞬间,电灯没有瞬间熄灭,而是突然更亮一下后慢慢变暗直至熄灭.

上述演示实验中的现象不难用自感的特性来解释,但是它同时还揭示出一个重要的结论:自感线圈在通电时一定储存了一定的磁能. 正是由于这个磁能的存在,才能在开关断开之后,自感线圈还能继续为灯泡短暂提供电能. 那么这个磁能是怎么获得的呢? 由自感概念我们知道,当含有自感线圈的电路中通入电流时,线圈会出现阻碍电流变化的自感电动势,电源必须克服该电动势做功,在电流达到稳定之前,这个功将转化为磁能,直至电流稳定后,做功停止,磁能也就不再增加了. 可以证明,此时自感线圈中储存的磁能 W_m 与稳定后线圈中的电流 I 有关,也与线圈的自感 L 有关,具体的表达式为

拓展阅读:推导自感磁能公式

$$W_m=\frac{1}{2}LI^2 \tag{4.13}$$

4.3.2　互感

【情景引入】

在输电过程中,电能的损耗与输电电流的平方成正比,输电线路越长,线路的电阻越大,损失在输送过程中的电能也就越多. 对于远距离传输来说,在同等功率的前提下,升高输电电压能有效地减小输电线上损失的电能. 我们知道,居民所用的电压为 380 V 或 220 V;发电机装机容量越大,其出口电压一般越高,通常在 6~27 kV 的范围内;而我国各大区以及各省之间输电网的输电电压在 500 kV 及以上. 发电机升压变压器是发电站和输电网之间的关键连接,它将发电机输出的低电压提高到相应输电网的高电压;而各级变电站的降压变压器又将输电网的高电压逐步降低,最后降至用户电压水平. 这里提到的变压器是一种利用电磁感应现象工作的电气设备,具体涉及的是一种叫做互感的电磁感应现象.

【科技中国】

2019 年 9 月 26 日,昌吉—古泉±1 100 kV 特高压直流输电工程(图 4.24)顺利通过试运行并正式投产. 该工程起于新疆准东(昌吉)换流站,止于安徽宣城(古泉)换流站,途经新疆、甘肃、宁夏、陕西、河南、安徽 6

■ 图 4.24 昌吉—古泉±1 100 kV 特高压直流输电工程

个省（区），额定电压 ±1 100 kV，输送容量 1.2×10^7 kW，线路全长约 3 300 km，是由我国自主研发的，世界上电压等级最高、输送容量最大、输电距离最远、技术水平最先进的特高压直流输电工程，是新中国成立以来在电力领域的里程碑式工程.

【问题讨论】

（1）什么是互感现象？

我们考虑图 4.25 中两个线圈的相互作用. 若两线圈中都通有恒定电流，则其中一个线圈所激发的磁场对另一个线圈有力的作用（安培力）. 除此之外，两线圈之间还有另外一种电磁相互作用.

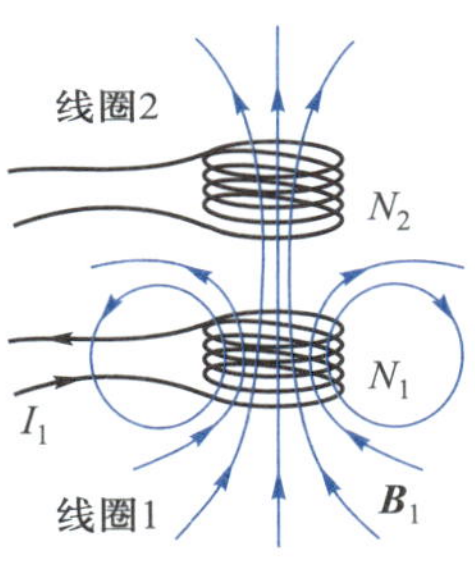

■ 图 4.25 互感现象

如图 4.25 所示，线圈 1 中通有电流 I_1，则由毕奥-萨伐尔定律可知，电流 I_1 所激发的磁场 $\boldsymbol{B}_1$ 与 I_1 成正比关系，则该磁场通过线圈 2 的磁通量也与 I_1 成正比. 当线圈 1 中电流变化时，通过线圈 2 的磁通量也随之发生改变并产生感生电动势；同样道理，当线圈 2 中电流变化时，也会在线圈 1 中产生感生电动势. 这种现象称为**互感现象**，产生的感生电动势叫做**互感电动势**.

（2）那么，如何计算互感电动势呢？

假定图 4.25 中的 1 和 2 是两个密绕线圈，线圈匝数分别为 N_1 和 N_2. 当线圈 1 中通有电流 I_1 时，通过线圈 2 的磁通量为 $N_2\Phi_2$，则由法拉第电磁感应定律可知，线圈 2 中的互感电动势为

$$\mathscr{E}_2=-N_2\frac{\mathrm{d}\Phi_2}{\mathrm{d}t}$$

从前面的讨论我们知道，Φ_2 与 I_1 成正比，其比例常量为 M_{21}，即 $\Phi_2=M_{21}I$，因此 $\mathscr{E}_2$ 的表达式还可以写成

$$\mathscr{E}_2=-M_{21}\frac{\mathrm{d}I_1}{\mathrm{d}t} \tag{4.14}$$

其中比例系数 M_{21} 与电流 I_1 无关，不随时间变化，比较上面两式可得

$$M_{21}=\frac{N_2\Phi_2}{I_1} \tag{4.15}$$

同理，当线圈 2 中通有电流 I_2 时，通过线圈 1 的磁通量为 $N_1\Phi_1$，则线圈 1 中的互感电动势为

$$\mathscr{E}_1=-N_1\frac{\mathrm{d}\Phi_1}{\mathrm{d}t}=-M_{12}\frac{\mathrm{d}I_2}{\mathrm{d}t} \tag{4.16}$$

式中的比例系数 M_{12} 满足

$$M_{12}=\frac{N_1\Phi_1}{I_2} \tag{4.17}$$

可以证明，两个比例系数 M_{12} 和 M_{21} 相等，即

$$M=M_{21}=M_{12} \tag{4.18}$$

我们将 M 叫做两个线圈的**互感系数**（简称**互感**），它与两线圈中的电流无关，而只决定于两线圈的几何形状、大小、匝数、它们之间位置关系以及磁介质的分布情况（详见例 4.5 题）. 与自感 L 相同，互感 M 的国际单位也是亨利，用 H 表示.

例 4.5　如图 4.26(a) 所示，无线充电式电动牙刷的底座有一个圆柱形突起，用于连接牙刷手柄. 圆柱形突起的内部有一密绕线圈（底座线圈），总匝数为 N_1，截面积为 S，长度为 $l(l\gg\sqrt{S})$. 牙刷手柄底部有一个圆柱形孔，可以插在底座的圆柱形突起上，手柄底部的圆柱形孔内部也有一密绕线圈（手柄线圈），总匝数为 N_2，可完全包围底座线圈，如图 4.26(b) 所示. 求系统的互感.

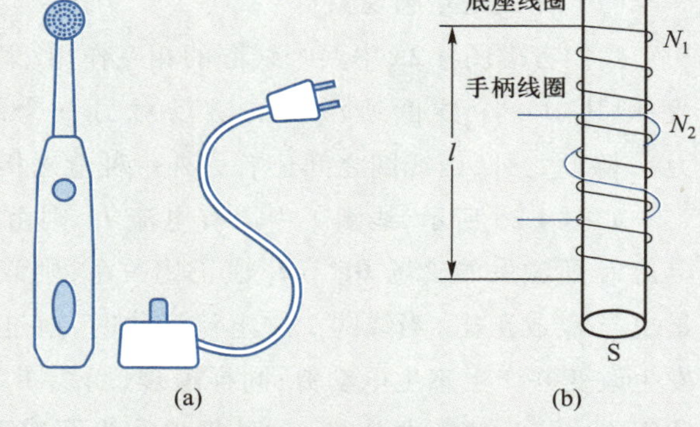

■ 图 4.26　无线充电式电动牙刷

解　由题意可知，底座圆柱形突起内的线圈可看作是无限长的，当通以电流 I_1 时，管内的磁场是匀强磁场，方向平行于线圈轴线，磁感应强度的大小为

$$B_1=\frac{\mu_0 N_1 I_1}{l}$$

该磁场通过手柄上每匝线圈的磁通量都相等，为

$$\Phi_2=B_1 S=\frac{\mu_0 N_1 S}{l}I_1$$

由式(4.15)和式(4.18)可知，系统的互感为

$$M=\frac{N_2\Phi_2}{I_1}=\frac{\mu_0 N_1 N_2 S}{l} \tag{4.19}$$

当底座通电后，底座线圈中交变电流激发出交变的磁场，牙刷手柄底部的手柄线圈因而产生互感电动势，感应电流经整流器整流后变成直流电，为与手柄线圈相连的电池充电，这就是电动牙刷的充电过程，即电能—磁能—电能的转换过程.

【教学活动】

我们在【情景引入】中提到的变压器在原理上与电动牙刷的无线充电相似. 如图 4.27 所示，变压器是由闭合铁芯和绕在铁芯上的两组线圈组成的. 与交流电源相连的称为初级线圈，

匝数为 N_1;与负载相连的称为次级线圈,匝数为 N_2. 软磁材料制成的铁芯相对磁导率 μ_r 较大,可以增加通过线圈的磁通量,同时保证通过一个线圈的所有磁感应线几乎都通过另一个线圈. 若线圈中的电阻以及铁芯上的能量损耗都可忽略不计——理想情况,讨论两线圈上电压之间的关系和电流之间的关系.

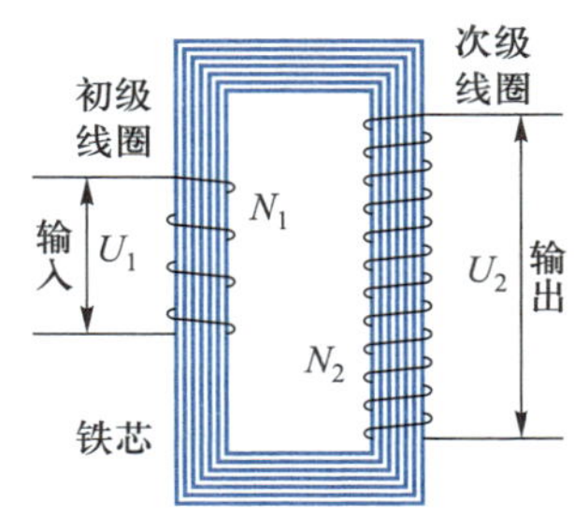

■ 图 4.27 变压器示意图

如上所述,不论是初级线圈还是次级线圈,通过每匝线圈的磁通量相同(如图 4.27 所示),均为 Φ,若线圈内阻为零,则初、次级线圈两端的电压分别等于各自线圈中的感应电动势,即

$$U_1=-N_1\frac{\mathrm{d}\Phi}{\mathrm{d}t}$$

$$U_2=-N_2\frac{\mathrm{d}\Phi}{\mathrm{d}t}$$

于是有

$$\frac{U_1}{U_2}=\frac{N_1}{N_2}$$

当 $N_1<N_2$ 时,$U_1<U_2$,变压器为升压变压器;当 $N_1>N_2$ 时,$U_1>U_2$,变压器为降压变压器.

设初级线圈和次级线圈中的电流分别为 I_1 和 I_2. 如果变压器中能量损耗可忽略,且次级线圈连接的负载为纯电阻,则次级线圈的输出功率 I_2U_2 等于连接初级线圈的交流电源的输入功率 I_1U_1,即 $I_1U_1=I_2U_2$,因此有

$$\frac{I_1}{I_2}=\frac{U_2}{U_1}=\frac{N_2}{N_1}$$

实际应用中,由于能量损耗机制的存在,变压器的功率效率大于输出功率,但通过巧妙的工程设计,典型变压器的效率可达 90%以上.

【拓展探究】

(1) 查阅资料并讨论变压器中提高效率的方法和措施.

(2) 互感现象除变压器、无线充电等有益的一面以外,也有有害的一面,试列举两三个生产、生活中的实例,并分析、讨论和解释实践中减小互感危害的方法和措施.

【学习疑惑】

两个密绕线圈 1 和 2 之间的互感系数可以由式(4.15)或式(4.17)计算,根据式(4.18),这两个公式算出的是同一个互感,那么,究竟用哪一个公式计算呢?

式(4.15)和式(4.17)算出来的互感虽然一样,但计算的复杂程度可能有很大差别,我们以例 4.6 来说明这一点.

例 4.6　如图 4.28 所示，一矩形线圈，其长度和宽度分别为 l 和 b. 一根无限长直导线与矩形线圈共面放置，且与线圈长为 l 的两边平行，到线圈的最近距离为 a. 求线圈与直导线之间的互感.

解　如果在矩形线圈中通以电流，其在空间中激发的磁场计算起来比较复杂，通过图 4.28 中直导线左侧区域（直导线两端延展到无穷远处，构成闭合回路）的磁通量计算量较大，计算互感的难度比较高. 换个角度看，无限长载流直导线所产生的磁场是我们非常熟悉的，这个场通过矩形线圈磁通量的计算要容易得多，计算互感也简单得多.

■ 图 4.28　无限长直导线与矩形线圈之间的互感

如图所示，在无限长直导线中通以电流 I，并在到直导线距离为 x（$x>a$）处取一长为 l、宽为 $\mathrm{d}x$ 的面元，面元的面积为 $\mathrm{d}S=l\mathrm{d}x$，载流直导线在面元所在处产生的磁场（可看作匀强磁场）的磁感应强度 $\boldsymbol{B}$ 垂直于纸面向里，$\boldsymbol{B}$ 的大小为

$$B=\frac{\mu_0 I}{2\pi x}$$

因此，通过面元的磁通量为

$$\mathrm{d}\Phi=B\mathrm{d}S=Bl\mathrm{d}x$$

通过整个线圈的磁通量为

$$\Phi=\int\mathrm{d}\Phi=\int_a^{a+b}\frac{\mu_0 I}{2\pi x}l\mathrm{d}x=\frac{\mu_0 lI}{2\pi}\ln\left(1+\frac{b}{a}\right)$$

由此可得，矩形线圈与直导线之间的互感为

$$M=\frac{\Phi}{I}=\frac{\mu_0 l}{2\pi}\ln\left(1+\frac{b}{a}\right)$$

4.4　涡流及其应用

【情景引入】

电磁炉是常见的家用厨房电器之一，其炉面是一块高强度、耐冲击、耐高温的陶瓷平板，炉面上可放置金属平底锅，如图 4.29（a）所示，炉面下装有高频感应加热线圈、高频电力转换装置及相应的控制系统，如图 4.29（b）所示. 传统燃气灶主要是通过热传导方式加热厨具，而

(a)

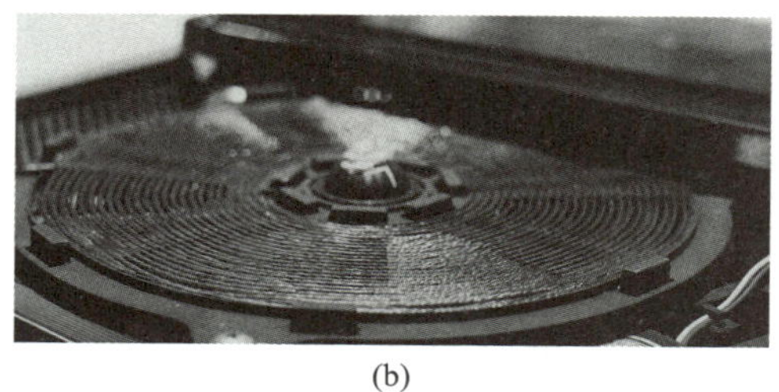
(b)

■ 图 4.29　电磁炉

电磁炉无需明火就能加热食物,其工作原理主要是电磁感应现象.电磁炉先通过整流器将频率为50Hz的家用交流电转换为直流电,又经高频电力转换装置使直流电变为高频交流电,再将高频交流电加在台面下扁平空心螺旋状的高频感应加热线圈上,产生高频交变磁场,交变磁场激发感生电场(感生电场的电场线是闭合的,因此又叫作**涡旋电场**),在处于交变磁场中导体的内部,载流子在涡旋电场推动下运动,形成感应电流,感应电流的路径是闭合的,往往有如水中的漩涡,因此称为**涡电流**(简称**涡流**).涡电的热效应使导体升温,从而实现加热.

从能量的角度来看,电磁炉是利用电磁感应现象完成电能向热能转化的、类似的应用很多,比如,把金属炉料放到真空感应熔炼炉(图4.30)线圈中的坩埚内,通过涡流可使炉料加热、熔化,在真空中进行冶炼,因而能够有效地去除合金中的气体和非金属杂质等,提高合金的纯净度.又比如,在很多工业场景(如海底管道铺设、石油天然气管道预热焊接等)是不能使用明火加热的,涡流的热效应可以成功地解决这些难题.

利用涡流的热效应还可以实现机械能向热能的转化,例如,在前文中提到的电磁阻尼效应.这里,我们再举一个实例——高速列车的轨道涡流制动系统.当火车高速行驶时,传统火车使用的机械制动器难以有效地达到耗散动能的效果,而且容易磨损,所以,对于动车或高速列车来说,非黏着制动方式是非常必要的辅助制动方式.盘形涡流制动就是一种常用的非黏着制动方式.在涡流制动装置中,磁场可由电磁铁产生,这样就可以通过改变电磁铁绕组上的电流来开启或关闭制动力.钢质的涡流制动盘安装在拖车车轴上,涡流制动线圈安装在制动圆盘两侧,如图4.31所示.制动时电流通过涡流制动线圈,起到电磁铁的作用,涡流制动圆盘随车轴转动时会产生涡流,由楞次定律可知,在电磁铁磁场的作用下,制动圆盘上会产生一个与车轴转动方向相反的电磁制动力矩,来阻碍车轴继续转动,使列车减速,列车的动能转化为涡流产生的焦耳热,被耗散掉了.由于制动没有摩擦,所以制动表面没有磨损,不需要更换.

■ 图4.30 真空感应熔炼炉

■ 图4.31 盘形涡流制动

值得注意的是,为了节约能源,飞轮储能系统等再生制动装置在技术上越来越成熟,这种新技术将电能反馈回电气化铁路供电网,使本来由电能转化成的动能再次转化为电能,得到再循环使用,而不是变成无用的热能耗散掉.

【科技中国】

中国高速铁路是目前世界上规模最大的高速铁路网.1999年8月16日,中国第一条客运专线秦沈客运专线开工,2003 年 10 月 11 日建成通车. 2008 年,在京津高铁通车后,中国正式迈入时速 300 km·h^{-1}以上的高铁时代. 截至 2020 年底,包括香港特别行政区在内的 31 个省级行政区都开通了高铁,总里程达 3.79×10^4 km,其中运营时速达 300 km·h^{-1}的线路总里程超过 1.5×10^4 km,占全世界铁路里程的三分之二以上. 另外,目前武广高速铁路、京沪高速铁路及京津城际铁路都达到 350 km·h^{-1}的全球最快运营速度(图 4.32 为复兴号智能动车组列车).

涡流除了有益的一面,也有有害的一面. 例如,电动机、变压器的线圈都是绕在铁芯上的,当线圈中流过交变电流时,铁芯中会形成涡流而产生焦耳热,在浪费能量的同时,还容易损坏设备. 减小涡流的途径之一就是增大铁芯材料的电阻率,常用的铁芯材料是硅钢. 减少涡流损耗的另一个有效措施,是将铁芯用许多铁磁导体薄片(如硅钢片)叠成,磁场穿过这些薄片的狭窄截面时,涡流被限制在沿各薄片中的一些狭小回路中,回路较长,电阻较大,因而涡流热效应较小,这样就可以显著地减小涡流损耗,如图 4.33 所示.

■ 图 4.32　复兴号智能动车组列车

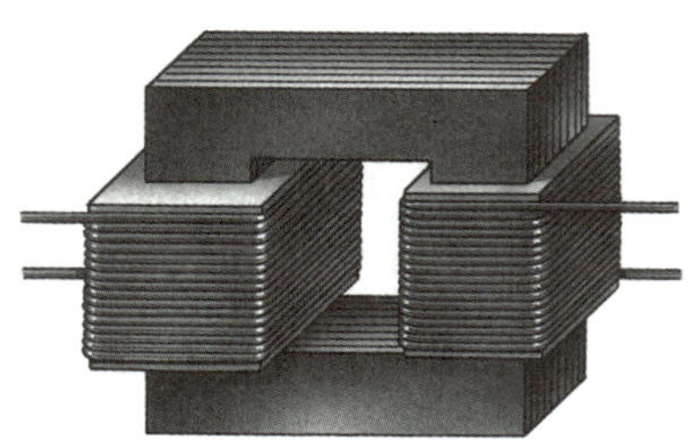

■ 图 4.33　变压器的硅钢片铁芯

【拓展探究】

查阅资料并讨论电涡流传感器的工作原理及高频反射式电涡流传感器和低频透射式电涡流传感器的应用场景.

【实践探索】

1. 如图 4.34 所示,一根细铜棒在匀强磁场 $\boldsymbol{B}$ 中绕通过中心的轴在平行于 $\boldsymbol{B}$ 的平面内转动,铜棒内会产生感应电动势吗? 其方向怎样?

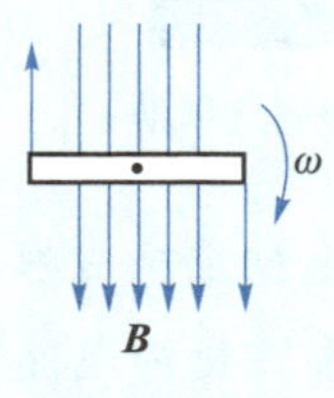

■ 图 4.34

2. 如图 4.35 所示,两根无限长平行直导线通有大小相等、方向相反的电流 I,并各以 $\mathrm{d}I/\mathrm{d}t$ 的变化率增长,一矩形线圈位于导线平面内,则线圈中有无感应电流? 若有,其方向为何?

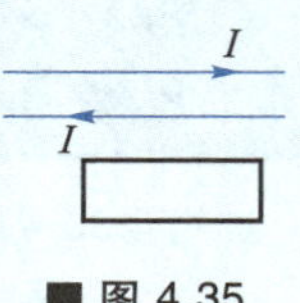

■ 图 4.35

3. 如图 4.36 所示,当进行下列操作时,流过电阻器 r 的电流方向如何? 就如下每一种情况作简单解释:(1) 开关 S 闭合的瞬间;(2) S 闭合后,线圈 2 移向线圈 1 的过程中;(3) S 闭合后,电阻 R 减小.

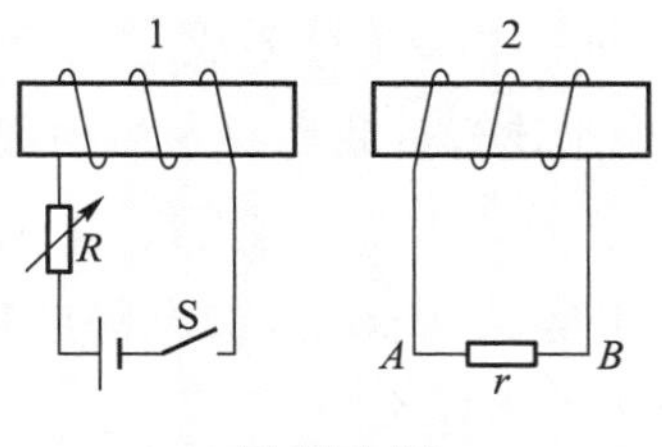

图 4.36

4. 有一 200 匝的密绕平面线圈，其所围面积为 10 cm^2，线圈所在处地球磁场的磁感应强度 $\boldsymbol{B}$ 的大小为 5.0×10^{-5} T，方向与线圈所在平面垂直. 现在 0.02 s 面内将线圈转到与 $\boldsymbol{B}$ 平行的位置，则这一过程中线圈中平均感应电动势是多少？

5. 银行卡的背面有一块黑色的长条形磁卡，记录有用户的个人信息，在使用银行卡付款时，将其放在一个带有卡槽的设备（称为读卡器）并从一端滑到另一端来读取信息，即平时常说的“刷卡”. 试简要说明银行卡“刷卡”的基本原理.

6. 在一匀强磁场 $\boldsymbol{B}$ 中，有一 120 匝的密绕平面线圈，其所围平面区域的面积为 3 cm^2，电阻为 60 Ω，线圈与一能够测量通过电量的仪器相连，仪器的电阻为 30 Ω. 在线圈快速从垂直于 $\boldsymbol{B}$ 的位置转到与 $\boldsymbol{B}$ 平行的过程中，通过仪器的电量为 2.7×10^{-5} C，则该磁场的磁感应强度的大小是多少？

7. 图 4.37 所示是一列高速列车的涡流制动系统的电磁线圈，在制动时线圈中通以电流 I，铁轨上各处产生涡流，涡流激发的磁场与通电线圈相互作用，从而减缓列车相对于铁轨的运动. 若列车的速度 $\boldsymbol{v}$ 方向如图 4.37 所示，则铁轨上涡流的方向正确吗？试解释之.

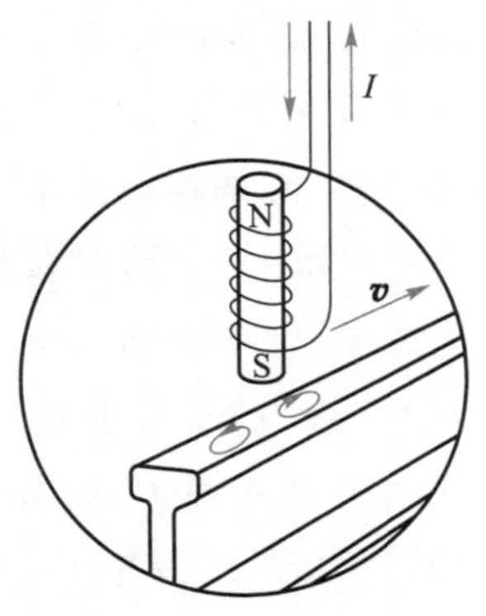

图 4.37 涡流方向的判定

8. 罗氏线圈是一种交流电流传感器，主体结构是一个空心环形的线圈（也叫螺绕环），可以套在被测导体上直接测量交流电流. 图 4.38 所示螺绕环空管的截面积为 S，沿环的周长方向单位长度所绕线圈的匝数为 n，圆周半径为 R 一导线穿过螺绕环所围的平面区域中心，其中通有已知频率的交流电流 $I(t)=I_0\sin\omega t$. 试分析如何通过测量螺绕环中的感应电动势$\mathscr{E}$来确定 I_0 的大小.

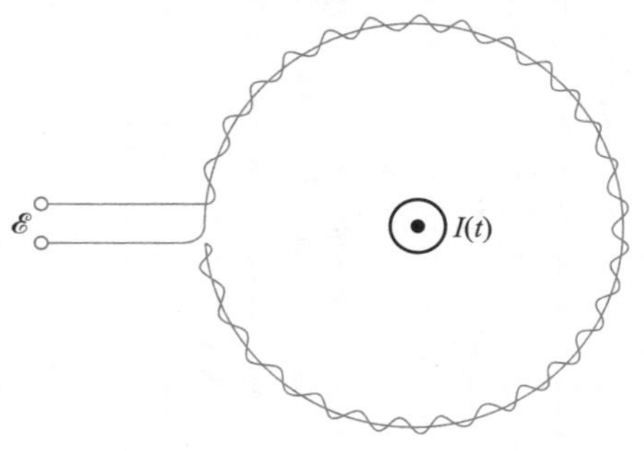

图 4.38 罗氏线圈

9. 一辆汽车正以 80 km · h^{-1} 的速度在水平路面上行驶，汽车的天线竖直放置，长度为 1 m. 若在汽车所在地，地球磁场的磁感应强度 $\boldsymbol{B}$ 的大小为 5.0×10^{-5} T，其方向指北，与水平方向夹角为60°斜向下. 问：汽车向哪个方向运动时，其天线上的动生电动势最大？动生电动势的最大值是多少？

10. 直 20（图 4.39）是我国一款 10 吨级的战术通用直升机，它的亮相正式宣告了我国与美国、俄罗斯和法国一样，拥有了自主研发制造通用直升机的能力. 直 20 的旋翼桨桨叶长 14 m，若在起飞离地前某个瞬间旋翼桨的转速是 2 r · s^{-1}

图 4.39 直 20 战术通用直升机

（转每秒），直 20 所在地的地球磁场的磁感应强度 $\boldsymbol{B}$ 在垂直于地面方向的分量为 5.0×10^{-5} T，则旋翼两端的动生电动势为多大？

11. 法拉第圆盘发电机的主体是一个在磁场中转动的、半径为 R 的导体圆盘. 若圆盘以角速度 ω 在匀强磁场中绕其几何轴匀速转动（从上往下看转动沿逆时针方向），磁感应强度 $\boldsymbol{B}$ 与圆盘转轴平行，如图 4.40 所示，则盘边缘与盘中心的电势差为多少？边缘与中心哪处电势高？

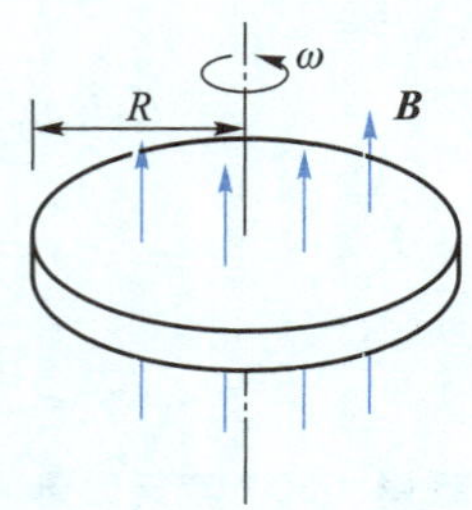

■ 图 4.40　法拉第圆盘发电机

12. 如图 4.41 所示，导体棒 EF 在匀强磁场 $\boldsymbol{B}$ 中绕通过 C 点且垂直于棒长的轴 OO' 转动（角速度 $\boldsymbol{\omega}$ 与 $\boldsymbol{B}$ 同方向，即转轴 OO' 与 $\boldsymbol{B}$ 平行），FC 的长度为棒长的 1/3，则 E 点与 F 点哪点电势高？

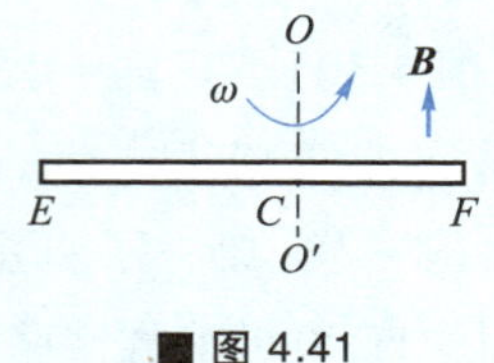

■ 图 4.41

13. 如图 4.42 所示，长度为 l 的直导线 ab 在匀强磁场 $\boldsymbol{B}$ 中以速度 v 匀速移动，试问直导线 ab 中的电动势为多少？

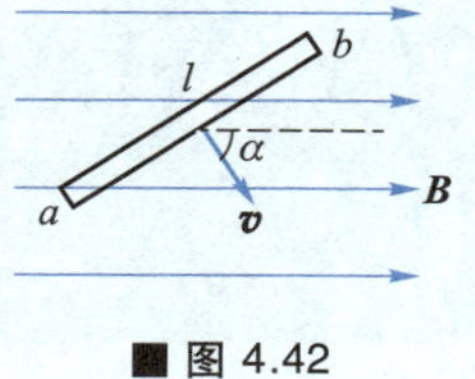

■ 图 4.42

14. 如图 4.43 所示，金属棒 EF 在光滑的导轨上以速度 $\boldsymbol{v}$ 向右运动，形成了闭合导体回路 $CDEFC$. 楞次定律告诉我们，EF 棒中出现的感应电流是自 F 点流向 E 点. 有人说：电荷总是从高电势流向低电势. 因此 F 点的电势应高于 E 点，这种说法对吗？为什么？

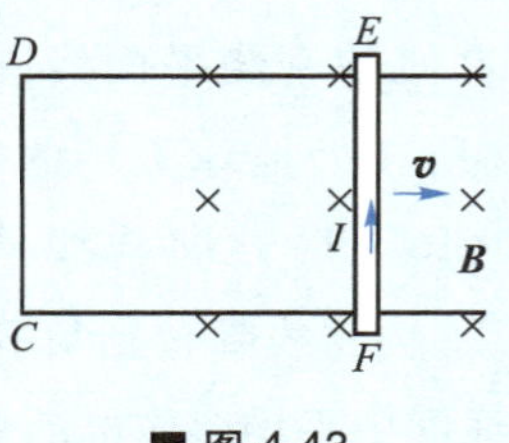

■ 图 4.43

15. 用金属丝绕成的标准电阻，若要求电阻无自感，如何绕制才能达到这一要求？为什么？

16. 当开关断开时，开关的两触头之间常有火花发生. 试分析发生原因，并提出解决方案，讨论方案的可行性和可靠性.

17. 如图 4.44 所示，一个大的电磁铁线圈 L 的电阻与旁边支路电阻 R 相同，问：当开关 S 刚接通时，电路中两个电流表的读数是否相同？分析原因，说出理由，讨论这种电路的用途.

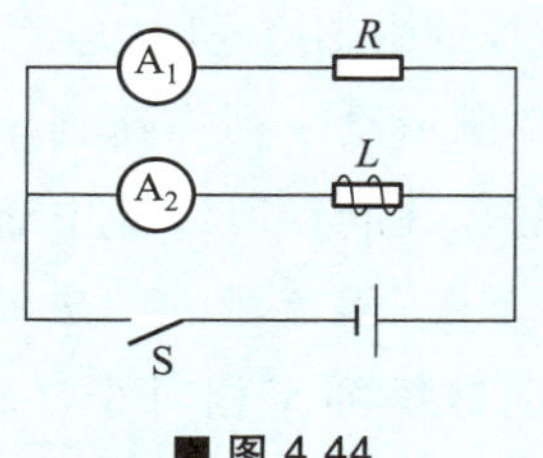

■ 图 4.44

18. 一同轴电缆由内、外半径分别为 R_1 和 R_2 的导体圆筒构成，电流沿内导体圆筒流出又沿外导体圆筒流回，电流在圆筒上均匀分布. 若两筒间充满相对磁导率为 μ_r 的均匀磁介质，试讨论计算自感的方法，并计算一下电缆单位长度的自感.

19. 有一由绝缘细导线密绕而成的一小圆线圈，匝数为 50，小圆线圈所围的面积为 $S=4.0\ \mathrm{cm}^2$，放置在另一个半径为 $R=20$ cm、由 100 匝绝缘导线绕成的大圆线圈中心，两者共面共轴，如图 4.45 所示. 讨论互感计算方法，其中要用到什么近似条件？试求两个线圈的互感 M.

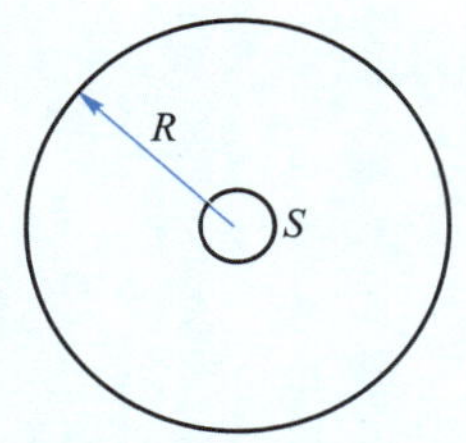

■ 图 4.45　共面共轴圆环之间的互感

20. 无限长密绕螺线管的半径为 R，单位长度所绕的线圈匝数为 n. 假设螺线管导线中电流按 $I=I_0\sin\omega t$ 的规律变化，其中 I_0 和 ω 皆为常量. 参考例 4.3 中的方法，求螺线管内外的感生电场分布.

第五章 近代物理基础

【情景引入】

物理学上空“两朵乌云”的出现，给物理学家们带来了一种风暴即将来临的感觉．这里所说的“两朵乌云”是在 19 世纪末期，物理学中所发现的两个无法用当时物理理论解释的实验结果．当时，人们普遍认为经典物理学发展得相当完美和成熟，似乎一切物理现象都能够从相应的经典理论中得到满意的回答．例如，日月星辰、潮起潮落可以在牛顿力学中寻求到答案，力学成为解决力学问题的有效工具，一切力学现象原则上都能够从牛顿力学得到解释；电闪雷鸣、铁勺磁化可以在电磁学中找寻到答案，电磁学成为解释电磁现象的有力工具；四季更替的冷暖变化、如何更有效地通过蒸汽获取动力可以在热力学和统计力学理论中寻求支撑，热学理论几乎能够对所有的物质热运动宏观规律和分子热运动的微观统计规律给出解释和说明．正如英国物理学家威廉·汤姆孙（又称开尔文勋爵）在回顾经典物理学所取得的伟大成就时说到，物理学的大厦已经落成，所剩下的只是一些装饰工作．一个典型例子是德国物理学家约里劝当时在大学学习物理的普朗克不要去学习纯理论物理，并说物理学“是一门高度发展的、几乎是臻善臻美的科学”，它“看来很接近于最稳定的形式．也许，在某个角落里还有一粒尘屑或一个小气泡，对它们可以去进行研究和分类，但作为一个完整的体系，那是建立得足够牢固的”．

然而，就在物理学家们对经典物理学的发展成就感到心满意得的同时，人们发现了一些无法用经典物理学理论来解释的新实验现象，也就是“物理学天空中的两朵乌云”——迈克耳孙-莫雷实验和黑体热辐射实验．正是人们对这“两朵乌云”的深入研究，引发了物理学的革命，分别建立了相对论和量子力学理论，构建了近代物理学的框架，揭开了近代物理学的序幕．目前基于量子力学的纳米技术和量子科技的发展已经成为国际科技竞争的热点和焦点．

通过本章的学习，理解狭义相对论的两条基本假设，狭义相对论的时空观以及狭义相对论中质量与速度、质量与能量的关系．在理解量子理论时，了解量子力学的实验基础、光的波粒二象性、德布罗意物质波的假设及其波函数，以及一维无限深势阱的概念．最后了解目前量子科技的最新发展方向．

5.1 狭义相对论简介

【情景引入】

让我们设计一个假想实验，虽然现实中无法实现，但它是以“合理”的逻辑方式进行的推理，如果这种“合理”的推理得出不合理的结论，则这种“合理”性就值得质疑．如图 5.1 所示，一个小球以速率 v 水平向右运动，在 $t=0$ 时刻与竖直墙壁发生弹性碰撞，碰撞的接触时间为

τ，在 $t=\tau$ 时刻小球开始以速率 v 水平向左运动．在观察小球的运动时，人眼实际看到的是来自小球表面的反射光，也就是说，小球可以看作反射光的光源．我们知道，静止不动的光源发出的光信号的传播速度是 $c=3\times10^8\ \text{m}\cdot\text{s}^{-1}$．下面我们依据第一章所学习到的伽利略变换来推理人眼看到的小球碰撞墙壁的来回运动的时间问题．在人眼看来，碰撞前，反射光的传播速度是 $c-v$，如图 5.1(a)所示；碰撞后，光的传播速度是 $c+v$，如图 5.1(b)所示．所以，人眼观测到的碰撞开始的时刻是

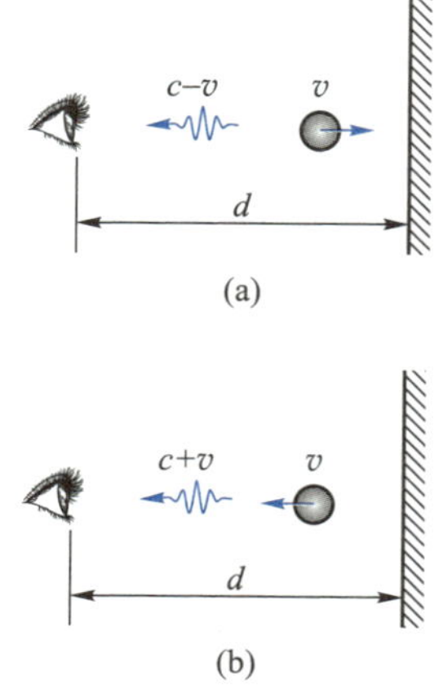

■ 图 5.1　小球与墙壁碰撞反弹

$$t_1=0+\frac{d}{c-v}=\frac{d}{c-v}$$

人眼观测到的碰撞结束的时刻是

$$t_2=\tau+\frac{d}{c+v}$$

由此可得，人眼观测到的碰撞时间间隔为

$$t_2-t_1=\tau-d\left(\frac{1}{c-v}-\frac{1}{c+v}\right)$$

可见，只要人眼到墙壁的距离 d 足够大，就会出现 $t_2<t_1$ 的情况，其时间间隔为负值；也就是说，人眼看到小球的反弹发生在与墙壁碰撞之前，这显然是与事实不符的荒谬结论！

上述假想实验所用到的推理方法，在天体物理中也遇到矛盾的结论．《续资治通鉴长编》曾记载的历史上在 900 多年前（公元 1054 年）观测到一次著名的超新星爆发，这次爆发的残骸形成了著名的金牛座的蟹状星云．据记载，该超新星爆发从公元 1054 年到 1056 年均能用肉眼观察到，特别是开始的 23 天里，白天也能看见．按照上面的推理，地球上的观测者观测整个爆发持续的时间（爆发向外不同方向上抛射的物质发出的光到达地球上的始末时间）为 25 年之久，而实际观测到的事件仅有 22 个月，显然按照上面的推理得出的结论也是与观察结果相悖的．可见，基于牛顿时空观得出的推理结论，在与光速相关联的问题中似乎不再成立，这预示着时空观必将作出根本性改变．

5.1.1　伽利略变换与电磁学规律的不相容

1. 牛顿时空观　伽利略变换及其局限性

尽管伽利略变换和牛顿时空观在第一章中已有阐述，但因狭义相对论的实质就是新的时空观（与牛顿时空观相比），因此为了有一个完整的对照，本章首先回顾和总结一下学习过的牛顿力学相关内容．

第一，牛顿时空观——时间、空间的定义以及它们与测量之间的关系．牛顿力学认为，空间仅是物体运动的“场所”，与其中的物质完全无关而独立存在，空间是永恒不变的、绝对静止的．因此，空间的量度（如物体的长度）应与其在哪个惯性系被测量无关．时间的变化也和物体的

运动无关,时间是均匀流逝的、永恒的和绝对的. 若在某一个惯性系中,有两件事件是同时发生的,则在另一个惯性系中,这两个事件也是同时发生的. 在两个坐标系中测得该事件持续的时间也是相同的. 牛顿时空观符合我们日常的经验,这是由于我们观察的周围日常生活现象,本身就在一个宏观低速运动的环境中. 然而,正如本节情景引入中出现的问题,对于高速运动的物体,绝对的时空观似乎是不正确的,爱因斯坦的相对论否定了这种时空观,并建立了新的时空观.

第二,力学相对性原理. 不同的惯性系中的观测者得到的物理规律是否一样? 意大利物理学家伽利略在其名著《关于托勒密和哥白尼两大世界体系的对话》中给出了确切的答案. 他以一艘叫做"萨尔维蒂"的大船为例,指出在船以任何速度前进时,只要船保持匀速行驶,在船舱内观察到的任何力学现象,如人的跳跃、抛物、水滴的下落、鱼的游动以及蝴蝶和苍蝇的飞行都与船在静止时是一样的,正如书中描述的一样,在船上,"水碗中的鱼游向水碗前部并不需要用比游向水碗后部花费更大的力气,它们一如既往地悠游于水碗边缘的任何地方并吞吃鱼饵". 人们并不能通过这些现象来判定大船是运动的, 还是静止的. 也就是说,在一个惯性系中能看到的物理现象,在另一惯性系中一定也能毫无差别地呈现. 这就是**力学相对性原理**.

第三,伽利略变换. 如何来表示出两个不同惯性系中运动物体(如人们抛出的物体或者飞行的蝴蝶)的位置、速度和加速度等物理量的关系呢? 取如图 5.2 所示的两个惯性系S($Oxyz$)和 S′($O'x'y'z'$),S′相对 S 作匀速直线运动,为方便讨论问题,设两坐标系的坐标轴互相平行,且在 $t=t'=0$ 时重合,并设 S′相对于 S 沿 x 轴方向以速度 $\boldsymbol{v}=v\boldsymbol{i}$ 运动.

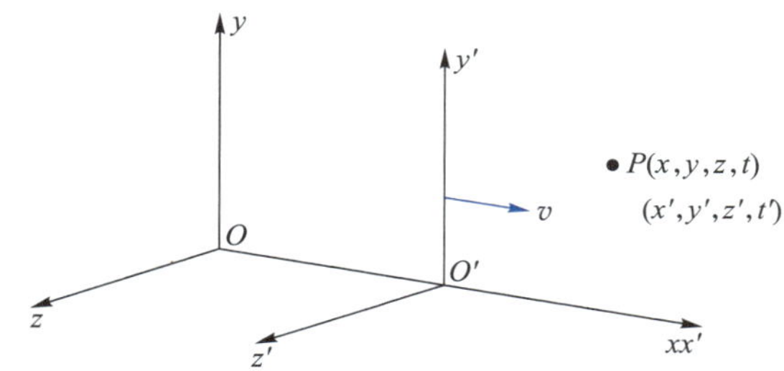

■ 图 5.2 惯性系 S′相对 S 以速度 $\boldsymbol{v}=v\boldsymbol{i}$ 作匀速直线运动

在牛顿时空观中,时间的测量是绝对的,与坐标系的选取无关,我们假定在某一时刻($t=t'$)对运动至 P 点的物体进行观测,S 系的观测者测得该物体的时空坐标为(x,y,z,t),S′的观测者测得该物体的时空坐标为(x',y',z',t'). 由牛顿力学的知识可知,这两个惯性系中时间和位置坐标满足如下关系:

$$\begin{cases} x'=x-vt \\ y'=y \\ z'=z \\ t'=t \end{cases} \quad \text{或} \quad \begin{cases} x=x'+vt \\ y=y' \\ z=z' \\ t=t' \end{cases} \tag{5.1}$$

上式就是**伽利略坐标变换**. 考虑在牛顿力学中,时间测量和坐标系无关,将式(5.1)对时间求导数,得到伽利略速度变换:

$$\begin{cases} u'_x = u_x - v \\ u'_y = u_y \\ u'_z = u_z \end{cases} \quad 或 \quad \begin{cases} u_x = u'_x + v \\ u_y = u'_y \\ u_z = u'_z \end{cases} \tag{5.2}$$

这与式(1.37)和式(1.38)实质是一样的.

把式(5.2)对时间求导数,得

$$\begin{cases} a'_x = a_x \\ a'_y = a_y \\ a'_z = a_z \end{cases} \quad 或 \quad \boldsymbol{a}' = \boldsymbol{a} \tag{5.3}$$

这表明,在两个不同惯性系 S 和 S′中,物体运动的加速度是相同的,也就是说加速度是一个不变量. 牛顿力学认为物体(质点)的质量是与物体运动状态无关的常量,因此,从式(5.3)可知,在两个相互作匀速直线运动的惯性系 S 和 S′中,牛顿运动定律的形式是相同的,即

$$\boldsymbol{F} = m\boldsymbol{a}, \quad \boldsymbol{F}' = m\boldsymbol{a}' \tag{5.4}$$

由此可以推断,对所有的惯性系,牛顿运动定律具有相同的形式. 这就是牛顿力学的相对性原理. 这一原理只在宏观、低速的范围内才与实验结果一致.

2. 电磁(光)运动规律与伽利略变换的不协调性

19 世纪后期,人们对电磁现象、电磁运动规律有了进一步的认识. 英国物理学家麦克斯韦系统地总结和揭示了各种电磁现象的规律,建立了统一的电磁理论——麦克斯韦方程组. 基于此,他预言光是一种电磁波,其在真空中的传播速度为 $c = 2.99\times10^{8}\ \text{m}\cdot\text{s}^{-1}$. 这一预言很快被实验所证实. 既然光是一种波, 那么,它是否和机械波一样,需要在介质中传播呢?

人们很自然地把光波和声波作类比. 声波的传播必须依赖于介质(如空气、水等),于是,人们认为光也是在某种介质中传播的. 当时的科学家们设想了一种奇异的传播电磁波的介质——以太,认为光相对以太运动的速度就是 c,并赋予以太很多特殊的性质,比如,由于遥远的星光也可以传到地面,所以,以太是充满整个宇宙空间的、无处不在的和绝对静止的;由于光是横波,以太应具有固体的性质,等等. 相对以太静止的参考系称为以太系. 假设太阳相对以太静止,由于地球在围绕太阳公转,则地球相对于以太具有一个运动速度 v,因此,如果在地球上测量光速,在不同的方向上测得的数值应该是不同的. 根据伽利略变换,当光迎着地球运动时, 观测者测得的光速应该是 $c+v$,而当光与地球同向运动时,观测者测得的光速应该是 $c-v$. 如果能测出地球相对以太运动的这个速度 v,就相当于找到了以太系——绝对参考系. 为此,科学家们设计过很多实验,其中最著名的是迈克耳孙-莫雷实验.

【内容递进】

迈克耳孙-莫雷实验装置(迈克耳孙干涉仪)的光路原理如图 5.3 所示,整个装置可以绕垂直于实验台的轴线转动,S 为光源,M_S为半透半反镜,M_1和 M_2是两个平面镜,它们到 M_S的距离相等,都为 l. 由 S 发出的光入射到 M_S后,一部分透射,并被平面镜 M_2反射回来,再透过 M_S到达望远镜 T;另一部分反射,并被平面镜 M_1反射回来,经过 M_S后到达望远镜 T. 这两束光在望远镜 T 处叠加,形成干涉条纹.

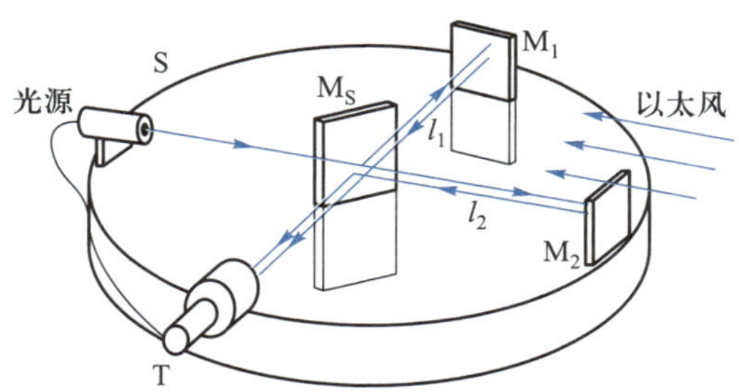

■ 图 5.3 迈克耳孙-莫雷实验装置的光路原理

下面我们通过一个横渡大河的经典例子类比上述迈克耳孙-莫雷实验中的光速，从而计算上述光速的叠加问题. 如图 5.4 所示，人在河中游泳，假定河水以速度 v 相对于河岸流动，河宽为 l. 现在一个人从图中 A 点出发，以速度 u(相对于河水)游到下游的 C 点(距 A 点的距离为 l)，再折返以同样的相对速度 u 游回 A 点. 游泳者往返所用的时间为

$$t_1=\frac{l}{u+v}+\frac{l}{u-v} \tag{5.5}$$

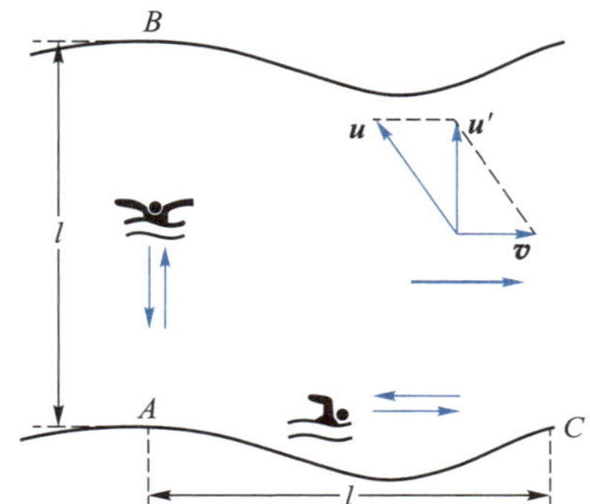

■ 图 5.4 人在水中横渡和向下游游动的情况

再让另一个人以同样的相对速度 u 从 A 点出发游向对岸的 B 点，到达后再以同一相对速度游回 A 点. 需要注意的是，由于河水持续往下游流动，横渡游泳者的游泳方向不能垂直于河岸，否则他将被河水往下游冲，无法到达 B 点，返回的情况也是如此. 为了从 A 点游到 B 点，游泳者的速度必须向上游倾斜一个角度. 因此，游泳者垂直横渡河的速度为 $u'=\sqrt{u^2-v^2}$. 游泳者往返所需要的时间为

$$t_2=\frac{2l}{\sqrt{u^2-v^2}} \tag{5.6}$$

虽然游泳者横渡河流和向下游游动的距离一样，但两种情况所用的时间不同，其时间差为

$$\Delta t=t_1-t_2=\frac{l}{u+v}+\frac{l}{u-v}-\frac{2l}{\sqrt{u^2-v^2}} \tag{5.7}$$

回到迈克耳孙干涉仪中光的运动，光就像上面所说的游泳者，河水就像漂移的以太，河岸相当于地球. 河水相对于河岸的流动可以类比于以太相对于地球的漂移. 把光射向 M_1 的运动类比成游泳者向下游的运动，把光射向 M_1 的运动类比成游泳者垂直横渡河流的运动，用光速 c 替代 u，当 $c\gg v$ 时可忽略 $(v/c)^2$ 的高次项，利用式(5.7)可得光经迈克耳孙干涉仪两臂往返的时间差为

$$\Delta t=\frac{l}{c+v}+\frac{l}{c-v}-\frac{2l}{\sqrt{c^2-v^2}}\approx\frac{l}{c}\left(\frac{v^2}{c^2}\right) \tag{5.8}$$

说明光沿 M_SM_2(以太漂移方向)所需的时间比光线沿 M_SM_1(垂直以太漂移方向)所需的时间要长. 光走两

条路径的光程差为 $c\Delta t \approx l\left(\frac{v^2}{c^2}\right)$.

把迈克耳孙干涉仪在水平方向转 90°，让 M_SM_1 沿以太漂移运动方向，M_SM_2 垂直于以太漂移运动方向，这时光线经过 M_SM_1 的时间比经过 M_SM_2 的长. 转动迈克耳孙干涉仪 90°将导致前后光程差的改变

$$2c\Delta t \approx 2l\left(\frac{v^2}{c^2}\right) \tag{5.9}$$

如果光波的波长为 λ，根据光学理论中的“干涉原理”，光程差每相差一个波长，干涉条纹将移动一条. 因此，由式（5.9）将引起干涉条纹移动的数目为

$$\Delta N \approx \frac{2lv^2}{\lambda c^2} \tag{5.10}$$

按照迈克耳孙使用的仪器的指标，理论计算出应该能够观察到条纹移动 $\Delta N \approx 0.4$ 条，但在实验中却始终没有观察到条纹的移动.

迈克耳孙-莫雷实验是利用光学相干性原理精确地寻找以太存在的实验，这个实验的最终得到的是零结果，即没有找到以太存在的证据. 这个结果说明，要么以太并不存在，要么伽利略变换并不成立（因为运动的合成理论是伽利略变换），要么两者兼而有之. 有关伽利略变换，我们还可以看下面一个命题.

假如惯性系 S′（$O'x'y'z'$）相对于惯性系 S（$Oxyz$）沿 x 轴以光速 c 运动，在惯性系 S′中沿 x'轴发射一束光，在惯性系 S 中观测光线的运动速度是多少？

按照伽利略变换处理上述问题，我们不难得到在惯性系 S 中测得的光速大小为 $2c$. 这个结果对吗？

我们回答这个问题尚显早了一点，但从已有的实验结果和电磁学理论看，这个结果是不对的. 根据麦克斯韦理论，真空中的光速是由真空介电常量和磁导率决定的一个恒定常量，与参考系无关，也就是说光速在任何惯性系中似乎都应该是不变的值，现有的实验支持了这一结论.

综上可知，无论是迈克耳孙-莫雷实验，还是理论推演，导致与实验不符的原因中都含有伽利略变换这个出发点，而这个出发点又来自牛顿时空观，因此，正当别人忙着在经典物理的框架内用形形色色的理论来修补“以太风”学说，设计各种巧妙的实验寻找“以太”时，天才物理学家爱因斯坦对牛顿时空观作出质疑，他另辟蹊径，匠心独运，寻找科学本质. 正如他在《物理学进化》一书所讲到的“狭义相对论的兴起是由于实际需要，是由于旧理论中的矛盾非常严重和深刻，而旧理论中的这些矛盾已经没法避免了.”

【拓展探究】

查阅资料，了解“以太”的概念以及它在物理学发展史上所起到的作用.

以太是古希腊哲学家亚里士多德所设想的一种物质，是物理学史上一种假想的物质观念，其内涵随物理学发展而演变. 物理学家曾认为它是一种刚性的粒子，十分坚硬，比最硬的物质金刚石还要硬上不知多少倍. 同时又是如此稀薄，以致物质在穿过它们时几乎完全不受到任何阻力，“就像风穿过一小片丛林”. 以太说认为以太是光媒介质，那么地球在以太中运动，在地球上各个方向的光速与地球运动应该符合伽利略变换，但后来的迈克耳孙-莫雷实验和电磁理论都表明，“以太”是不存在的，人们开始重新认识新的相对论时空观.

5.1.2 狭义相对论简介

爱因斯坦(图 5.5)是人类历史上最具创造性的人物之一．他一生中开创了物理学的四个领域：狭义相对论、广义相对论、宇宙学和统一场论．他是量子理论的主要创建者之一，在分子运动论和量子统计理论等方面也做出了重大贡献．爱因斯坦是 20 世纪最伟大的科学家、思想家．他的科学思想和哲学思想都不同凡响．爱因斯坦在科学生涯中始终孜孜以求，探寻物理学领域普遍的、恒定不变的规律．他的理论涵盖自然界的一切基本问题，大到宇宙、小到基本粒子．他修正了时间和空间、能量和物质的传统概念．他的相对论冲击了牛顿以来的经典物理学体系，改变了传统的空间、时间观念，引导并开创了现代科学技术新纪元．爱因斯坦不仅被公认为是继伽利略、牛顿之后最伟大的物理学家，也成为了批判学派科学哲学思想之集大成者和发扬光大者．

■ 图 5.5 阿尔伯特·爱因斯坦

1. 狭义相对论的基本假设

通过前面的讨论我们知道，牛顿力学的物理规律满足伽利略变换，而伽利略变换用到电磁学及光学规律上时，出现了不符合实验事实的结果．这就需要打破牛顿力学的时空观，并提出新的时空变换规律，使其不仅符合力学规律，还适用于电磁学、光学等领域．

1905 年，爱因斯坦发表了富有创造性的著名论文《论动体的电动力学》，对经典时空观做出根本性扬弃．他在肯定相对性原理的重要地位的基础上，摒弃了以太假说和绝对参考系假设，指出了与伽利略变换相联系的旧时空观的局限性，提出两个重要的假设，最终建立了新的时空观，在此基础上，建立了相对论力学和相对论电动力学．从而使爱因斯坦成为继伽利略、牛顿、麦克斯韦之后，又一位在物理学史上做出重大贡献的物理学家．

狭义相对论的逻辑起点，是爱因斯坦提出的两个重要假设：

(1) 相对性原理．在所有惯性系中，物理规律都具有相同的表达形式，即所有的惯性系都是等效的、平权的．

(2) 光速不变原理．在所有的惯性系中，真空中的光速大小均相同(都是 c)，与光源或者观测者是否运动无关．

第一条假设是力学相对性原理的推广，它使相对性原理不仅适用于力学现象，而且适用于包括电磁现象在内的所有物理现象．这样一来，无论任何物理实验都无法获得绝对静止的参考系，从而把绝对运动和绝对静止的概念从整个物理学中排除掉．第二条假设是建立在猜测基础上，并被后来各种实验和观测事实所证实．基于这两个基本原理，我们可以构建出新时空观下的坐标变换．

下面仍然以运动学情况为例，讨论满足上述基本原理的相对论变换——洛伦兹变换．

2. 狭义相对论时空的洛伦兹变换

现在让我们推理狭义相对论的时空变换的公式. 如图 5.6 所示,设有两个惯性系 S 和 S′,它们的坐标轴互相平行,其中惯性系 S′沿 xx'轴以速度 v 相对于 S 系运动. 以两个惯性系的原点相重合的瞬时作为两者计时的起点. 若有一个事件发生在 P 点,在惯性系 S 测量该事件的时空坐标为(x,y,z,t);从惯性系 S′测量该事件的时空坐标为(x',y',z',t'). 这里需要提醒的是,在伽利略变换中,两事件的时间间隔和惯性系的选取无关,这是一条直接来自日常生活经验的定则,在狭义相对论中,未必如此.

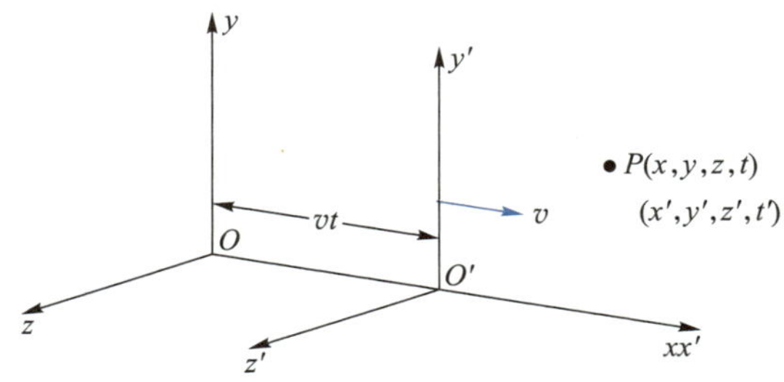

■ 图 5.6　两个惯性系 S 和 S′中的洛伦兹变换

狭义相对论变换的推理要遵循几个原则:(1) 变换为线性关系;(2) 惯性系的对称性;(3) 在低速近似下应回归伽利略变换,和经典的情况一致. 请思考,并讨论为什么要遵循这几个原则.

从狭义相对论的两条基本假设出发,并考虑上述几条推理原则,可推导出两个惯性系 S 和 S′中的时空坐标变换为

$$\begin{cases} x' = \dfrac{x - vt}{\sqrt{1-\beta^2}} = \gamma(x - vt) \\ y' = y \\ z' = z \\ t' = \dfrac{t - \dfrac{v}{c^2}x}{\sqrt{1-\beta^2}} = \gamma\left(t - \dfrac{v}{c^2}x\right) \end{cases} \tag{5.11}$$

其中 $\beta = v/c$, $\gamma = (1-\beta^2)^{-1/2}$. 式(5.11)表达的是,如何从惯性系 S 中的时空坐标变换到 S′系中的对应的时空坐标. 反过来,如何由 S′系中时空坐标变换到 S 系中时空坐标呢? 我们只要考虑相对运动的对称关系,将式(5.11)中的 v 改为 $-v$,不带撇的量改为带撇量,即可得到式(5.11)的逆变换,即

$$\begin{cases} x = \dfrac{x' + vt'}{\sqrt{1-\beta^2}} = \gamma(x' - vt') \\ y = y' \\ z = z' \\ t = \dfrac{t' + \dfrac{v}{c^2}x'}{\sqrt{1-\beta^2}} = \gamma\left(t' + \dfrac{v}{c^2}x'\right) \end{cases} \tag{5.12}$$

式(5.11)和式(5.12)就称为**洛伦兹变换**.

【问题讨论】

对比伽利略变换,从式(5.11)或式(5.12)中能得到什么启发?

在洛伦兹变换中,t'同时是 x 和 t 的函数,或 t 是 x'和 t'的函数,并且都与两个惯性系的相对运动速度 v 有关,这是伽利略变换所没有的. 这反映了时间坐标和空间坐标不再像经典时空观那样是彼此孤立的,而是通过某种方式紧密地联系在一起的,即时空不可分.

从式(5.11)中还可看出,当 $v\ll c$ 时(低速),$\beta\to 0$,$\gamma\to 1$,此时,洛伦兹变换还原为伽利略变换. 这说明伽利略变换是洛伦兹变换的低速近似情况,洛伦兹变换更具有普遍性. 我们把 $v\ll c$ 称作经典极限条件,或者称为非相对论条件,所以,牛顿力学的规律是高速运动规律的一种极限情况的结论就变得顺理成章了.

除此之外,洛伦兹变换式(5.11)或式(5.12)还告诉我们,参考系的速度 $v<c$,否则 v 在接近光速或者超过光速时,$\gamma\to\infty$或为虚数,因为参考系速度实质是物体运动速度,这表明,物体运动速度不能超光速,即光速是自然界速度上限. 此时,我们再来看 5.1.1 节有关内容,是否能有更多清晰的理解呢?

3. 狭义相对论的时空观

利用洛伦兹变换得到的结论虽然与日常生活经验大相径庭、难以置信,但这些结论反而是高速物体运动的真实规律. 同时,这些结论被后来高能物理中的很多实验所证实. 例如,在不同的惯性系中测量同一物体的长度,结果是不一样的;两事件的时间间隔与惯性系的选取有关,在相对论中,物体的动量和能量与速度的关系也与牛顿力学中的结论有差异. 下面我们讨论相对论运动学的一些重要结论.

(1) 同时性的相对性

在牛顿力学中,两个同时发生的事件,无论发生地是否在同一地点,都具有绝对时间的概念,这与我们日常观念是一致的,比如,一座城市中,不同地点的学校,早上 8 点钟同时开课,这里的“同时”确实是绝对的,不会因为我们是在火车上还是在飞机上,“开课”的时间随之发生变化. 然而,在相对论中,光速的不变性要求“同时性”是一个“相对”的概念.

下面通过爱因斯坦的一个理想实验来说明同时性的相对性.

如图 5.7 所示,假想有一车厢以速率 v 相对于地面惯性系 S 向右运动. 在车厢正中间有一个光信号源 P,在车厢的两端分别有 A、B 两点,P、A、B 在同一水平线上,且 $PA=PB$;现在让信号源 P 同时向左右各发出一个光信号,那么对地面上的观测者和车厢内的观测者来看,这两个光信号达到 A 和 B 的时间间隔是否相等? 先后次序是否相同? 首先要明确,根据光速不变原则,无论是相对火车上的观测者,还是相对地面上的观测者,光速都是一样的. 其次,我们来讨论两个不同参考系中的情况. 对车厢内的观测者而言,光向 A 点和 B 点的传播速度是相同的,光信号同时达到 A 点和 B 点. 而对地面的观测者而言,A 点是以速度 v 迎向光信号运动,B 点则以速度 v 背离光信号运动,所以光信号到达 A 点要比到达 B 点早一些. 这说明,光信号源 P 发出

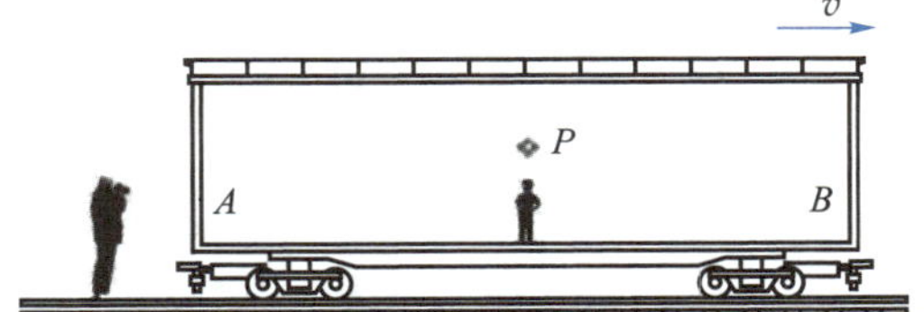

■ 图 5.7 爱因斯坦的理想实验

的光信号到达 A 点和到达 B 点这两个事件的时间间隔与所选择的参考系有关.

【教学活动】

请利用洛伦兹变换证明,在惯性系 S 中不同地点同时发生的两个事件,在惯性系 S′不再同时发生.

总而言之,两个事件在某个惯性系中是同时发生的,一般来说在另一个惯性系中不再是同时发生的. 这就是同时性的相对性. 它是相对性原理和光速不变原理所导出的一个必然结论.

(2) 长度收缩

日常经验告诉我们,一把 1 m 长的尺子沿高铁的运动方向放置,且尺子相对高铁静止不动,地面上的人测量该尺子的长度仍然为 1 m 长. 这就是牛顿力学中伽利略变换的必然结果,即长度或空间的测量是不随惯性系而改变的. 然而,在相对论中,这种“不变性”却发生了变化.

现在我们具体讨论相对论长度收缩效应. 在如图 5.5 所示的惯性系 S 和 S′中,假定一个细棒静止于 S′系中并沿着 Ox'轴放置. S′系中的观测者对细棒的长度进行测量,两个端点的坐标为 x_1'和 x_2',则细棒长为 $\ell_0=x_2'-x_1'$. 我们把观测者和细棒相对静止时测量的细棒的长度称为**固有长度**. 而对 S 系的观测者来说,细棒是运动的,测量其长度时必须同时记录其两端的坐标 x_1 和 x_2,则在 S 系中测量到细棒的长度为 $\ell=x_2-x_1$. 由式(5.11)有

$$x_1'=\frac{x_1-vt_1}{\sqrt{1-\beta^2}},\quad x_2'=\frac{x_2-vt_2}{\sqrt{1-\beta^2}}$$

由于是同时测量,所以 $t_1=t_2$,上两式相减得

$$x_2'-x_1'=\frac{x_2-x_1}{\sqrt{1-\beta^2}}$$

即

$$\ell=\ell_0\sqrt{1-\beta^2} \tag{5.13}$$

由 $\sqrt{1-\beta^2}<1$ 知,在 S 系中测量的细棒长度缩短了,这种沿运动方向发生的长度收缩称为**洛伦兹收缩**,ℓ 称为运动长度. 这也就是说,物体相对观测者静止时,其测量的长度是最长的. 伽莫夫在他的著名科普著作《物理世界奇遇记》中,给出了一副很好的漫画来说明这种现象,如图 5.8 所示.

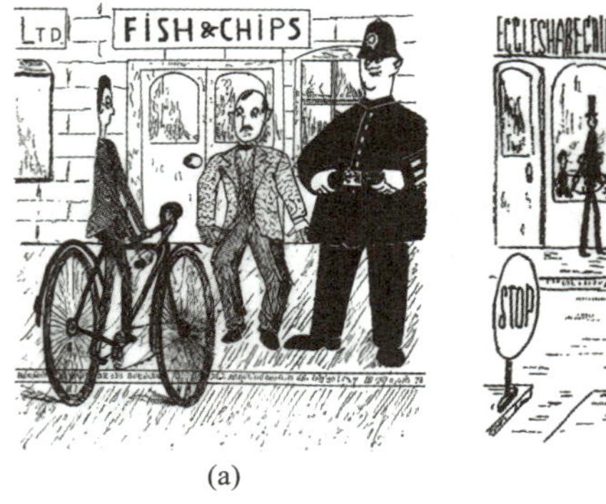

(a)

(b)

■ 图 5.8 伽莫夫《物理世界奇遇记》的插图

【拓展探究】

从惯性系 S 测量相对运动的惯性系 S′中的静止物体长度收缩了，那么，在 S′系中测量静止于 S 系的长度会怎么样呢？请同学们拿出理论证据，并讨论各自的分析结果．图 5.7 中表达的意思是：在商店外面不动的人看来（地面参考系），骑车人沿运动方向长度变短，人变得细长苗条．同样，对骑车的人来看（运动参考系），街上的人在运动方向也变短，也都变得苗条起来．相对论的含义就在于观测的相对性．

【问题讨论】

在地球上，宏观物体所能到达的速度一般不超过为 $10^4\ \mathrm{m\cdot s^{-1}}$，试估计在这样的一个速度下，长度收缩的数量级是多少．

若 $v=10^4\ \mathrm{m\cdot s^{-1}}$，则收缩量 $\Delta\ell$ 和固有长度 ℓ_0 的比值（用固有长度减去运动长度除以固有长度，得到 $1-\sqrt{1-\beta^2}$，作泰勒级数展开后取前两项）约为 $\Delta\ell/\ell_0\sim10^{-9}$．而高铁的运行速度按照 $360\ \mathrm{km\cdot h^{-1}}$ 计算，得 $\Delta\ell/\ell_0\sim10^{-13}$，这些都是非常小的量，故在宏观世界，长度收缩效应不显著，一般可以忽略．

例 5.1 设想一个光子火箭以 $v=0.95c$ 的速率相对地球作直线运动，若以火箭为参考系，测得火箭的长度 20 m．若以地球为参考系，测得的火箭长度是多少？

解 依题意可知 $\ell_0=20\ \mathrm{m}$，由式（5.13）得

$$\ell=\ell_0\sqrt{1-\beta^2}=20\sqrt{1-0.95^2}\ \mathrm{m}=6.24\ \mathrm{m}$$

以地球为参考系测得火箭的长度是 6.24 m，在运动方向上火箭长度收缩了很多．

（3）时间延缓

人们时常会说，时间对每个人都是公平的，你在世界上过的每时每刻，别人都与你一样经过了相同的分分秒秒．那种科幻小说中所说的，“山中一日，世俗十年”，仅存小说之中．可是，狭义相对论告诉我们，这是可能的，并被科学实验所证实，只不过这种情况发生在不同的运动状态中．

在狭义相对论中，如同长度的测量不是绝对的那样，时间间隔的测量也不是绝对的．设惯性系 S′中有一个静止的钟表，在同一地点 x' 先后发生两个事件，此钟记录发生的时刻分别为 t_1' 和 t_2'，在 S′系中两个事件的时间间隔为 $\Delta t'=t_2'-t_1'$，称为固有时 Δt_0．而在相对于 S′系以速度 v 沿 x 轴运动的 S 系中，两事件发生的时刻分别为 t_1 和 t_2，则在该系中两事件的时间间隔为 $\Delta t=t_2-t_1$，Δt 称为运动时．由洛伦兹变换［式（5.12）］可知

$$t_1=\gamma\left(t_1'+\frac{x'v}{c^2}\right),\quad t_2=\gamma\left(t_2'+\frac{x'v}{c^2}\right)$$

于是有

$$\Delta t=t_2-t_1=\gamma(t_2'-t_1')=\gamma\Delta t'$$

即

$$\Delta t=\frac{\Delta t'}{\sqrt{1-\beta^2}}=\frac{\Delta t_0}{\sqrt{1-\beta^2}} \tag{5.14}$$

由于$\sqrt{1-\beta^2}<1$,则 $\Delta t>\Delta t'$. 也就是说在 S′系记录的**某一地点(同地)**发生的两个事件的时间间隔小于在 S 系中记录的这两个事件发生的时间间隔. 这表明,在某惯性系中同一地发生的两事件,在其他惯性系中观测,两事件的时间间隔变大了,也就是说,S′系中的钟变慢了,这称为**时间延缓效应**(图 5.9).

■ 图 5.9　相对论与时间延缓

至此,狭义相对论指出时间、空间与运动三者之间是紧密联系的,这深刻反映了时空的性质. 在爱因斯坦的广义相对论建立起来后,这种联系得到越来越多的实验事实证明,正如著名物理学家霍金所言,“1915 年之前,空间和时间被认为是事件发生的固定舞台,而它们不受在其中发生的事件的影响.”在此之后,空间和时间相互纠缠着成为舞台上的演员.

斯蒂芬·威廉·霍金,英国剑桥大学著名物理学家,是 20 世纪享有国际盛誉的最伟大的物理学家之一. 他的主要研究领域是宇宙论和黑洞,证明了广义相对论的奇性定理和黑洞面积定理,提出了黑洞蒸发理论和无边界的霍金宇宙模型,在统一 20 世纪物理学的两大基础理论——爱因斯坦创立的相对论和普朗克等创立的量子力学方面走出了重要一步.《时间简史》是霍金的著名科普著作之一.

■ 图 5.10　斯蒂芬·威廉·霍金

【拓展探究】

从惯性系 S 测量相对运动的惯性系 S′中的时钟会变慢,那么,在 S′

系中测量静止于 S 系的时钟会怎么样呢？请同学们拿出理论证据，并讨论各自分析结果.

例 5.2 设想一个光子火箭以 $v=0.95c$ 的速率相对地球作直线运动，若火箭上的航天员的计时器记录了他观测某星云变化所花的时间为 10 min，则地球上的观测者测得此航天员用于该记录的时间是多少？

解 显然，航天员在飞船同一地点做出了“记录”这件事，因此由式(5.14)得

$$\Delta t=\frac{\Delta t'}{\sqrt{1-\beta^2}}=\frac{10\ \text{min}}{\sqrt{1-0.95^2}}\approx 32\ \text{min}$$

地球上观测者观测到这个记录事件持续了约 32 min，运动的钟变慢了.

4. 狭义相对论理论应用

（1）相对论的时间延缓效应的实验证明

相对论的建立改变了人们对物质世界的认识，高能粒子实验证实了相对论的正确性. 下面举几个例子证明相对论时间延缓效应.

μ 子是一个不稳定的基本粒子，它与电子具有相同的电量，而质量是电子的 207 倍. μ 子是由宇宙射线与距地球表面几千米处高空的原子碰撞而产生的. 在相对于 μ 子静止的参考系中测量时，μ 子的平均寿命仅为 $\tau=2.2\ \mu\text{s}$. 在 μ 子参考系中，2.2 μs 为固有时间. 假设 μ 子速度接近光速，会发现这些粒子在衰变之前可以运动大约 650 m 的距离，无法穿透大气层到达地球表面. 然而，实验表明，大量 μ 子确实到达了地球表面. 用时间延缓现象可以解释这种效应（图 5.11）. 相对于地球上的观测者，μ 子的寿命等于 $\gamma\tau$. μ 子的运动速度 $v=0.99c$. 可得观测者在地球上测量 μ 子运动的平均距离为

$$l=v\gamma\tau=0.99\times3.0\times10^8\times\frac{2.2\times10^{-6}}{\sqrt{1-0.99^2}}\ \text{m}=4\ 700\ \text{m}$$

此外，1976 年在位于日内瓦的欧洲核子中心的实验室进行了 μ 子实验. μ 子被注入一个大型存储环中，速度约为 $0.999\ 4c$. μ 子衰变产生的电子能够被环周围的计数器检测到，使科学家能够测量 μ 子的衰变率，从而测量其寿命. 实验测得运动 μ 子的寿命约为静止 μ 子的 29 倍，这与相对论预测是一致的.

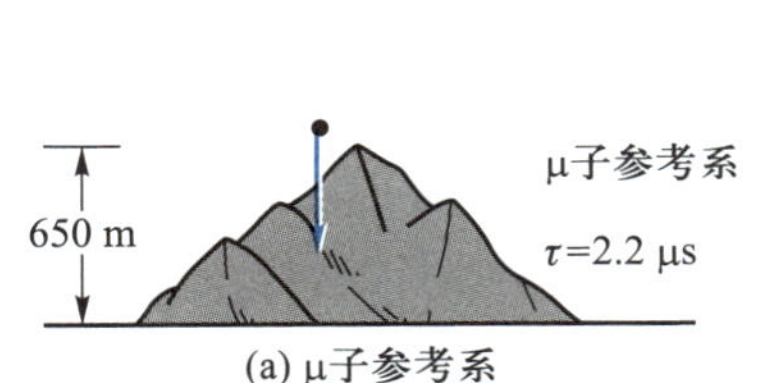

(a) μ子参考系

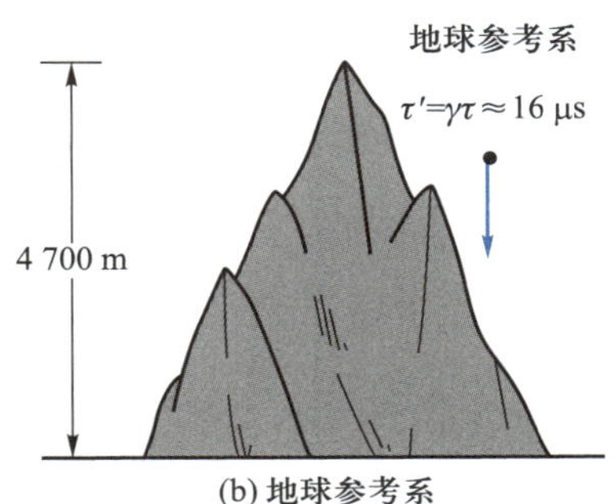

(b) 地球参考系

■ 图 5.11 (a) μ 子以 $0.99c$ 的速度传播，在 μ 子的参考系中测量，其传播距离仅约 650 m，其寿命约为2.2 μs.(b) 地球上的观测者测量，μ 介子传播距离约 4 700 m. 由于时间延缓，地球观测者测得 μ 子的寿命要长.

前面讨论过，在低速物体运动中，由于相对论效应十分微弱，宏观物体的相对论效应不能被探测到. 非常有趣的是，通过比较高精度的原子钟可以直接观察到时间延缓（原子钟的精度可以达到千万年误差 1 s）. 1971 年，美国两位科学家 J. C. Hafele 和 R. E. Keating 把 4 台铯原子钟放到喷气式飞机里，另外一台留在地面上作为标准钟，随后让飞机在赤道附近作环球飞行，一次往西一次往东，每次耗费的时间大约是 3 天，最后测量喷气式飞机上的铯原子钟和地面上的铯原子钟的时间差异. 通过在喷气式飞机中测量的时间间隔与美国海军天文台的参考原子钟测量的时间间隔进行了比较. 他们发现飞机向东飞行一圈，飞机上的时间比地面慢了 59 ns 左右；而向西飞行时，飞机上时间比地面时间快了 273 ns 左右. 考虑到相对于地球的加速和减速周期、行进方向的变化，以及与地球时钟相比飞行时钟所经历的引力场较弱等因素，他们测量的结果与狭义相对论的预测非常一致，说明喷气式飞机的相对运动会导致时间延缓.

【科技中国】

我国自主建造的北斗卫星导航系统（BDS）是全球第三个成熟的卫星导航系统（图 5.12）. 卫星导航系统需要进行相对论修正. 根据狭义相对论，高速运动的卫星时间会变慢；而根据广义相对论，高速运动的卫星上的引力比用户接收机上的引力弱，卫星上的时间会变快. 一慢一快，这需要做何处理？导航系统的地球卫星都是同步卫星，北斗卫星导航系统也不例外，其最大运行速度是第一宇宙速度 7.9 km · s^{-1}. 按第一宇宙速度考虑，根据狭义相对论理论，卫星上的时间要比地面上每天慢 7 μs. 我国北斗卫星导航系统中所有的卫星都是中轨道运动卫星，距离地面的高度为 $2.13 \sim 2.15\times10^4$ km. 若按 2×10^4 km 高度计算，根据广义相对论理论，卫星的时间要比地面上的时间每天快大约 45 μs. 这样算下来，卫星上的时间就会比地面上的每天快 38 μs. 如果不对这 38 μs 进行处理，效果是累积的，每天将会有约 10 km 的定位差误. 实际北斗卫星导航系统定位误差在 10 m 以内，这说明，北斗卫星导航系统是做了相对论修正的.

■ 图 5.12　中国北斗卫星导航系统示意图

（2）质能关系和核能利用

质能关系是相对论的核心内容之一，它表明了物体的质量和能量之间存在着本质的联系，并为人类打开了一条通向无穷无尽能量利用的通道. 具体体现为质能关系：

$$E = mc^2 \tag{5.15}$$

或者能量和动量关系：

$$E^2 = p^2c^2 + E_0^2$$

其中 $m = m_0\left[1-(v/c)^2\right]^{-1/2}$ 是物体的运动质量. 这个式子告诉我们能量和质量是同一事物的两个方面，凡是有质量的东西，一定具有能量；凡是有能量的东西，也一定有质量. 静止质量为 m_0 的物体具有能量

$$E_0 = m_0c^2 \tag{5.16}$$

【问题讨论】

静止的物体也具有能量，请按质能公式，估算 1 g 水包含的能量全部以热形式释放，又能烧开多少水？并与同学讨论这个能量相当于多少当量的炸药释放出来的能量？［提示：等同于 2×10^4 t（吨）炸药爆炸释放的能量！］

在核反应中，反应物和生成物由式（5.15）定义的相对论能量守恒，但它们由式（5.16）定义的静止能量并不守恒，反应前后静止能量的差异为

$$\Delta E_0=(\Delta m_0)c^2 \tag{5.17}$$

这就是核能来源的依据. 通过原子核的裂变和聚变，核反应前后原子核的静止质量会有明显变化，导致大量的能量释放出来，所释放的能量可以用式（5.17）计算.

下面我们扼要地介绍一下两种核反应.

（1）重核裂变

重的原子核分裂成两个较轻的原子核称为裂变. 典型的核反应是铀（${}^{235}_{92}\mathrm{U}$，原子核包含 92 个质子和 143 个中子）在中子轰击下裂变成氙（${}^{139}_{54}\mathrm{Xe}$）和锶（${}^{95}_{38}\mathrm{Sr}$），其核反应式是

$${}^{235}_{92}\mathrm{U}+{}^{1}_{0}\mathrm{n}\longrightarrow{}^{139}_{54}\mathrm{Xe}+{}^{95}_{38}\mathrm{Sr}+2{}^{1}_{0}\mathrm{n}$$

在这个反应过程中，生成物的总静止质量比反应物的总静止质量减少 0.22 u. 因此，1 个${}^{235}_{92}\mathrm{U}$ 在裂变时释放的能量为

$$Q=\Delta E=(\Delta m_0)c^2=(0.22\times1.67\times10^{-27})\times(3.0\times10^8)^2\ \mathrm{J}=3.31\times10^{-11}\ \mathrm{J}\approx200\ \mathrm{MeV}$$

同样可以计算出 1 g 的铀全部裂变所释放的能量约为 8.42×10^{10} J. 这是一个很大的能量. 由于在中子轰击${}^{235}_{92}\mathrm{U}$ 时，生成物有多个中子，如果它们被其他的铀核俘获，就会发生一连串的反应，称为链式反应. 这就是原子弹和核电站的工作原理. 利用链式反应可以构建各种型号和用途的反应堆，世界上第一个核反应堆在美国芝加哥大学建成，此后核能得到了广泛的应用.

（2）轻核聚变

轻的原子核结合在一起形成较大的原子核，同时释放出大量的能量，这个过程叫核聚变. 典型的核聚变是两个氘核聚变成氦核，其核反应式为

$${}^{2}_{1}\mathrm{H}+{}^{2}_{1}\mathrm{H}\longrightarrow{}^{3}_{2}\mathrm{He}+{}^{1}_{0}\mathrm{n}$$

就单位质量而言，轻核聚变可以释放出更多能量. 发生核聚变的材料主要是氘（${}^{2}_{1}\mathrm{H}$）和氚（${}^{3}_{1}\mathrm{H}$），而海水中大约每 6 500 个氢原子就有一个氘原子，海水中氘的总量约 4.5×10^{13} t. 每升海水中所含的氘完全聚变所释放的能量相当于 300 L（升）汽油燃料的能量. 按世界消耗的能量计算，海水中氘的聚变能可用几百亿年. 核聚变被认为是解决地球能源短缺的一个主要途径. 但由于氘和氚核只有在极高的温度和压力下才能使核外电子摆脱原子核的束缚，让两个带正电的原子核克服库仑斥力，发生核反应. 因此，可控核聚变具有很高的难度，暂时还没有能实现长时间可控的核聚变.

我国在等离子核聚变的研究一直处在国际研究前沿，图 5.13 为中国科学院等离子体物理研究所建造的“人造太阳”——全超导托卡马克装置（EAST），该装置成功实现了稳态高约束模式等离子体运行 403 s，刷新了 2017 年的 101 s 世界纪录. 向未来实现稳定的长时间核聚变迈出了坚实的一步. 目前国际上已经建造了多个有望实现长时间可控的核聚变研究装置，其

中最大的受控核聚变装置是国际热核聚变实验堆(ITER,图 5.14),该计划将集成当今国际上受控磁约束核聚变的主要科学和技术成果,首次建造可实现大规模聚变反应的聚变实验堆,将研究解决大量技术难题,是人类受控核聚变研究走向实用的关键一步,因此备受各国政府与科技界的高度重视和支持,我国也是该计划的主要参与者.

■ 图 5.13　全超导托卡马克装置(EAST)

■ 图 5.14　国际热核聚变实验堆示意图

5.2　量子力学简介

【情景引入】

我们知道,金子是黄色的,金刚石无比坚硬,如果要问为什么?大部分人都回答不上来.要回答这些问题需要明确组成材料的原子内部结构,英国物理学家卢瑟福用散射实验找到了一种认识微观世界的方法.他的研究表明原子是由原子核和核外电子组成的,电子绕核高速运动.之后,人们希望进一步了解微观粒子(电子等)的运动行为.起初人们希望用经典理论来解释微观粒子研究中的一些实验结果.然而,用牛顿力学解释电子绕核运动时遇到了困难,诸如发光频率问题、原子稳定问题等.所有这些困难表明,牛顿力学不再适合描述微观粒子的运动规律,必须建立新的理论.量子力学便应运而生.

本章在介绍微观粒子运动的一些实验的基础上,给出了量子力学的一些概念,同时以一维势阱为例,了解微观粒子的运动,认识量子力学的基本特性.

5.2.1　黑体辐射和普朗克能量子假设

热辐射是人们感受最深的日常生活现象之一.夏日的阳光下,人们穿一件化纤织物的白色衬衫就可以抵御部分阳光的炙烤;白天室内光线明亮,但从室外遥看窗门,感觉窗户里黑漆漆的,道理何在?量子力学发展历史告诉我们,正是对辐射尤其是黑体辐射的研究,掀起了量子世界的神秘“盖头”.

量子力学的产生源自人们试图解释空腔向外的电磁辐射的分布规律.我们知道,任何物体在任何温度下都会发射电磁波.由于分子的热运动导致物体向外不断辐射电磁波的现象与温度有关,故称为热辐射.一方面,辐射物的温度越高,发射的电磁波能量越高,其频率也越高.当热辐射的电磁波中心频率在可见光波段时,物体在不同温度下的热辐射直接表现出不同的颜色. 另一方面,任何物体在任何温度下都会接收外来的电磁波,除一部分被反射外,其余部分被吸收. 不十分严格地说(只对可见光而言),一个物体看上去是白色的,是因为它反射了所有频率的可见光;反之,如果看上去是黑色的,是因为它吸收了所有频率的可见光. 19 世纪末,人们因冶金的需要对热辐射开展了系统的研究,试图找出物体辐射的能量和频率存在的关系. 实验告诉我们,物体吸收能力越强,辐射能力也越强,为了寻找一种辐射能力最强的物体,科学家设想了一种吸收能力最强的物体——只吸收、不反射的物体. 但实际的物体都做不到完全吸收外来辐射的能量,世界上最黑的煤对辐射的吸收率只有 98%,因此这只能是一种理想模型,这个模型称为黑体模型.

黑体能够吸收一切外来的电磁辐射. 如何才能寻找到这样一个理想模型呢? 研究发现,我们可以构建一个任意材料做成的空腔,在空腔壁上开一个小孔,小孔口的表面就可以看成黑体,如图 5.15 所示,这是因为射入小孔的电磁辐射将被腔壁多次反射,每反射一次,腔壁就要吸收一部分电磁辐射,以至于射入小孔的电磁辐射很少从小孔逃逸出来,也就没有了电磁波的反射. 同时,当空腔处于某一温度时,也有电磁波从小孔发射出来,这可以认为是黑体辐射.

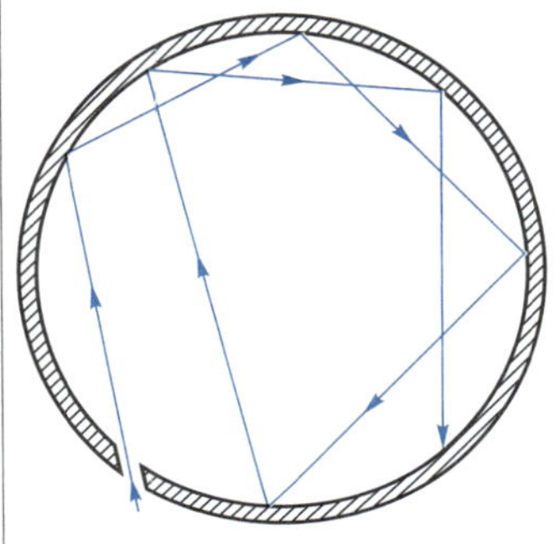

■ 图 5.15 空腔壁上开一个小孔可以看成黑体

科学家构建了一个能表达黑体向外辐射能量能力大小的物理量,这个物理量称单色辐出度,用 $M_\lambda(T)$ 代表在单位时间内从温度为 T 的黑体的单位面积上辐射出的波长在 λ 附近单位波长区间的电磁能量.

【学习疑惑】

有关物理量 $M_\lambda(T)$ 有三个问题:能否直接测量? 有无理论能推导出它的规律? 如果现有理论都不符合实验,怎么办?

前两个看似是独立问题,但前者是实验,后者是理论,理论是否成立,须经实验(实践)检验.

关于第一个问题,当时的热辐射测量技术已十分成熟,可以用光谱分光单色仪进行准确测定,测定的结果如图 5.16 所示的实线部分.

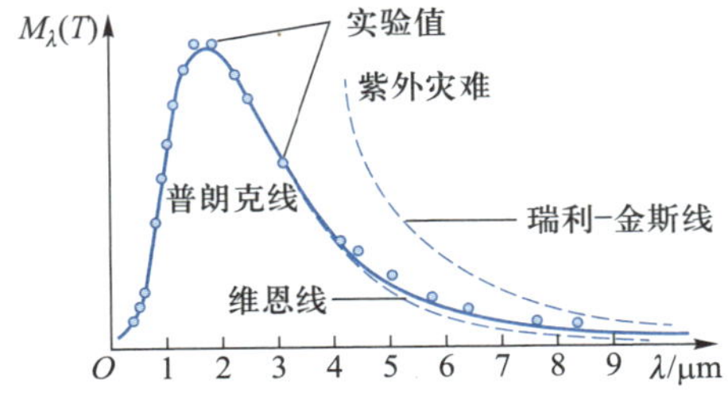

■ 图 5.16 黑体辐射的实验结果和维恩以及瑞利-金斯结果的比较

对于第二个问题,如何从理论上构建 $M_\lambda(T)$ 和波长 λ 的关系,是当时最引人注目的课题之一,正是在这过程中,发现了经典理论的不足之处. 1896 年,维恩从热力学理论出发推理出一个公式用来解释实验结果,

这个公式后来被称作维恩公式

$$M_\lambda(T)=\frac{c_1}{\lambda^5}e^{-\frac{c_2}{\lambda T}} \tag{5.18}$$

式中 c_1 和 c_2 是两个可以用实验确定的经验参数. 分析发现,维恩公式在短波波段与实验结果相符,在长波波段与实验有很大的差别,如图 5.14 所示的短虚线.

1900 年,瑞利根据经典电动力学和统计物理理论,给出了一个黑体辐射公式,后经金斯修改,得到瑞利-金斯公式,即

$$M_\lambda(T)=\frac{2\pi ckT}{\lambda^4} \tag{5.19}$$

式中 c 为光速,k 为玻耳兹曼常量. 分析发现,此公式在长波段和实验曲线符合得很好,但在短波段,特别是在紫外区与实验明显不符,如图 5.14 所示的长虚线,这就是历史上著名的"紫外灾难".

既然理论没有一个能与实验完全符合,第三个问题就出现了——怎么办? 为了调和两套理论的不足,德国物理学家马克思·普朗克(图 5.17)利用数学上的内插法,在黑体辐射的维恩公式和瑞利-金斯公式之间得到了一个统一的公式. 他得到的公式能很好地解释实验结果,如图 5.14 所示,实验数据点与普朗克得出的公式曲线(实线)完全吻合. 普朗克敏感地意识到这不是简单的巧合,为了解释这个公式背后的物理意义,普朗克做出了一个假定:能量在发射和吸收时,不是连续的,而是一份一份的. 他在著名论文《黑体光谱中的能量分布》中写到,"**为了找出 N 个振子具有总能量 U_N 的概率 W,这里有必要假设 U_N 是一个由整数个均分的能量单元构成的离散变量,而不是连续的、无限细分的. 我们把这个均分的能量单元叫做能量子 ε,这样我们有 $U_N=P\varepsilon$,其中 P 是整数,一般很大,ε 的值还不确定**". 这是普朗克第一次引入"量子"的概念. 普朗克公式可写成

$$M_\lambda(T)=\frac{2\pi hc^2}{\lambda^5}\frac{1}{e^{\frac{hc}{\lambda kT}}-1} \tag{5.20}$$

其中 c 为光速,k 为玻耳兹曼常量,$h=6.626\times10^{-34}$ J·s 称为普朗克常量.

■ 图 5.17 马克斯·普朗克

马克斯·卡尔·恩斯特·路德维希·普朗克,德国物理学家、量子力学的创始人之一.

从 1894 年起,开始研究黑体辐射问题,发现辐射定律,并在论证过程中提出能量子概念和常量 h(后称为普朗克常量),成为此后微观物理学中最基本的概念和极为重要的普适常量.

普朗克认为,黑体空腔吸收和发射电磁辐射时,不是经典物理所认为的可以连续的吸收和发射,而是以能量子 $h\nu$(ν 代表电磁波的频率)为基本单元来吸收和发射的. 空腔吸收或发射的能量只能是 $h\nu$ 的整数倍,

$$\varepsilon=nh\nu \tag{5.21}$$

整数 n 称为量子数.

【学习疑惑】

“能量子 $h\nu$”是为了解释黑体辐射实验而引进的一个概念，它是否真实存在于客体中呢？后续的科学探究给出的答案是肯定的.

在能量子作为开创性的概念被提出后，第一个拿来借鉴和推广的是爱因斯坦. 在解释光电效应现象时，爱因斯坦提出光量子假说，他将光看做一份份的粒子——光量子，每一个光子带有的能量为 $\varepsilon=h\nu$，由金属表面的电子吸收光子跳出金属表面的机制，建立了光电效应的爱因斯坦方程，从而既成功地解决了光电效应留给经典物理的问题，又验证了普朗克的能量子假说的正确性，更揭示了光的本性. 爱因斯坦也因此获得 1921 年诺贝尔物理学奖.

此外，值得一提的是，重要的国际会议可以推动科学发展. 1911 年 10 月在布鲁塞尔召开的第一届索尔维会议上，会议的主题是“辐射与量子”，普朗克、洛伦兹、爱因斯坦等物理学界殿堂级人物悉数赴会(图 5.18). 这次会议对量子理论的发展起到了极其重要的推动作用，爱因斯坦、普朗克等人就辐射理论和量子理论的进展和看法进行了面对面的交流，推动了量子物理的发展.

■ 图 5.18 第一届索尔维会议

5.2.2 量子力学简介

1. 光的波粒二象性、物质波

黑体辐射、爱因斯坦的光电效应实验证明了光的粒子性. 但长期以来，光的干涉、衍射、偏振等实验现象表明，光具有波动性，是经典物理学中忽略了光的粒子性吗？按经典物理学的观点看，粒子性和波动性是不相容的两个概念，那么，我们该如何认识光的本质属性呢？

纵观上述光的现象，我们必须接受实验事实，即光既有波动性，又有粒子性，本质是具有波粒二象性. 也就是说，在一些实验中，光可能呈现波动性，而在另一些实验中，光又可能呈现粒子性. 但波粒二象性中的“波”和“粒子”与经典物理学中的波和粒子大相径庭. 读者可以在后续的内容中慢慢体会.

接下来我们介绍一下光子的质量、动量和能量问题. 光子在真空中的传播速度为 c，按照相对论能量公式

$$E^2=p^2c^2+E_0^2$$

光子的静止质量为 0，所以 $E_0=0$. 光子的能量和动量的关系为

$$E=pc$$

其动量可以写成

$$p=\frac{E}{c}=\frac{h\nu}{c}=\frac{h}{\lambda}$$

对于频率为 ν 的光子，其能量和动量分别为

$$E = h\nu,\quad p = \frac{h}{\lambda} \tag{5.22}$$

我们可以发现式(5.22)把描述粒子性的物理量(E, p)和描述波动性的物理量(ν, λ)通过普朗克常量 h 联系到了一起.

【内容递进】

光的波粒二象性被人们广泛接受之后,像电子这样的粒子是否也具有波动性呢？的确如此,在光具有波粒二象性的启发下,法国物理学家德布罗意在 1924 年提出一个假说,指出波粒二象性不只是光子才有,一切微观粒子(包括电子、质子、中子等)都具有波动性. 他进而推广到一个质量为 m、以速度 v 作匀速运动的实物粒子,它既具有以能量 E 和动量 p 描述的粒子性,也具有以频率 ν 和波长 λ 描述的波动性. 它们都有与式(5.22)一样的关系.

按照德布罗意的假设,实物粒子以动量 p 运动时所具有的波长为

$$\lambda = \frac{h}{p} \tag{5.23}$$

这就是德布罗意公式,对应的波称为德布罗意波,也称为物质波. 这一公式体现了实物粒子波动性的波长和体现实物粒子粒子性的动量之间的关系,揭示了微观粒子的波粒二象性(图 5.19)的本质.

若一个静止质量为 m_0 的粒子,在速率 $v \ll c$ 时,粒子的动量用经典形式 $p = m_0 v$ 表示,则粒子的德布罗意波长为

$$\lambda = \frac{h}{m_0 v} \tag{5.24}$$

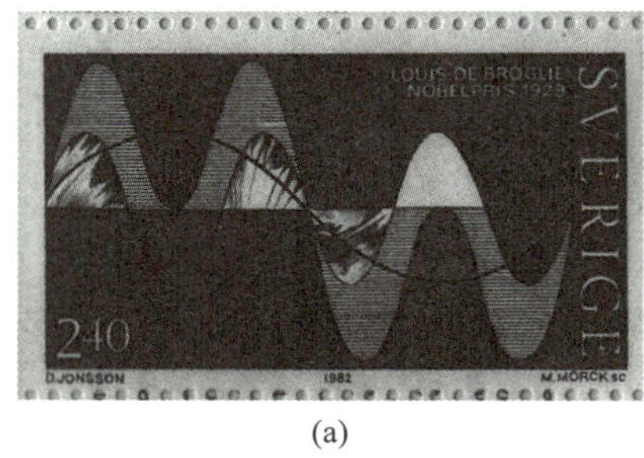

(a)

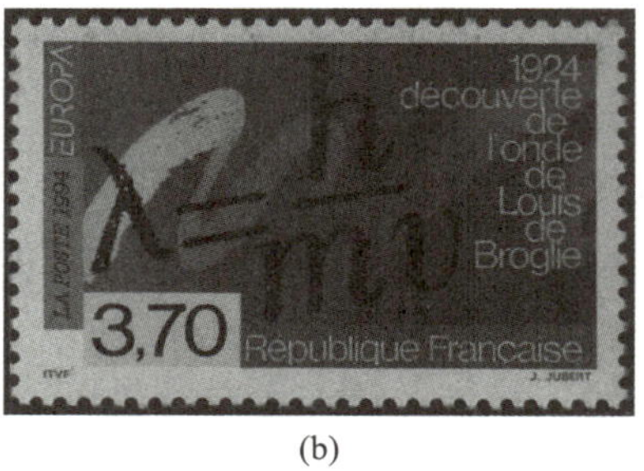

(b)

■ 图 5.19 纪念实物粒子波粒二象性的邮票

【学习疑惑】

既然德布罗意的理论认为,实物粒子都具有波粒二象性,那么日常生活中为什么很少发现实物粒子的波动特征呢？

对式(5.24)分析可知,由于 h 非常小(10^{-34}数量级),实物粒子质量很大(克为单位),速度也有限(不会超过10^4 数量级),则实物粒子的波长就非常短,粒子的波动性很难被测量到. 只有在微观情况下,粒子的波动性才能表现出来. 例 5.3 很好地说明了这一问题.

例 5.3 计算下列物体运动时的德布罗意波长：(a)地球环绕太阳运动，地球质量为 6×10^{24} kg，绕太阳运动速度为 3×10^{4} m · s^{-1}；(b)一块质量为 100 g 的石头，飞行速度为 1 m · s^{-1}；(c)一个动能为 100 eV 的电子.

解 (a)将题设数据代入式(5.24)得，地球波的波长

$$\lambda=\frac{h}{m_{\text{地球}}v_{\text{地球}}}=\frac{6.63\times10^{-34}}{6\times10^{24}\times3\times10^{4}}\ \mathrm{m}\approx3.68\times10^{-63}\ \mathrm{m}$$

(b)把石头的质量和速度代入式(5.24)，得到石头的波长

$$\lambda=\frac{h}{m_{\text{石头}}v_{\text{石头}}}=\frac{6.63\times10^{-34}}{0.1\times1}\ \mathrm{m}\approx6.6\times10^{-33}\ \mathrm{m}$$

(c)依题意，电子的动能比较小，电子的运动可用 $E_k=\frac{1}{2}m_0v^2$ 计算，其运动速度为

$$v=\sqrt{\frac{2E_k}{m_0}}=\sqrt{\frac{2\times100\times1.6\times10^{-19}}{9.1\times10^{-31}}}\ \mathrm{m\cdot s^{-1}}=5.94\times10^{6}\ \mathrm{m\cdot s^{-1}}$$

则电子的德布罗意波长为

$$\lambda=\frac{h}{m_0v}=\frac{6.63\times10^{-34}}{9.1\times10^{-31}\times5.94\times10^{-6}}\ \mathrm{m}=1.2\times10^{-9}\ \mathrm{m}$$

计算结果表明，地球和石头的波长都非常小，以至于没有任何测量仪器能测量或感知；电子就大不一样了，它的波长和 X 射线的波长相当，可以用天然光栅——晶体测量出其波动特征量——波长.

【内容递进】

上述理论及各种分析表明，实物粒子也应该有波动性，但能有直接的实验证据吗？

在德布罗意提出物质波 3 年后，科学家们通过两个独立的电子衍射实验，验证了德布罗意波的存在. 这两个实验是：英国物理学家汤姆孙用电子束照射并穿过薄金属片，观察到预测的衍射图样；戴维森和革末用低速电子入射到镍晶体上，取得了电子的衍射图样. 这两个实验的结果和理论预测符合得非常好. 鉴于电子衍射的发现对物理学的发展具有重要意义，戴维森和汤姆孙共同获得了 1937 年诺贝尔物理学奖. 这里我们介绍一下汤姆孙电子衍射实验的结果.

汤姆孙独立地从实验中观察到电子透过多晶薄片时的衍射现象. 实验装置如图 5.20(a)所示，电子从灯丝 K 溢出后，经过电压为 U 的加速电场后穿过小孔 D，成为一束很细的平行电子束，其能量约为数千电子伏. 当电子束穿过一薄金属片 M(如铝箔)后，再射到照相底片 P 上，就获得了如图 5.20(b)所示的衍射图样.

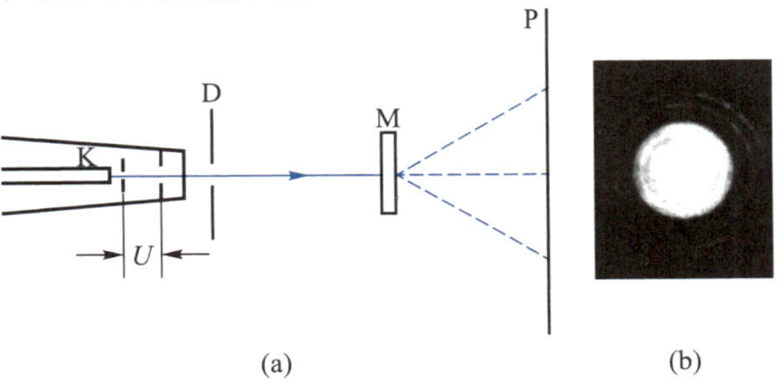

■ 图 5.20 电子透过多晶薄片时的衍射现象

当然，证明电子波动性最直观的实验是电子通过狭缝的衍射实验. 但要将狭缝做得极细是很困难的，直到 1961 年，才由约恩孙制出长为 50 μm、宽为 0.3 μm、缝间距为 1.0 μm 的狭缝. 电子束经 50 kV 的电压加速后，分别通过单缝、双缝等，均可得到衍射图样. 图 5.21 是电子通过双缝后的衍射图样，这与可见光通过双缝后的衍射图样类似，直接证明了电子的波动性.

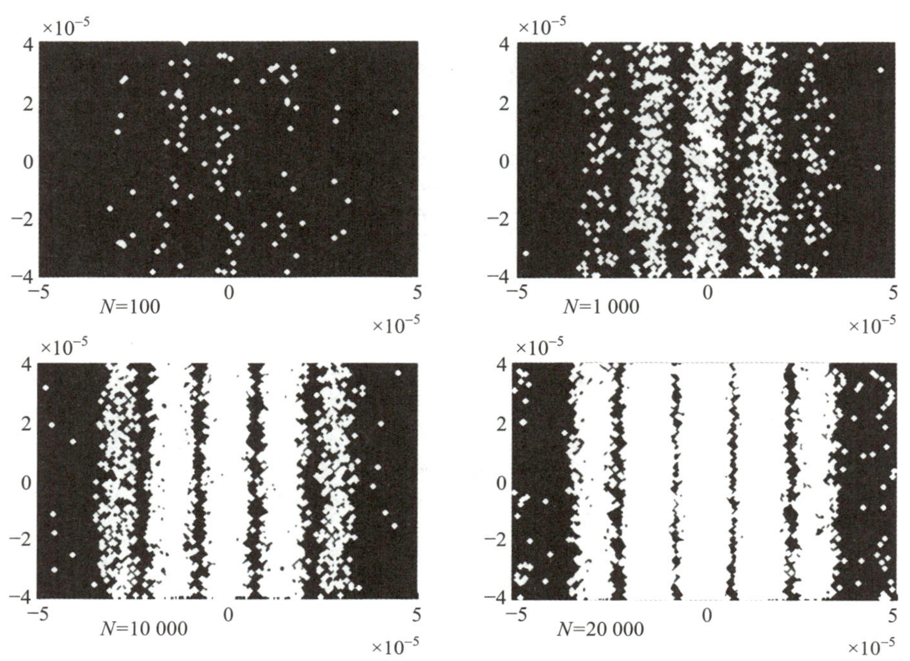

■ 图 5.21　电子通过双缝装置后在感光板上形成的衍射图样

自从实验证明电子具有波动性后，其他实物粒子(如质子、中子、氦原子和氢分子等)也相继被证明能够发生衍射现象，具有波动性. 在这些实验里，比较著名的是 1929 年施特恩团队完成的氢、氦粒子束衍射实验，该实验很好地展现了原子和分子的波动性质. 同时，人们也开展了验证一些原子、分子，甚至更大尺寸、更复杂的粒子具有波动性质的实验. 例如，1999 年维也纳大学研究团队观察到 C_{60}富勒烯的衍射，富勒烯是大而重的粒子，原子质量约为 720 u，德布罗意波长为 2.5 pm，而分子的直径为 1 nm，大约是德布罗意波长的 400 倍. 2003 年，他们使用近场塔尔博特-劳厄干涉仪获得了 $C_{60}F_{48}$的干涉条纹，$C_{60}F_{48}$是一种氟化巴基球，由 108 个原子组成，质量约为 1 600 u. 这些大型分子刚好可以用来显示量子干涉与量子退相干. 因此，物理学家可以利用它们研究物体在量子-经典界限附近的物理行为. 目前，实验证实质量超过 10 000 u 的分子也能发生干涉.

2. 波函数

由牛顿力学可知，可以通过位矢、速度、加速度、动量、能量等物理量，完整描述经典粒子的运动学和动力学规律；可以用波函数和波动方程来描写经典波动的波动规律. 但微观粒子具有波粒二象性，其运动状态受“不确定关系”的限制(位置与动量的确定性互斥)，无法再用具体的位矢来描述，那么，能不能用波函数加上微观粒子特性来描述微观粒子的运动状态呢？

薛定谔认为，对于具有波粒二象性的微观粒子（如电子、中子、质子等），可以像声波或光波那样用波函数来描述它们的波动性．不同的是微观粒子的波函数中的频率和能量的关系、波长和动量的关系应遵从德布罗意所提出的式（5.22）．但微观粒子的波函数与经典的波函数是有差异的，这种差异来自对实验事实的认知．如何认知微观粒子的波函数呢？

玻恩于 1926 年提出波函数的统计诠释．玻恩的统计诠释可以用电子的双缝衍射实验（图 5.18）结果来说明．如果我们减弱入射电子束的强度，使得电子一个一个的依次通过双缝，随着通过双缝的电子数目的增多，衍射图样将发生如图 5.18 所示的变化．在开始时，几个电子通过双缝，到达屏上的位置是随机的，随着电子数目的增多，电子到达的位置逐渐显示出规律来，一些地方的电子数目特别多，一些地方很少有电子到达，最后呈现出以概率分布的明晰的衍射图样．因此，微观粒子的波动性反映出的是概率分布．所以，德布罗意波也称为概率波，记波函数为 Ψ，为了使后续的概率波满足实际的物理条件，比如概率及概率流密度守恒等，波函数取复数形式．粒子在某一时刻出现在某点附近体积元 $\mathrm{d}V$ 中的粒子的概率由下式表述：

$$|\Psi|^2\mathrm{d}V=\Psi\Psi^*\,\mathrm{d}V$$

式中 Ψ^* 是 Ψ 的复共轭（这里是指复指数取负号，Ψ^* 和 Ψ 相乘指数部分刚好相消，等同于 $|\Psi|^2$）．$|\Psi|^2$ 为粒子出现在某点附近单位体积元内的概率，称为概率密度．如果在空间某处 $|\Psi|^2$ 的值越大，那么粒子出现在该处的概率也越大，$|\Psi|^2$ 的值越小，则粒子出现在该处的概率就越小．

由于微观粒子（如原子核外的一个电子）局限在空间的某一个范围内，粒子要么出现在空间的这个区域，要么出现在其他区域，因此任何时刻在整个空间内发现粒子的概率为 1，即

$$\int|\Psi|^2\mathrm{d}V=1 \tag{5.25}$$

上式叫做归一化条件，归一化后的波函数称为归一化波函数．

马克斯·玻恩（图 5.22），德国理论物理学家、量子力学奠基人之一．马克斯·玻恩 1901 年起在布雷斯劳、海德堡、苏黎世和哥廷根等大学学习，先学的是法律和伦理学，后来学习了数学、物理和天文学．1907 年获得博士学位．1912 年与西尔多·冯·卡门合作发表了《关于空间点阵的振动》的著名论文，从此开始了他以后几十年创立晶格理论的事业．1936 年任爱丁堡大学教授，1937 年当选为英国伦敦皇家学会会员．玻恩还是《哥廷根宣言》的签署人．玻恩因发展了量子力学的波函数意义而荣获了 1954 年诺贝尔物理学奖．

■图 5.22 马克斯·玻恩

什么样的波函数能符合粒子实际客观要求呢？由于微观粒子（如电子绕原子核运动）所处的环境不同，波函数的形式自然是千差万别，这也

正是物理学家们要解决的问题. 先考虑一种特殊的情况,微观粒子不受外力场的作用或者认为是外场的作用可以忽略,其能量和动量是不变的,则粒子为自由粒子. 波函数可为

$$\Psi(x,t)=\psi_0 e^{-i2\pi\left(\nu t-\frac{x}{\lambda}\right)} \tag{5.26}$$

对于德布罗意波波长为 λ、频率为 ν 的微观粒子,因动量和能量分别为

$$p=\frac{h}{\lambda},\quad E=h\nu$$

式(5.26)变为

$$\Psi(x,t)=\psi_0 e^{-i\frac{2\pi}{h}(Et-px)} \tag{5.27}$$

若粒子不处于自由状态,则波函数需要通过求解波动方程才能获得. 那么,波动方程是什么形式呢?

埃尔温·薛定谔(图 5.23),奥地利物理学家,量子力学奠基人之一,发展了分子生物学. 薛定谔先后任苏黎世大学、柏林大学和格拉茨大学教授. 在都柏林高级研究所理论物理研究组中工作 17 年. 因发展了量子理论,和保罗·狄拉克共获 1933 年诺贝尔物理学奖.

3. 薛定谔方程

在确定了波函数描述微观粒子运动状态的基础上,就可以像牛顿第二定律那样建立一个描述微观粒子的运动学方程. 那么,这个运动学方程是个什么样的呢? 1925 年薛定谔在德布罗意博士论文的基础上,建立了微观粒子的波动方程——薛定谔方程. 为了纪念薛定谔的贡献,在薛定谔的墓碑上,刻上了他所建立的方程式(图 5.24).

■ 图 5.23 埃尔温·薛定谔

■ 图 5.24 薛定谔的墓碑上的薛定谔方程(5.28 式)

薛定谔指出,若质量为 m 的一维粒子在势场 V 中运动,其波函数满足的薛定谔方程为

$$\left(-\frac{\hbar^2}{2m}\frac{\partial^2}{\partial x^2}+V\right)\Psi=i\hbar\frac{\partial\Psi}{\partial t} \tag{5.28}$$

其中 $\hbar=h/(2\pi)$,称约化普朗克常量. 式(5.28)的作用犹如牛顿第二定律,它的作用就是根据条件求出波函数 Ψ. 此外,方程式中 $\partial^2/\partial x^2$ 为二阶偏导数(实际运算时很多情况下可以当做二阶导数),因此式(5.28)为二阶线性微分方程,其求解过程较为复杂,需要用到初始条件、边界条件和其他对波函数的限制要求等. 后续将会有简单的一维无限深势阱的特例,来帮助大家理解方程的作用.

当式(5.28)中的 $V=0$ 时,方程即为一维自由粒子的薛定谔方程,其波函数形式即为式(5.27).

 【内容递进】

建立了薛定谔方程后,原则上我们就可以像解牛顿第二定律列出的

方程一样,求解任意粒子的状态——波函数,从而了解粒子的基本特征. 但在实际的体系中,能够严格求解薛定谔方程的情况并不多,目前也就仅氢原子问题能够严格求解. 随着计算技术的发展,采用数值求解方法,可以求解十分复杂的量子体系,在理解微观世界新规律方面发挥着重要作用.

在一些情况下,微观粒子的势能 V 仅是坐标的函数,与时间无关. 在这种情况下薛定谔方程可以通过分离变量法来求解(这是物理学家解任何偏微分方程的首选). 也就是把 $\Psi(x,t)$ 所表示的波函数分成坐标函数 $\psi(x)$ 与时间函数 $\phi(t)$ 的乘积,即

$$\Psi(x,t)=\psi(x)\phi(t) \tag{5.29}$$

通过运算可以得到坐标函数 $\psi(x)$ 满足的方程

$$-\frac{\hbar^2}{2m}\frac{\partial^2\psi(x)}{\partial x^2}+V\psi(x)=E\psi(x) \tag{5.30}$$

式(5.30)为在势场中的作一维运动粒子的定态薛定谔方程,这个方程含有丰富的物理内涵. 下面我们以粒子在无限深势阱中的运动来认识微观粒子的量子特征(状态和能量).

4. 一维无限深势阱

一维无限深势阱是量子力学的一个最简单的模型. 如图 5.25 所示,假设粒子所处势场在空间某一区域为 0(粒子不受力),在其余区域为无穷大时(粒子受力为无穷大),粒子的运动会被束缚在该区域内无法逃逸. 这好比一小车在水平光滑的轨道上运动,在两端处发生完全弹性碰撞,使得它在轨道上永远不停地来回运动. 更实际的模型来自金属薄板中的自由电子边界束缚状态. 一维无限深势阱可表示为.

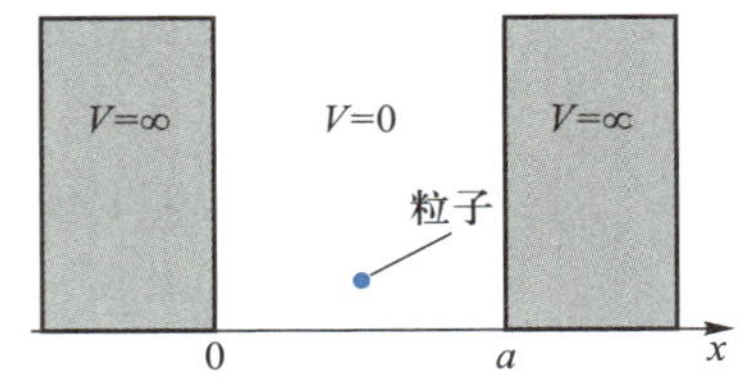

图 5.25 粒子在一维无限深势阱中运动

$$V(x)=\begin{cases}0, & 0\leqslant x\leqslant a\\ \infty, & \text{其他地方}\end{cases} \tag{5.31}$$

因粒子无法运动到势阱以外,势阱外的波函数 $\psi(x)=0$. 在势阱内,因 $V=0$,定态薛定谔方程式(5.30)为

$$-\frac{\hbar^2}{2m}\frac{\mathrm{d}^2\psi}{\mathrm{d}x^2}=E\psi \tag{5.32}$$

或者

$$\frac{\mathrm{d}^2\psi}{\mathrm{d}x^2}=-k^2\psi \tag{5.33}$$

式中 $k=\frac{\sqrt{2mE}}{\hbar}$,且 $E\geqslant 0$($E<0$ 没有意义).式(5.33)是一个最简单的二阶常微分方程,其解可写成

$$\psi(x)=A\sin kx \tag{5.34}$$

考虑到波函数的物理意义,$\psi(x)$ 在边界处应该连续,即 $\psi(0)=\psi(a)=0$.

由条件 $\psi(a)=A\sin ka=0$ 可知,$\sin ka=0$,即

$$ka=\pm\pi,\pm 2\pi,\pm 3\pi,\cdots \tag{5.35}$$

$$k_n=\frac{n\pi}{a},\quad n=1,2,3,\cdots \tag{5.36}$$

因此得到量子化的能量 E 的可能值为

$$E_n=\frac{\hbar^2 k_n{}^2}{2m}=\frac{n^2\pi^2\hbar^2}{2ma^2} \tag{5.37}$$

由波函数 ψ 的归一化条件可知

$$\int_0^a |A|^2\sin^2(kx)\mathrm{d}x=|A|^2\frac{a}{2}=1$$

得

$$A=\sqrt{\frac{2}{a}}$$

最终求得一维无限深势阱内的波函数为

$$\psi_n(x)=\sqrt{\frac{2}{a}}\sin\left(\frac{n\pi}{a}x\right),\quad n=1,2,3,\cdots \tag{5.38}$$

【问题讨论】

根据能量[式(5.37)]和波函数[式(5.38)],如何认识量子状态的存在?

按照经典理论,处于无限深方势阱中的粒子,其能量可取任意的有限值. 可是,求解薛定谔方程时,我们通过边界条件自然得出微观粒子在一维无限深势阱中的能量不是任意的,只能是某些特殊的许可值. 这些离散的能量[式(5.37)]构成了不同的能级,这正是量子力学所表现出的特征.

式(5.38)表明波函数也是由一组分立的"周期"函数组成的,前几个波函数画在图 5.21 中. 它们看起来像在一个固定长度为 a 的弦上的驻波[①]. ψ_1 对应能级的能量最低,称为基态,其他状态的能量正比于 n^2,如式(5.37)所示,称为激发态(图 5.26).

注①驻波是一对相向而行的波叠加形成的,可参考拓展模块波动内容.

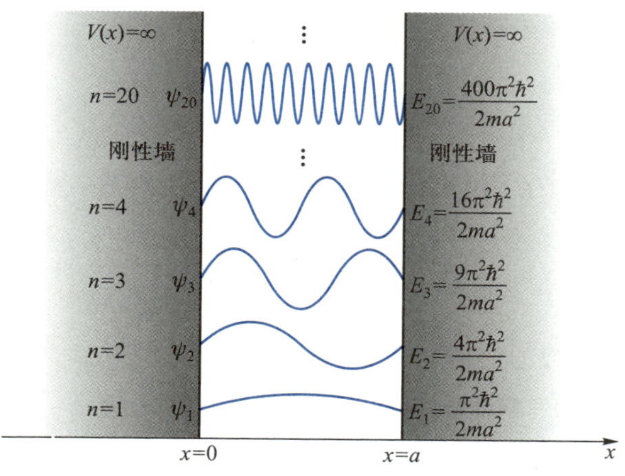

■ 图 5.26 一维无限深势阱的部分定态示意图

【拓展探究】

有关微观世界的特点——(能量、状态)量子化,我们举几个实际例子.

第一个例子是金属中的自由电子不会自发地逃出金属表面的机制. 自由电子在晶格结点(正离子)形成的"周期场"中运动,可以简单地认为粒子被"无限高"的势能壁束缚在金属之中,由此抽象出粒子在无限深势阱中运动. 在阱内,由于势能为零,粒子受到的总的力为零,其运动是自由的. 在边界($x=0$ 或 $x=a$)处,由于势能突然增加到无限大,粒子不可能到达 $0<x<a$ 的范围以外的位置. 无限深势阱模型虽然很简单,但恰恰正因为简单才使它成了很多实际问题的基础推理模型.

第二个例子是量子围栏. 1993 年美国 IBM 研究中心的 M. F. Crommie 等人,在 4 K 温度下用电子束将单层的铁原子蒸发到清洁的 Cu 表面,然后用扫描隧道显微镜(简称 STM)改进后的原子力显微镜(简称 AFM)操纵这些铁原子,将它们排成一个由 48 个铁原子组成的圆圈从而引发出一系列引人入胜的结果. 如今人们将这一铁原子圈称为"量子围栏". 所谓的量子围栏,也就是 Cu 表面的一些电子被周围 48 个 Fe 原子围了起来,对这些电子而言,Fe 原子形成一个势垒,相当于构成一堵墙,围栏内的电子在势阱中运动,形成明显的干涉图样,如图 5.27 所示.

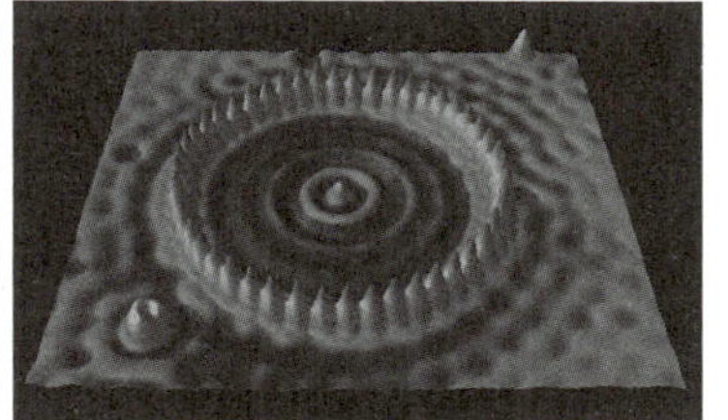

■ 图 5.27 Fe 原子在 Cu 表面形成的量子围栏

第三个例子是激光. 激光是典型的微观规律的宏观应用. 上述无限深势阱的实例告诉我们,微观粒子的能量是以能级形式出现的. 那么,原子、分子内部都具有能级结构. 当许许多多原子或分子处于高能量状态时,原子或分子将会从高能级状态退回到低能量状态(称为跃迁),直至最低能态(基态),期间会以光的形式将能量释放出来,即形成发光(机理). 一百多年前,爱因斯坦告诉我们,原子或分子从高能级向低能级跃迁时有两种方式——自发跃迁和受激跃迁. 激光就发生在"受激跃迁产生光的放大"之中. 科学家在 20 世纪 60 年代用谐振腔实现了红宝石激光器. 至今,激光在测距、通信、精密加工、外科手术、信息存储和条码识别等各个方面有着广泛的应用.

【互动交流】

为什么宏观世界少见量子效应,假如普朗克常量很大,自然界会发生什么情况? 讨论交流图 5.28 中的场景,并阅读伽莫夫著作《物理世界奇遇记》,感受量子世界中的微观现象出现在宏观世界里的震撼场景.

5. 量子信息技术简介

量子信息科技是植根于量子力学的新一代信息科学技术，通过对微观粒子进行精确的量子操控，能够突破经典信息技术的限制，它必将引领下一次信息革命. 量子科技主要包括量子通信、量子精密测量、量子计算和量子模拟等方向. 本节简要介绍一下与量子通信有关的一些概念.

■ 图 5.28　伽莫夫著作《物理世界奇遇记》描述的一幅图，当普朗克常量很大时，宏观世界量子效应明显，车可以通过隧道效应穿过墙进入客厅.

（1）量子态叠加原理

如果 ψ_1 和 ψ_2 是体系的可能状态，那么它们的线性叠加 $\psi=c_1\psi_1+c_2\psi_2$ 也是体系的一个可能状态，并且这种叠加可以推广到很多态. 当粒子处于 ψ_1 态和 ψ_2 态的线性叠加态 ψ 时，粒子既处在 ψ_1 态，又处在 ψ_2 态. 在量子力学中，波函数 ψ 被用来描述一个物理体系的状态，粒子处在波函数定义的所有状态的叠加态，也就是说，他既在这里，又在那里，也可以说哪里都不存在. 只有对该粒子的具体状态进行测量时，波函数的叠加态突然结束，坍缩到某个特定值，我们才能知道该粒子究竟处于 ψ_1 态，还是处于 ψ_2 态.

（2）波函数坍缩

在宏观物理世界中，宏观物质只能显示粒子性这一种属性，它的波动性根本显示不出来，所以宏观物体构成了一种物理实在，与人们的观察无关. 而微观粒子却有粒子性和波动性两种属性，我们上面讨论的波函数所代表的是一种概率波，它既不描述粒子的形状，也不描述粒子的运动轨迹，它只给出粒子运动的概率分布. 在这种情况下，测量就会对波函数产生影响. 这就是“波函数坍缩”的概念. 根据哥本哈根学派的解释，在一次测量和下一次测量之间，除抽象的概率波函数以外，这个微观物体不存在，它只有各种可能的状态；仅当进行了观察或测量，粒子的“可能”状态之一才能成为“实际”的状态，并且所有其他可能状态的概率突变为零. 这种由于测量行为产生的波函数的突然的、不连续的变化被称为“波函数坍缩”. 比如在电子双缝干涉实验中，每个电子落在屏幕上都是一次波函数塌缩.

（3）薛定谔“猫”佯谬

1935 年，薛定谔发表了题为《量子力学的现状》论文，文中提到一个“猫”的佯谬问题. 内容大意是：一只猫与可憎的奇异装置共同处在同一铁容器内，其中有一个内存有稀薄放射物质的盖革计数器，稀薄到一个小时内可能仅有一个原子衰变，一小时内一个原子也没有衰变的概率与衰变一个的概率相等. 如果一个原子衰变将触发计数器，通过一个继电器又会引起一个小锤子的动作，从而击破一个氰化物罐子. 如果一个人离开整个系统一个小时，他将会说如果没有原子衰变，猫将活着. 第一次的衰变将导致猫被毒死. 整个系统的波函数将表示为含有活猫和死猫相等的部分，即在一小时后，猫的波函数形式应为

$$\psi=\frac{1}{\sqrt{2}}(\psi_{活}+\psi_{死}) \tag{5.39}$$

直到一个测量——比如你打开盒子之前，猫既不是活的也不是死的，而是两者的线性组合（图 5.29）. 在你透过窗观察去验证的那一时刻，猫被迫选择“一种姿态”，活还是死. 如果你发现猫死了，那就是由于你的观察杀死了猫.

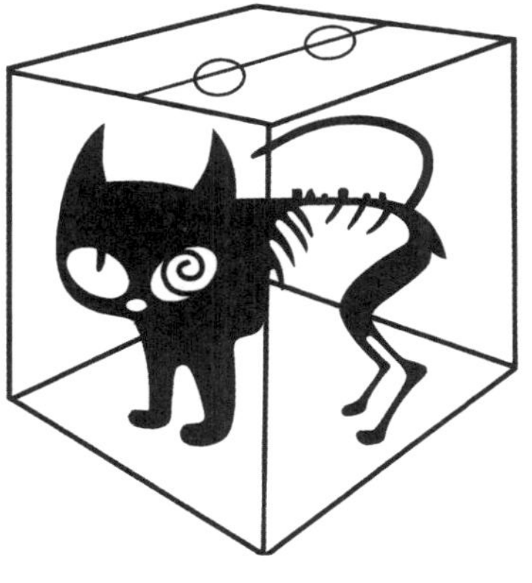

■ 图 5.29　猫既不是活的也不是死的，而是死活两种状态的线性组合

薛定谔认为这是谬论，把两个完全不同的宏观事件线性组合在一起的极端想法显然是荒谬的. 一个电子的自旋状态可以是自旋向上和自旋向下的线性组合，但一只猫的状态不能是活着和死亡的线性组合. 普遍接受的答案是，在统计解释上，触发盖革计数器构成一个“测量”，而不是观测者的介入. 一个测量的本质是某些宏观体系受到了影响（本例中的盖革计数器），在测量发生时刻，以留下一个永久记录的方式，微观体系（由量子力学规律所描述）与宏观体系（由经典规律所描述）相互作用. 宏观体系本身不允许处在一个由不同状态所构成的线性组合的状态.

（4）量子纠缠和量子通信

把两个量子系统先做关联性处理（称为纠缠处理）后，再把其中一个系统移至另一个位置，哪怕一个移至太阳边，另一个移至冥王星边，这两个系统仍然保持关联性（纠缠）. 当对某一个系统做某一特性量的测量，则这个系统将“塌缩”到这一特性量上，而此时遥远的另一个系统（并未被测量）也会同时“塌缩”到这个特性量上. 这样的关联系统称为纠缠态系统.

将量子纠缠机制应用于量子信息学，很多平常不可行的事务都可以达成. 如，量子密钥分发能够使通信双方共同拥有一个随机、安全的密钥来加密和解密信息，从而保证通信安全. 量子通信的安全性基于量子力学的基本原理. 在量子密钥分发机制里，给定两个处于量子纠缠的粒子，假设通信双方各自接受其中一个粒子，由于测量其中任意一个粒子均会摧毁这对粒子的量子纠缠. 量子通信中，用光子来构建纠缠态系统，每个光量子在传输信息的时候具有不可分割和不可被精确复制两大特性，如果存在窃听，就一定会被信息发送者察觉到并规避，所以量子通信保证了信息传递的安全.

【科技中国】

目前现有的量子纠缠实验都离不开光子，光子处于量子纠缠制备的中心位置. 2016 年，中国量子科学实验卫星“墨子”号首次成功实现两个纠缠光子被分发到超过 1 200 km的距离后，仍可继续保持其量子纠缠状态. 光子纠缠通常是对光子源产生的光子通过各种光学干涉的方法来获取. 产生纠缠的光子数越多，干涉和测量系统就越复杂，实验难度就越大. 在这方面，中国科技大学潘建伟教授团队一直保持着光子纠缠态制备的世界纪录.

【实践探索】

1. 假设光子在某惯性系中的速度等于 c，讨论是否存在这样一个惯性系，光子在该惯性系中的速度不等于 c？

2. 在宇宙飞船上，有人拿着一个立方形物体. 若飞船以接近光速的速度背离地球飞行，若我们在地球上观测此物体，所观测到物体的形状也是立方体吗？讨论立方体放置的方位与观测到的形状之间的关系.

3. 酒泉、海南航天发射场，在地面参考系 S 系中同时发射两颗卫星，那么，在一个高速飞行的航天器 S′系中观测这两个事件，这两个事件是否仍发生于同一时刻的不同两个地点呢？它与 S′系相对 S 系沿 xx'轴的速度 v 有什么关系呢？

4. 一架民航客机以 200 $\mathrm{m\cdot s^{-1}}$的平均速度相对地面飞行. 讨论，当机上的乘客下机后，是否会因为相对论时间延缓效应，需要对手表进行校正？

5. 若以粒子的速率由 $1.0\times10^{8}\ \mathrm{m\cdot s^{-1}}$增加到 $2.0\times10^{8}\ \mathrm{m\cdot s^{-1}}$，则该粒子的动量是否增加为 2 倍呢？其动能是否增加为 4 倍呢？

6. 一艘飞船的固有长度为 L，相对于地面以速度 v_1 作匀速直线运动，从飞船中的后端向飞船中的前端的一个靶子发射一颗相对于飞船速度为 v_2 的子弹. 在飞船上测得子弹从射出到击中靶的时间间隔为多少？若在地面上测量，这个时间间隔又会是什么结果？(c 表示真空中的光速)

7. 火车上观测者测得一列火车长 0.30 km，当列车以 100 $\mathrm{km\cdot h^{-1}}$的速度行驶，地面上的观测者发现有两个闪电同时击中火车前后两端. 试问火车上的观测者测得两闪电击中火车前后两端的时间间隔为多少？

8. 设有一粒子以 $0.05c$ 的速率相对实验室参考系运动. 此粒子衰变时发射一个电子，电子的速率为 $0.80c$，电子速度的方向与粒子运动方向相同. 试求电子相对实验室参考系的速度.

9. 一个固有长度为 4.0 m 的物体，若以速率 $0.90c$ 沿 x 轴相对某惯性系运动，试问从该惯性系中来测量，此物体的长度将发生什么变化？变化量为多少？

10. 两艘飞船相向运动，他们相对地面的速率都是 v. 在 A 船中有一根米尺，米尺顺着飞船的运动方向放置. 问 B 船中的观测者测得该米尺的长度为多少？

11. 什么是黑体？黑体是单指黑色的物体吗？为什么从远处看，山洞口总是黑的？

12. 普朗克提出了能量量子化的概念，那么，在经典物理学范畴内，有没有量子化的物理量？你能举出几个来吗？

13. 举例讨论什么是光的波粒二象性.

14. 牛顿力学认为，已知粒子在某一时刻的位置，就能知道任意时刻的速度和加速度. 请探讨，在从量子力学来看，这是否可能？

15. 为什么说德布罗意公式 $\lambda=\dfrac{h}{p}$反映了微观粒子的波粒二象性呢？反映微观粒子波动性和粒子性的物理量分别是什么？

16. 在一维无限深方势阱中，减小势阱的宽度，微观粒子的能级将如何变化？若增加势阱的宽度，其能级又将如何变化？

17. 求动能为 10 eV 的电子的德布罗意波的波长. 若这个能量对应的是一个 10 g 的子弹，则波长为多少？这个结果说明了什么？

18. 已知一维运动粒子的波函数为

$$\psi(x)=\begin{cases}Axe^{-\lambda x}, & x\geqslant 0\\ 0, & x<0\end{cases}$$

式中 $\lambda>0$.探讨:(1)归一化常量 A 如何求解？并写出计算式;(2)如何求解粒子位置的概率密度？并写出计算式.

19. 设一个电子在宽度为 a 的一维无限深方势阱中. 讨论(1)如何计算该电子在势阱中的能级;(2)如何计算电子在势阱处的概率？

20. 请写一段你对微观粒子波粒二象性的理解，并从中体会经典粒子与微观粒子的区别.

第六章 学生实验

6.1 物理实验数据的处理方法

【目标任务】

1. 了解测量的概念及其分类；
2. 理解误差的概念和分类，掌握绝对误差和相对误差的计算；
3. 理解测量的标准偏差和测量结果的表示方法；
4. 理解有效数字并了解其运算方法；
5. 掌握列表、作图、逐差等实验数据的处理方法.

6.1.1 测量和误差

一、测量

1. 测量的概念

物理学是一门以实验为基础的学科，物理实验以测量为基础. 所谓测量，就是用合适的工具或仪器，通过科学的实验方法获得物理量的测量值的过程. 测量结果包括数值和单位两部分，单位即选定的标准量，数值则是被测量与标准量之比值. 被测对象、测量者、测量环境、测量仪器等都是测量过程中的重要要素.

2. 测量的分类

(1) 直接测量与间接测量

按照获得测量值的方法，可将测量分为直接测量和间接测量.

直接测量是将被测量与仪器、量具进行比较，直接从仪器上读出被测量的大小. 例如，用秒表测时间、用游标卡尺测长度、用天平测质量等. 能直接测量的物理量并不多，对大多数物理量来说，没有可供直接进行测量、读数用的仪器，只能用间接的方法进行测量. 间接测量是将被测量表示成几个可直接测量量的函数，先测出几个直接测量量，再根据函数关系计算出被测量. 例如，直接测量出铜球的直径 r，便可间接测出（计算）其体积 $V=4\pi r^3/3$.

(2) 单次测量与多次测量

对于直接测量，按照测量次数，可分为单次测量和多次测量.

单次测量：只测量一次的测量，主要用于以下几种情形：测量精度要求不高的情况；测量条件变化迅速、难于进行多次测量的情况；测量过程带来的误差远大于仪器最大允差的情况.

多次测量：测量次数超过一次的测量，一般情况下对物理量的测量应采取多次测量方式.

(3) 等精度测量与非等精度测量

按照测量条件是否变化，将多次测量分为等精度测量和非等精度测量.

等精度测量:在相同的条件下(在同一时间,同一地点,由同一测量者在同一测量环境条件下),使用相同的测量仪器,对某一物理量进行多次测量得到的一组测量值,称作等精度测量.

非等精度测量:在不同的测量条件下,如使用不同的测量仪器对某一物理量进行多次测量,所得测量值的精确程度不能认为是相同的,称为非等精度测量.

二、误差

1. 绝对误差和相对误差

一个物理量,客观上在一定条件下都有确定的数值,称为“真值”. 由于测量方法、测量仪器、测量环境以及测量者的种种原因,实际测量得到的数值即测量值,只能是真值的近似值. 测量值和真值之间总不可避免地存在或多或少的差异,这种差异就是误差. 测量值与真值之差称为绝对误差.

如果用 A 表示被测量的真值,x 表示具体的测量值,用符号 Δx 表示绝对误差,则

$$\Delta x = x - A \tag{6.1}$$

Δx 的量纲与测量值的量纲相同,表示测量值偏离真值的绝对数值. 有时也用绝对误差与真值的百分比来表示测量误差,即

$$E_x = \frac{|\Delta x|}{A} \times 100\% \tag{6.2}$$

E_x 称为相对误差,是一个无量纲的量. 也可用被测物理量的理论值、公认值或用精度等级高一个数量级以上的仪器进行校正得到的测定值来代替真值计算相对误差,这些值称为相对真值.

2. 误差的分类

根据误差产生的原因以及所表现出的不同特性,可将其分为系统误差、随机误差和过失误差三类.

(1) 系统误差

对同一物理量进行多次等精度测量,若每次测量的误差的绝对值和符号总保持不变或按某一特定的规律变化,则这一类误差称为系统误差. 系统误差的重要特征就是它具有某种确定性.

系统误差产生的原因有以下几个方面:

① 工具和仪器. 如砝码质量与标称值之间有偏差,仪表刻度不精准,零点未校准,仪器未按要求调到最佳测量状态等.

② 理论与实验方法上的近似. 例如,在用单摆测量重力加速度的实验中,摆角只有小于5°时摆动才可近似为简谐振动;用伏安法测电阻时没有考虑电表内阻的影响等.

③ 环境因素. 例如,金属尺的热胀冷缩,标准电阻的阻值随温度的变化等.

④ 测量者的习惯和偏向. 例如,有的测量者在记录信号时总是偏慢,有的使用皮尺时绷得较紧,有的旋转旋钮时习惯偏快等.

由于系统误差具有确定性,通常情况下可予以消除或减小(仪器误差限除外). 原则上讲,系统误差的分析处理可以根据具体情况在实验前、实验中或实验后进行. 例如,实验前选择合适的测量方法,对测量仪器进行校准;在实验中可采取一定的方法和手段使测量中的系统误差消除或减小;在实验测量后可对实验值进行理论修正等.

在解决实际问题时,发现、减小或修正系统误差是实验工作者需要具备的一项重要能力,它需要深入学习误差理论并做大量具体的实验实操才能逐步养成. 在基础实验中就是要培养这种能力.

(2) 随机误差

随机误差又称为偶然误差,是指在相同的条件下,对同一物理量进行多次测量时,得到的误差时大时小,时正时负,以一种不可预知的方式随机变化着,这类误差称为随机误差. 它是由一系列随机的、不确定的因素所造成的,相对于系统误差的确定性,随机误差则具有不确定性.

随机误差产生的原因有以下几个方面:

① 人的感官判断力的随机性,在测量过程中难免存在时大时小的偏差;

② 外界因素的起伏不定,如风速时大时小,电源电压不稳定等;

③ 仪器内部存在的一些偶然因素,如仪器零部件性能的不稳定等.

(3) 过失误差

过失误差又称为粗大误差. 它是由于不正确地使用仪器,粗心大意,观察错误或记错数据等不正常情况引起的误差. 过失误差是可以避免的,需要实验者养成严肃认真的科学态度和一丝不苟的工作作风. 当然,即使不小心在实验中出现过失误差,也应能在分析后予以剔除.

3. 精密度、正确度和精确度

实验中常用精密度、正确度和精确度这三个概念评价测量结果的好坏.

(1) 精密度

表示重复测量所得的各测量值相互接近的程度,它描述了测量结果的重复性的优劣,反映了测量中随机误差的大小,所谓测量精密度高,就是指测量数据的离散性小,即随机误差小.

(2) 正确度

表示测量结果与真值相接近的程度,它描述了测量结果的正确性的高低,反映了测量中系统误差的大小. 所谓测量的正确度高就是指最后的测量结果与真值的偏差小,即系统误差小.

(3) 精确度

是对测量结果的精密性与正确性的综合评定,反映了总的误差情况. 所谓测量的精确度高,就是指测量值集中于真值附近,即测量的随机误差与系统误差都较小.

图 6.1 所示为子弹打靶时的着弹点的分布情况,可形象地说明上述情况.

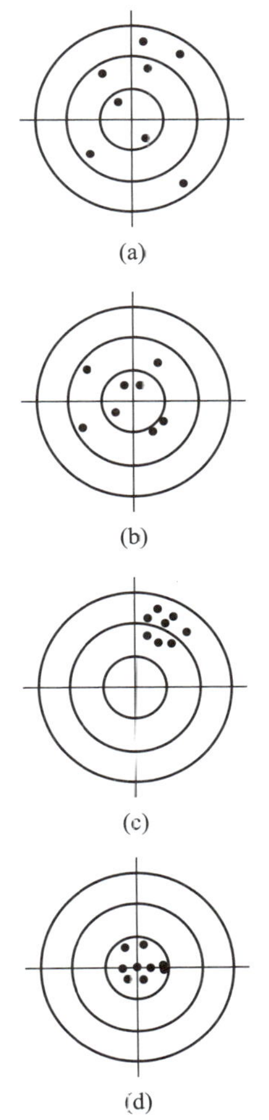

■ 图 6.1 精密度、正确度和精确度

图 6.1(a)表明精密度和正确度都较低,误差较大;图 6.1(b)表示数据的正确度较高而精密度低,即系统误差小但随机误差大;图 6.1(c)表明数据的精密度高,但正确度低,相当于随机误差小而系统误差大;图 6.1(d)代表精密度和正确度都较高,即精确度高,误差较小.

6.1.2　不确定度

在直接对一个物理量进行测量时,测量值中往往同时存在系统误差和随机误差. 如前所述,系统误差具有确定性,可以通过各种方式消除或减小,而就每一次测量而言,其随机误差的大小和符号都是不可预知的,具有偶然性,无法消除. 本节首先讨论随机误差对测量结果的影响以及仪器的某些不可消除的系统误差对结果的影响,然后引入不确定度的概念,介绍对直接测量量和间接测量量的测量结果进行不确定性的评价.

一、随机误差

1. 随机误差的统计规律

理解随机误差概念时要注意,随机误差仅仅是在某一次具体的测量中产生的,其大小与正负带有偶然性、随机性. 理论和实践都证明:如果对某一物理量在同一条件下进行多次测量,当测量次数足够多时,这一组等精度测量数据(称为一个测量列)的随机误差一般服从如图 6.2 所示的统计规律,图中横坐标表示误差 Δx,纵坐标表示一个与该误差出现的概率相关的概率密度函数 $f(\Delta x)$.

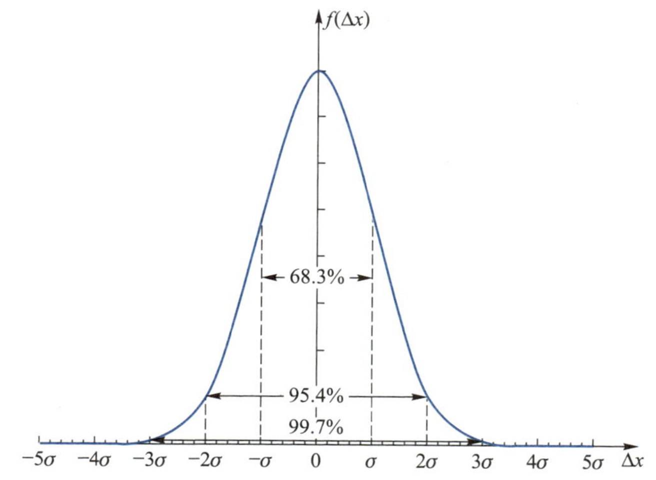

■ 图 6.2　随机误差概率密度函数

可以证明:

$$f(\Delta x)=\frac{1}{\sigma\sqrt{2\pi}}e^{-(\Delta x)^2/2\sigma^2} \tag{6.3}$$

这种分布称为正态分布,其中 σ 为分布函数的特征量,称为标准误差,其大小为

$$\sigma=\sqrt{\frac{\sum_{i=1}^{n}(\Delta x)^2}{n}}=\sqrt{\frac{\sum_{i=1}^{n}(x_i-A)^2}{n}} \tag{6.4}$$

σ 是评定随机误差的基本指标,它的数值取决于测量工具、仪器仪表参量、测量环境、测量人员

和被测对象等因素.

由图可知,服从正态分布的随机误差具有以下特征:

(1) 单峰性,绝对值小的误差出现的概率比绝对值大的出现的概率大;

(2) 对称性,绝对值相等的正、负误差出现的概率相同;

(3) 有界性,在一定的测量条件下,误差的绝对值不超过一定限度;

(4) 抵偿性,随机误差的算术平均值随测量次数的增加而趋向于零,即

$$\lim_{n\to\infty}\frac{1}{n}\sum_{i=1}^{n}\Delta x_i=0 \tag{6.5}$$

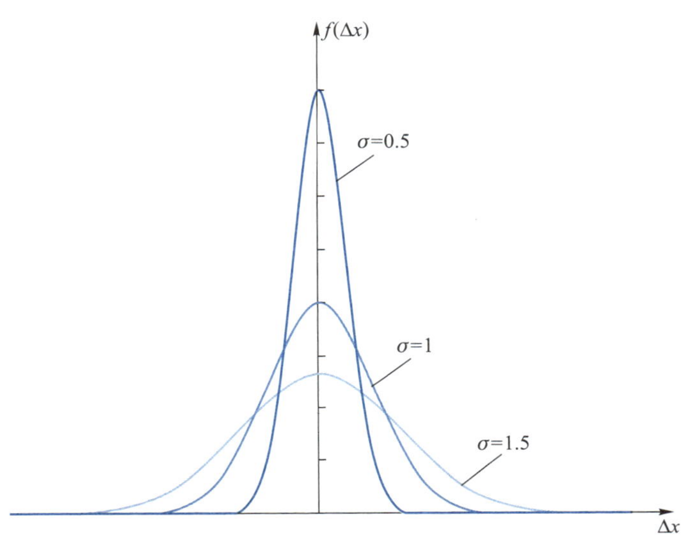

■ 图 6.3 不同的概率密度分布函数对应的不同标准误差

现在来分析特征量 σ 的物理意义. 图 6.3 表示的是不同 σ 值对应的 $f(\Delta x)$ 曲线. 由图可见,若 σ 值小,则曲线较陡,说明这组测量数据的分散性小,重复性好;反之,若 σ 值大,则曲线较平坦,分布较宽,说明测量数据的重复性差. 因此,这一特征量可用来反映一组测量数据的重复性的好坏(精密度的高低),即随机误差的大小.

应该指出,标准误差 σ 和各测量值的误差 Δx_i 有着完全不同的意义,σ 并不是某次具体测量的误差,而是一个具有统计性的特征量. 如图 6.3 所示,当测量列的标准误差为 σ 时,该测量列中各测量值的误差很可能都不等于 σ,但该测量列中任一个测量值的随机误差落在 $(-\sigma,\sigma)$ 区间内的概率为 68.3%,或者说真值落在 $(x-\sigma,x+\sigma)$ 区间(又称置信区间)内的概率(又称置信概率)为 68.3%. 根据概率运算我们还可以得到,真值落在 $(x-2\sigma,x+2\sigma)$ 区间内的概率为 95.4%,真值落在 $(x-3\sigma,x+3\sigma)$ 区间内的概率为 99.7%,因此可认为随机误差的绝对值比 3σ 大的事件为不可能事件(概率仅为 0.3%),对应的误差称为极限误差,用 Δm 表示,即 $\Delta m=3\sigma$. 置信概率与置信区间之间存在单一的对应关系,置信区间越大,相应地置信概率就越高,置信区间越小,则置信概率越低.

2. 测量结果的最佳值——算术平均值

在测量过程中不可避免地存在随机误差,每次测量得到的测量值各有差异,那么,怎样的测量值是接近真值的最佳值呢? 我们可以利用上面讨论的随机误差的统计规律来分析如何

确定测量结果的最佳值.

假设对某一物理量进行了 n 次等精度测量,得到的测量列为 $x_1, x_2, \cdots, x_n$. 设测量中的系统误差可忽略,每次测量的随机误差分别为

$$\Delta x_1 = x_1 - A$$

$$\Delta x_2 = x_2 - A$$

$$\cdots\cdots\cdots\cdots$$

$$\Delta x_n = x_n - A$$

则

$$\frac{1}{n}\sum_{i=1}^{n}\Delta x_i = \frac{1}{n}\sum_{i=1}^{n}x_i - A$$

上式中的 $\frac{1}{n}\sum_{i=1}^{n}x_i$ 显然为 n 次测量值的算术平均值 $\bar{x}$,即

$$\bar{x} = \frac{1}{n}\sum_{i=1}^{n}x_i \tag{6.6}$$

按随机误差的抵偿性,$n\to\infty$ 时,$\frac{1}{n}\sum_{i=1}^{n}\Delta x_i \to 0$,因此 $\bar{x}\to A$,由此可见,在测量次数充分多时,测量列的算术平均值趋向于真值. 所以,在相同条件下进行多次测量后,我们总是取测量列的算术平均值作为测量列的最佳近似值(最佳值),因为从统计上讲,测量列的算术平均值 $\bar{x}$ 比任何一个测量值 x_i 更接近于真值 A.

此结论也适用于随机误差遵循其他分布规律的情况.

3. 多次测量的随机误差

真值客观存在,但在实际测量中,真值又是无法确定的. 根据统计理论,我们可以用多次测量的算术平均值 $\bar{x}$ 来近似地代表真值 A,用各测量值与算术平均值之差 $V_i = x_i - \bar{x}$(称为残差)来估计误差.

如果对一个物理量进行了一组有限次测量,在这种情况下,通常采用与随机误差的正态分布函数密切相关的"测量值的标准偏差"作为标准误差 σ 的估计值,用于描述随机误差,测量值的标准偏差定义为

$$S_x = \sqrt{\frac{\sum_{i=1}^{n}(x_i - \bar{x})^2}{n-1}} \tag{6.7}$$

所以测量值的标准偏差 S_x 是任意一组有限次测量的标准误差 σ 的估计值,表征的是一个测量列的离散程度,其意义是,对于任意一组有限次测量,测量值落在[$\bar{x}-S_x, \bar{x}+S_x$]区间的概率为 68.3%,或者说测量值的误差落在[$-S_x, S_x$]区间的概率为 68.3%.

但是,在实际工作中,我们关心的往往不是测量列数据的分散情况,而是测量结果 $\bar{x}$ 的可信程度,从统计上讲 $\bar{x}$ 应比每一个测量值 x_i 都更接近于真值. 如果对一个物理量进行了不同组的有限次测量,算术平均值实际上也是随机变量,各组测量值的算术平均值一般也不同,此时 $\bar{x}$ 的离散情况就要用算术平均值的标准偏差来表示. 可以证明,算术平均值 $\bar{x}$ 的标准偏差 $S_{\bar{x}}$ 与单组测量值的标准偏差存在如下关系:

$$S_{\bar{x}}=\frac{S_x}{\sqrt{n}}=\sqrt{\frac{\sum_{i=1}^{n}(x_i-\bar{x})^2}{n(n-1)}} \tag{6.8}$$

由上式可知，算术平均值的标准偏差 $S_{\bar{x}}$ 要小于单组测量值的标准偏差. 当测量次数 n 越大时，算术平均值就越接近真值，精度也越高. $S_{\bar{x}}$ 表示真值落在 $[\bar{x}-S_{\bar{x}},\bar{x}+S_{\bar{x}}]$ 区间内的概率为 68.3%. 如果将置信区间扩大，相应地真值落在 $[\bar{x}-2S_{\bar{x}},\bar{x}+2S_{\bar{x}}]$ 区间内的概率为 95.4%，落在 $[\bar{x}-3S_{\bar{x}},\bar{x}+3S_{\bar{x}}]$ 区间内的概率为 99.7%.

由于实际测量次数总是有限的，实际误差的分布其实满足 t 分布，t 分布与理论上的正态分布总有一定偏离，因此，对于实际测量次数较少的测量，为了保证相应的置信概率，还需要将相应的置信区间由 $[-S_{\bar{x}},S_{\bar{x}}]$ 拓展为 $[-u_x(p),u_x(p)]$，其中

$$u_x(p)=t_n(p)S_{\bar{x}} \tag{6.9}$$

$t_n(p)$ 称为 t 因子，与测量次数 n 和置信概率有关. 通常取置信概率为 68.3%，相应的 t 因子为 t_n. 表 6.1 列出了不同测量次数 n 所对应的 $t_n(t_n\geqslant 1)$. 在实验中一般取测量次数 $n\geqslant 6$，t_n 近似取为 1. 如果测量次数小于 6 次，需要查表找出相应的 t_n.

表 6.1 $t_n(0.683)$ 因子

n	2	3	4	5	6	7	8	9	10
t_n	1.84	1.32	1.20	1.14	1.11	1.09	1.08	1.07	1.06
n	11	12	13	14	15	16	30	40	≥200
t_n	1.05	1.05	1.04	1.04	1.04	1.03	1.02	1.01	1.00

二、测量仪器的系统误差

并不是所有的系统误差都可以被消除掉，某些不可消除的系统误差也会引起测量结果的不确定性. 其中由所用仪器本身的特性（如仪器准确度、精度等）决定的系统误差就属于不可消除的系统误差. 这个误差一般指在正确使用仪器的条件下，可能给测量结果带来的最大误差，通常用 $\Delta_{仪}$ 表示，称为“允差”或“仪器误差限”.

有些仪器的 $\Delta_{仪}$ 可根据准确度的级别推算出来，一般的计量仪器上都标明了仪器的“准确度级别”，通常用 a 表示，它一般是由制造工厂和计量机构使用更精确的仪器、量具经过检定比较后得出的，不同仪器由 a 计算 $\Delta_{仪}$ 的公式一般都不相同，通常说明书上会给出.

对一些没有给出 $\Delta_{仪}$ 计算方法且刻度连续的仪器，通常仪器的最大误差简单取作最小刻度或最小刻度的一半. 例如，1 mm 精度的米尺 $\Delta_{仪}$ 常取为 1 mm 或 0.5 mm.

三、不确定度

1. 不确定度的概念

既然真值永远未知，则由真值定义的误差也无法被计算出来，所以必须有一个代替误差的概念来描述结果的不确定性. 根据国际标准化组织起草的《测量不确定度表示指南》的精神，各国都采用不确定度的概念来评价测量结果的不确定性.

不确定度可以简单理解为测量值的不确定程度，或者说是对需要测量的真值的可能范围的估计. 具体地说，是将测量结果表示成如下形式：

$$x=\bar{x}\pm u(x) \tag{6.10}$$

其中 x 代表被测量,$\bar{x}$ 既可以是单次的直接测量值,也可以是相同条件下多次直接测量值的算术平均值,还可以是在直接测量后经过函数运算得到的间接测量值. $u(x)$ 则为测量的总不确定度,称为合成不确定度,它是一恒为正的量. 式(6.10)的含义是:被测量的真值未知,但以一定的概率 P 落在 $[\bar{x}-u(x),\bar{x}+u(x)]$ 这个区间内,或者说区间 $[\bar{x}-u(x),\bar{x}+u(x)]$ 以一定的概率 P 包围真值. 这里所说的一定的概率即为前面讲过的"置信概率",而区间 $[\bar{x}-u(x),\bar{x}+u(x)]$ 即为"置信区间". 但置信概率并不是越高越好,置信概率越高,它对应的置信区间就越大,所以我们通常都选用对应置信概率为 68.3% 的不确定度作为标准不确定度,来评定测量结果的不确定性,95.4% 和 99.7% 这两个置信概率对应的不确定度称为扩展不确定度.

为了更全面、准确地反映实验的精确度的高低,还需考虑"相对不确定度",其定义为

$$\text{相对不确定度}=\frac{\text{绝对不确定度}}{\text{最佳估计值}}$$

即

$$u_r(x)=\frac{u(x)}{\bar{x}}\times 100\% \tag{6.11}$$

2. 不确定度的分类

测量结果的不确定度来源于多种因素,通常将不确定度分为 A、B 两类.

(1) A 类不确定度

多次重复测量后用统计的方法评定的不确定度分量,称为 A 类不确定度,用 $u_A(x)$ 表示. 在物理实验中,当对某一物理量进行多次直接测量后,我们约定取算术平均值的标准偏差 $S_{\bar{x}}$ 作为 A 类不确定度,即

$$u_A(x)=S_{\bar{x}}=\frac{S_x}{\sqrt{n}}=\sqrt{\frac{\sum_{i=1}^{n}(x_i-\bar{x})^2}{n(n-1)}} \tag{6.12}$$

注意,测量次数 n 若少于 6 次,需要乘上 t 分布因子 t_n,按照式(6.9)计算不确定度,以下讨论中默认 $n\geqslant 6$.

(2) B 类不确定度

不是用统计方法计算而是用其他方法估算的不确定度分量,称为 B 类不确定度. 前面讲过,仪器本身会引起一定的无法消除和减小的系统误差,其最大值被称为"允差"或"仪器误差限",用 $\Delta_{仪}$ 表示,它同样会引起结果的不确定性. 不同的仪器满足不同的误差分布,有均匀分布、三角分布、两点分布等(比如游标类的仪器通常满足两点分布),这类误差的最大值 $\Delta_{仪}$ 对应的概率是 100%. 为了契合我们常用的 68.3% 的置信概率,通常约定, B 类不确定度为

$$u_B=\frac{\Delta_{仪}}{K} \tag{6.13}$$

K 是一个与概率分布有关的常数,称为"置信因子",由于不同测量仪器误差的概率分布规律不同,所以 K 的取值也不同,通常正态分布取 3,均匀分布取 $\sqrt{3}$,三角分布取 6,两点分布取 1. 当不知道为何种分布时,通常都按均匀分布处理,取 $\sqrt{3}$,即

$$u_B(x)=\frac{\Delta_{仪}}{\sqrt{3}}\quad(\text{置信概率 } P=68.3\%) \tag{6.14}$$

(3) 合成不确定度

对于相互独立的不确定度,比较合理的合成方式是,按照它们的方和根合成为一个总不

确定度,即合成不确定度,用 $u(x)$ 表示,即

$$u(x)=\sqrt{u_A^2(x)+u_B^2(x)} \tag{6.15}$$

如果我们对某个物理量只做了单次测量,则不存在 A 类不确定度,只需将 B 类不确定度作为结果的合成不确定度即可,即

$$u(x)=u_B(x)=\frac{\Delta_{仪}}{\sqrt{3}} \tag{6.16}$$

3. 测量结果的表达式

最终的测量结果可表示为:

$$\begin{cases} x=\bar{x}\pm u(x) \\ u_r(x)=\dfrac{u(x)}{\bar{x}}\times 100\% \end{cases} \tag{6.17}$$

那么上述结果的数字如何保留和取舍呢?这就要涉及下节所讲的有效数字.

(1) 有效数字“位数确定”的原则是:最后的合成不确定度 $u(x)$ 只保留一位有效数字,被测量 x 的最后一位与合成不确定度 $u(x)$ 的所在位对齐.在中间运算过程中,为了使计算准确,可以多保留 1~2 位有效数字.

例如,$L=(1.01\pm0.02)$ cm 是正确的表达式,而 $I=(360\pm0.5)$ mA 和 $I=(78.32\pm0.2)$ V 都不正确,末位没有对齐;再比如:$L=(9.86\pm0.03)\times10^4$ μm 是正确的,而 $L=(4.58\times10^4\pm0.02\times10^3)$ μm 是错误的.

(2) 有效数字“取舍”的原则是:不确定度 $u(x)$ 只进不舍(意味着可以放大不能缩小),被测量值则按下节介绍的“四舍六入五凑偶”的方法取舍.

四、直接测量量与间接测量的不确定度

1. 直接测量量的不确定度

直接测量量的不确定度计算过程如下:

(1) 计算直接测量量的算术平均值 $\bar{x}$;

(2) 根据式(6.12)、式(6.13)和式(6.15)计算直接测量量的 A 类、B 类及合成不确定度;

(3) 根据测量结果的有效数字正确表示要求,表示出测量结果;

(4) 相对误差,某些实验还会要求计算相对误差,当被测量有公认值或理论值时,为衡量实验结果的优劣,可将测量值与公认值或理论值进行比较,用相对误差表示实验的误差情况,可写为

$$相对误差=\frac{|测量值-公认值或理论值|}{公认值或理论值}\times 100\% \tag{6.18}$$

例 6.1 某数字电压表的最大允差 $\Delta_{仪}=0.02\%\times V+3\times0.000\ 1$ V,用它测量某电阻两端电压,6 次重复测量的结果为:1.998 2 V,1.998 3 V,1.998 5 V,1.998 5 V,1.998 6 V,1.998 5 V,试计算其合成不确定度,并给出测量结果的表达式.

解 测量结果的算术平均值为

$$\bar{V}=\frac{1}{6}\sum_{i=1}^{6}V_i=1.998\ 43\ \text{V}$$

A 类不确定度为

$$u_A(V)=\sqrt{\frac{\sum_{i=1}^{n}(x_i-\bar{x})^2}{n(n-1)}}=\sqrt{\frac{\sum_{i=1}^{6}(V_i-\bar{V})^2}{6(6-1)}}=0.000\ 061\ \mathrm{V}$$

B 类不确定度为

$$\Delta_{仪}=0.02\%\times V+3\times 0.000\ 1\ \mathrm{V}=0.02\%\times 1.998\ 43\ \mathrm{V}+3\times 0.000\ 1\ \mathrm{V}=0.000\ 70\ \mathrm{V}$$

$$u_B(V)=\frac{\Delta_{仪}}{\sqrt{3}}=0.000\ 40\ \mathrm{V}$$

合成不确定度为

$$u(V)=\sqrt{u_A^2(V)+u_B^2(V)}=0.000\ 40\ \mathrm{V}\approx 0.000\ 4\ \mathrm{V}$$

测量结果表达式为

$$V=\bar{V}\pm u(V)=(1.998\ 4\pm 0.000\ 4)\mathrm{V}\quad (P=68.3\%)$$

$$u_r(V)=\frac{u(V)}{\bar{V}}\times 100\%=\frac{0.000\ 4}{1.998\ 4}\times 100\%=0.02\%$$

2. 间接测量量的不确定度

物理实验中的大部分物理量都需由间接计算得到，用 $x,y,z,\cdots$ 表示各独立的直接测量量，N 表示间接测量量，它们存在某种函数关系，可写为

$$N=f(x,y,z,\cdots)\tag{6.19}$$

由于各直接测量量都带有一定的误差，所以在此基础上得到的间接测量量也必然带有误差，这就是“误差的传递”问题.

对上式进行全微分，得

$$\mathrm{d}N=\frac{\partial f}{\partial x}\mathrm{d}x+\frac{\partial f}{\partial y}\mathrm{d}y+\frac{\partial f}{\partial z}\mathrm{d}z+\cdots\tag{6.20}$$

众所周知，上式的数学意义是当 $x,y,z,\cdots$ 分别有微小偏差 $\mathrm{d}x,\mathrm{d}y,\mathrm{d}z,\cdots$ 时，N 有相应的偏差 $\mathrm{d}N$. 由于一般情况下，误差远小于测量值，故可将 $\mathrm{d}x,\mathrm{d}y,\mathrm{d}z,\cdots$ 视为各直接测量量的误差 $\Delta x,\Delta y,\Delta z,\cdots$，而将 $\mathrm{d}N$ 视为间接测量的误差 ΔN，则有

$$\Delta N=\frac{\partial f}{\partial x}\Delta x+\frac{\partial f}{\partial y}\Delta y+\frac{\partial f}{\partial z}\Delta z+\cdots\tag{6.21}$$

上式即为误差传递的基本公式.

当我们用不确定度来表示测量结果误差时，对随机误差和系统误差的不确定度的传递问题，由 $x,y,z,\cdots$ 的不确定度引起的 N 的合成不确定度，比较合理的合成方法是方和根合成法，所以通常用以下两个公式计算间接测量量的绝对不确定度和相对不确定度：

$$u(N)=\sqrt{\left(\frac{\partial f}{\partial x}\right)^2u^2(x)+\left(\frac{\partial f}{\partial y}\right)^2u^2(y)+\left(\frac{\partial f}{\partial y}\right)^2u^2(z)+\cdots}\tag{6.22}$$

$$u_r(N)=\frac{u(N)}{N}=\sqrt{\left(\frac{\partial \ln f}{\partial x}\right)^2u^2(x)+\left(\frac{\partial \ln f}{\partial y}\right)^2u^2(y)+\left(\frac{\partial \ln f}{\partial z}\right)^2u^2(z)+\cdots}\tag{6.23}$$

一般间接测量量的不确定度计算过程都可按如下步骤进行

(1) 先将各直接测量量的算术平均值 $\bar{x},\bar{y},\bar{z},\cdots$ 代入函数关系 $\bar{N}=f(\bar{x},\bar{y},\bar{z},\cdots)$,求出间接测量量 N 的算术平均值 $\bar{N}$.

(2) 按直接测量量的算法,算出各直接测量量的合成不确定度 $u(x),u(y),u(z),\cdots$.

(3) 根据函数关系 $N=f(x,y,z,\cdots)$,由式(6.22)推导出具体的不确定度传递公式,从而计算 N 的不确定度 $u(N)$ 和相对不确定度 $u_r(N)$.

(4) 根据计算结果写出测量结果的表达式:

$$N=\bar{N}\pm u(N) \quad (P=68.3\%)$$

$$u_r(N)=\frac{u(N)}{\bar{N}}$$

例 6.2 在分光计测量三棱镜折射率实验中,折射率为 $n=\dfrac{\sin\dfrac{\delta_{\min}+\alpha}{2}}{\sin\dfrac{1}{2}\alpha}$,其中顶角 α 在相同实验条件下共测量 6 次,其结果为 60°29′, 60°26′,60°28′,60°30′,60°26′,60°27′;最小偏向角 $\delta_{\min}=47°45'$ 为单次测量;求棱镜折射率 n,并计算其不确定度,写出测量结果的表达式.

解 (1) 计算折射率 n

$$\bar{\alpha}=\frac{1}{6}\sum_{i=1}^{6}\alpha_i=60°27.7'=60.46°$$

$$\delta_{\min}=47°45'=47.75°$$

$$\bar{n}=\frac{\sin\dfrac{47.75°+60.46°}{2}}{\sin\left(\dfrac{1}{2}\times 60.46°\right)}=1.609$$

(2) 计算直接测量量 α 和最小偏向角 $\delta_{\min}$ 的不确定度

n 作为间接测量量,其不确定度 $u(n)$ 有两个分量:来自直接测量量顶角 α 的不确定度 $u(\alpha)$ 和来自直接测量量最小偏向角 $\delta_{\min}$ 的不确定度 $u(\delta_{\min})$

$$u_A(\alpha)=\sqrt{\frac{\sum_{i=1}^{n}(\alpha_i-\bar{\alpha})^2}{n(n-1)}}=\sqrt{\frac{\sum_{i=1}^{6}(\alpha_i-\bar{\alpha})^2}{6(6-1)}}=0.000\ 43°$$

因测量时角游标读数属于两点分布,所以分布因子 K 取 1,将仪器误差限取最小分度值 1′,因此

$$u_B(x)=\Delta_{仪}/K=\Delta_{仪}/1=1'/1=0.016\ 7°$$

$$u(\alpha)=\sqrt{u_A^2(x)+u_B^2(x)}=0.017°$$

因最小偏向角 $\delta_{\min}$ 为单次测量,所以用 B 类不确定度作为其合成不确定度,同样地仪器误差限取为最小分度值 1′,则

$$u(\delta_{\min})=u_B(\delta_{\min})=\Delta_{仪}/K=\Delta_{仪}/1=1'/1=0.016\ 7°$$

(3) 计算不确定度 $u(n)$ 和相对不确定度 $u_r(n)$

计算不确定度传递系数 $\dfrac{\partial n}{\partial \alpha}$、$\dfrac{\partial n}{\partial \delta_{\min}}$ 为

$$\frac{\partial n}{\partial \alpha}=\frac{\sin\frac{\delta_{min}}{2}}{2\sin^2\frac{\alpha}{2}}=\frac{0.404\ 7}{0.507\ 0}=0.798\ 2$$

$$\frac{\partial n}{\partial \delta_{min}}=\frac{\cos\frac{\delta_{min}+\alpha}{2}}{2\sin\frac{\alpha}{2}}=\frac{0.586\ 3}{1.006\ 9}=0.582\ 3$$

间接测量量 n 的不确定度 $u(n)$ 和相对不确定度 $u_r(n)$ 为

$$u(n)=\sqrt{\left(\frac{\partial n}{\partial \alpha}\right)^2 u^2(\alpha)+\left(\frac{\partial n}{\partial \delta_{min}}\right)^2 u^2(\delta_{min})}=0.017\approx 0.02$$

$$u_r(n)=\frac{u(n)}{\bar{n}}\times 100\%=\frac{0.017}{1.609}\times 100\%=1.1\%$$

(4) 测量结果的表达式为

$$n=\bar{n}\pm u(n)=1.64\pm 0.02\quad (P=68.3\%)$$

$$u_r(n)=1.1\%$$

例 6.3　已知金属环的外径 $D=3.600\ \text{cm}\pm 0.004\ \text{cm}$，内径 $d=2.880\ \text{cm}\pm 0.004\ \text{cm}$，高 $h=2.575\ \text{cm}\pm 0.004\ \text{cm}$，求金属环体积 $V=\frac{\pi}{4}(D^2-d^2)h$，并给出测量结果的表达式.

解　(1) 计算金属环体积 V

$$V=\frac{\pi}{4}(D^2-d^2)h$$

$$V=\frac{1}{4}\times 3.141\ 6\times(3.600^2-2.880^2)\times 2.575\ \text{cm}^3$$
$$\approx 9.436\ \text{cm}^3$$

(2) 计算间接测量量体积 V 的不确定度.

各直接测量量的绝对不确定度题目中已经给出，不用计算，而对于间接测量量体积 V，由于表达式中有乘和乘方，可以先求相对不确定度. 对公式两边取对数并全微分求出相对不确定度传递系数，有

$$\ln V=\ln\frac{\pi}{4}+\ln(D^2-d^2)+\ln h$$

$$\frac{\partial \ln V}{\partial D}=\frac{2D}{D^2-d^2},\quad \frac{\partial \ln V}{\partial d}=\frac{-2d}{D^2-d^2},\quad \frac{\partial \ln V}{\partial h}=\frac{1}{h}$$

由式(6.23)可知

$$u_r(V)=\sqrt{\left[\frac{2D\cdot u(D)}{D^2-d^2}\right]^2+\left[\frac{-2d\cdot u(d)}{D^2-d^2}\right]^2+\left[\frac{u(h)}{h}\right]^2}$$
$$=\sqrt{\left[\left(\frac{2\times 3.6}{3.6^2-2.88^2}\right)^2+\left(\frac{2\times 2.88}{3.6^2-2.88^2}\right)^2+\left(\frac{1}{2.575}\right)^2\right]\times(0.004)^2}$$
$$\approx 0.008\ 1$$

则体积 V 的不确定度为

$$u(V)=u_r(V)\cdot V\approx 0.08\ \text{cm}^3$$

(3) 测量结果的表达式为

$$V=(9.44\pm0.08)\ \mathrm{cm}^3 \quad (P=68.3\%)$$

$$u_r(V)=0.9\%$$

6.1.3 有效数字

一、有效数字的概念

有效数字是指从仪器上读出或根据合理的运算规则得到的，能够客观有效地反映被测物理量大小的数字. 它不仅能反映被测量的大小，也能反映所用仪器和测量结果的精度，因此，它和一般单纯的数字有很大区别. 在测量时，直接测量仅需要记录数据，间接测量既要记录数据，还要进行数据的运算. 记录数据时取几位数字，运算后保留几位数字，这是实验中如何正确地反映测量结果精确度的一个重要问题. 为此，把正确和有效地表示测量结果的数字称为有效数字，它通常包括几位准确数字和一位欠准数字.

如图 6.4(a) 所示，我们用最小分度为 1 mm 的米尺去测量物体的长度，读数为 2.34 cm，显然前两位是准确可靠的，最后一位 4 是估读的，是存有误差的、不确定的. 尽管如此，读出这一位比不读出这位数字要准确些，所以这一位仍是有效的. 同样，如图 6.4(b) 所示，这个读数可以读为 2.00 cm，最后一位“0”也是估读的，在读取数字时不能省略. 因此，有效数字通常是由若干位准确数和最后一位欠准数(可疑数)构成的. 但是要注意，并不是所有的仪器都需要估读，比如：游标类的仪器和一些数字仪表就不用估读. 从数学上看，一个数值中，由左向右从第一个非零数字算起的所有数字称之为有效数字. “2.34 cm”有 3 位有效数字，“2.00 cm”也有 3 位有效数字.

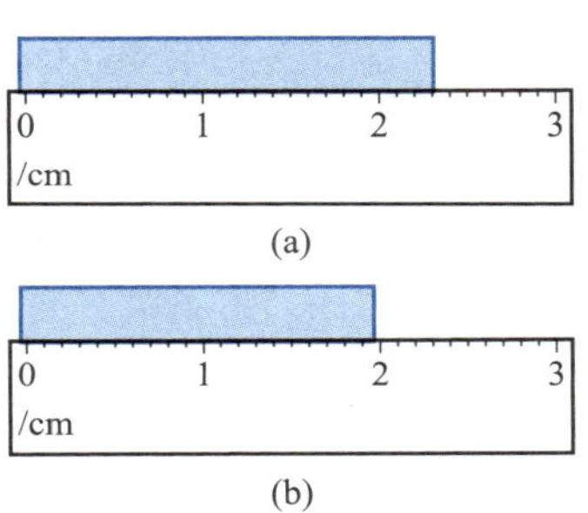

■ 图 6.4 直接测量的有效数字

由有效数字的定义可知：(1) 非零数字前面的零不算做有效数字，它与使用单位的大小有关. 例如，$L=3.69\ \mathrm{cm}=36.9\ \mathrm{mm}=0.036\ 9\ \mathrm{m}$ 均有 3 位有效数字. (2) 单位换算时，有效数字的位数必须保持不变，不能由于单位换算而改变测量值最初被测得时的精确度. 例如，$L=3.69\ \mathrm{cm}=3.69\times10^4\ \mu\mathrm{m}$ 是正确的，但 $L=3.69\ \mathrm{cm}=36\ 900\ \mu\mathrm{m}$ 就不正确. 因为“3.69 cm”有 3 位有效数字，“36 900 μm”有 5 位有效数字，它们的有效数字位数不同，反映出测量时的精度是不同的. 再如，将小单位换成大单位，如果要以 km 为单位表示，应为 $L=0.000\ 036\ 9\ \mathrm{km}$，这样虽然有效数字位数不会错，但书写很不简洁，通常需要改写成“科学计数法”，即 $L=3.69\times10^{-5}\ \mathrm{km}$.

二、直接测量量的有效数字

在直接测量中，正确读取有效数字的方法总结如下：

（1）数据要记录到仪器最小刻度的下一位，即估读位. 仪器上显示的最后一位数字是0时，这个0也要读出并记录. 测量值的最末一位一定是欠准确数字，这一位应与仪器误差的位数对齐，有效数字的记录位数和测量仪器精度相关. 当仪器指示与仪器刻度盘某刻度线对齐时，如测量值恰好为整数，必须要在测量值后补零，补到欠准位. 如图6.4中用米尺测量长度时的读数.

（2）如果仪器的最小分度值为0.5，则0.1、0.2、0.3、0.4、0.6、0.7、0.8、0.9都是估读的；如果仪器的最小分度值是0.2，则0.1、0.3、0.5、0.7、0.9都是估读的，这类情况都不必再估读到下一位，欠准数字与仪器最小分度所在那一位一致.

（3）游标类量具只读到游标最小分度值，不估读.

（4）数字式仪表及步进读数器（如电阻箱）不需要进行估读，仪器所显示的末位就是欠准数字.

三、有效数字的运算

间接测量的结果是通过一定的运算得到的，那么运算中间及运算后结果的有效数字该如何取舍呢？一般应由测量不确定度所在位数来决定. 但若未进行不确定度的运算，则可以遵循有效数字运算的基本原则：最后运算结果的有效数字中只有一位欠准数.

在截取数字的末位时，现在常用的舍入规则是：四舍六入五凑偶. 即若要保留的数字末位以后多余的数字小于5，则舍去，若大于5，则往前进一位，若刚好等于5，则把尾数凑成偶数. 例如：分别将3.645 01、3.645 00和3.675 00保留至小数点后的第2位时，3个结果分别为3.65、3.64和3.68，这样可使舍和入的机会均等，而以前的4舍5入则是入的机会大于舍的机会.

由此可以得到以下运算的一些基本法则.

（1）加减运算

有效数字的加减运算的近似法则为：几个数相加减，最后结果的欠准位与各数中最靠前的那一欠准位对齐. 例如：

$$
\begin{array}{rrl}
 & 2.2\underline{1} & \text{（2 位小数）} \\
 & 0.002\underline{2} & \text{（4 位小数）} \\
+ & 5.13\underline{2} & \text{（3 位小数）} \\
\hline
 & 7.3\underline{442} & \text{（应取 2 位小数，即：7.3}\underline{4}\text{）}
\end{array}
$$

（2）乘除运算

乘除运算的有效数字近似运算法则是：几个数相乘除后，最后结果的有效数字的位数以各数中位数最少的一个为准. 例如：

$$
\begin{array}{rrl}
 & 1.22\underline{1} & \text{（4 位有效数位）} \\
\times & 21.\underline{2} & \text{（3 位有效数位）} \\
\hline
 & .\underline{2442} & \\
 & 01.22\underline{1} & \\
 & 24.4\underline{2} & \\
\hline
 & 25.\underline{8852} & \text{（应取 3 位有效数字，即：25.}\underline{9}\text{）}
\end{array}
$$

(3) 乘方、开方运算

乘方、开方运算后的有效数字位数应与其底数的有效数字位数相同. 例如:

$$12.21^2 \approx 149.1, \quad \sqrt{12.21} \approx 3.494$$

(4) 其他函数运算

对数函数运算后,结果小数部分的位数可取成与真数的位数相同. 例如:

$$\ln 3.69 \approx 1.306, \quad \ln 889 \approx 6.790, \quad \lg 3.69 \approx 0.567, \quad \lg 889 \approx 2.949$$

三角函数运算结果有效数字的取法,可采用试探法,即将自变量欠准位上下波动一个单位,观察结果在哪一位波动,最后结果的欠准位就在这一位上. 例如,要将 $\sin 28°35'$ 化成小数,由于

$$\sin 28°34' = 0.478\ 181$$

$$\sin 28°35' = 0.478\ 436$$

$$\sin 28°36' = 0.478\ 692$$

所以,$\sin 28°35'$ 最后结果取为 0.478 4.

另外需要说明的是:(1) 有效数字是对存在测量误差的测量值而言的,对参与运算的常数,如 1/8,则结果的有效数字和它们无关;而像 $\sqrt{2}$、π 等无理数其有效数字位数均可认为是无穷的,需要取几位就可取几位,一般情况下参与乘除运算时,这样的无理数在运算中可以比式中最少的位数适当多取一位,以保证结果的正确性. (2) 不要因为计算过程处理不当而损失有效数字位数,所以,在中间运算过程中,一般可先多保留一位有效数字,而在最后结果中只保留一位欠准数.

例如:

$$2.89\pi + \frac{0.658\ 95 \times 25.103}{15.366} \approx 2.89 \times 3.142 + \frac{16.542}{15.366} \approx 9.08 + 1.076\ 5 \approx 10.16$$

6.1.4 实验数据处理方法

在物理实验中,需要脉络清晰地记录直接测量量的数据,依据物理量之间的关系进行运算并展示间接测量量的数据,通过作图寻找物理量之间的相互关联,依据曲线寻找规律求解有用的参数,这些就要涉及实验数据的处理方法. 常用的方法有列表法、作图法、最小二乘法和逐差法等. 实验数据的处理是科学实验的重要环节.

一、列表法

列表法就是用表格的形式将原始测量数据有秩序、有规律地记录下来,通常还会将一些间接测量量的计算数据展现出来. 通过列表,可以直观地看出物理量的大小和变化趋势,便于对比检查以及粗略判断间接测量量的计算结果是否合理. 列表法是实验数据处理的最基本工作,采用列表法时应遵循以下原则.

(1) 在表格上方标明表格的标题;

(2) 在表格的各行或各列的标题栏内标明物理量的名称、符号和单位;

(3) 表格中主要记录原始测量数据,有时一些重要的运算结果也可以列入表中,表格应简单明了,层次分明,有关量之间的关系脉络清晰,易于分析处理;

(4) 表格中的原始数据须反映测量结果的有效数字,运算结果须反映有效数字的运算

规律；

（5）表格中的自变量数据应按照由小到大或者由大到小的顺序排列.

用列表法记录二极管的正向伏安特性测量数据如表 6.2 所示.

表 6.2　二极管的正向伏安特性测量数据

n	U/V	I/mA	n	U/V	I/mA
1	0.096	0.09	6	0.599	53.00
2	0.202	0.40	7	0.698	110.5
3	0.306	2.15	8	0.790	200.2
4	0.394	7.38	9	0.913	345.5
5	0.499	23.02	10	0.992	576.5

二、作图法

将物理量之间的关系以曲线形式表示出来的方法称为作图法. 相比列表法，作图法更加形象、直观.

1. 作图法的优点

（1）能形象直观地反映物理量之间的关系和变化规律，根据曲线变化趋势可帮助建立经验公式.

（2）通过作图可以直接求出斜率、截距，也可通过内插、外推、渐进线等方法求出某些物理量的数值.

（3）描绘光滑曲线实质上是对数据取平均，可以减小随机误差，拟合后的数据精度会更高.

（4）借助曲线，可以直接读取没有进行测量的某个数据. 在一定条件下，还可以借助曲线的延伸趋势读得测量范围之外的数值.

2. 作图法的规则

（1）确定作图方式. 作图可以用坐标纸手工完成绘图，也可以利用绘图软件来完成绘图.

（2）选纸. 如选择用坐标纸手工完成绘图，首先需要根据具体情况选择合适的坐标纸，常用的坐标纸有直角坐标纸、对数坐标纸、极坐标纸等.

（3）定轴. 根据测量值的范围和有效数字合理选择坐标纸的大小和坐标轴的比例，以自变量为横轴、因变量为纵轴，以粗实线标出横轴和纵轴，并写出物理量的符号和单位. 此外，作图时还应合理选择坐标轴的比例. 最小坐标值(原点坐标)可灵活选取，不必从零开始，以使作出的曲线大致均匀分布于图上，美观、匀称. 切忌作出的曲线偏于一边.

（4）标点、连线. 根据实验数据，用“+”“×”“□”等符号标出数据点并将各个数据点连接成一条曲线. 对线性关系用直尺连接，对非线性关系用曲线板连接. 由于实验数据具有一定的误差，因此作出的曲线不一定通过每个数据点，而应当使所有的数据点均匀分布在曲线两侧. 若有个别的数据点偏离曲线较远，则应对这些数据点重新进行审核，决定是否舍去.

（5）遵循“等精度作图原则”. 所谓等精度作图原则，是指数据中的可靠数字在图中应当是精确的，即坐标纸中的最小格对应可靠数字最后一位的一个单位，估读位在坐标纸上仍为估读位，以保证坐标纸上的数据精度不低于测量值的数据精度.

（6）作图完毕后，在图上醒目的空白位置写上图名、作者、日期，有时还应附上简单说明及实验条件等.

3. 用作图法拟合直线

依据作图法中获得的曲线,采用图解的方法可求出曲线相应的参数,进而获得一些物理量的数值,得到反映物理量之间的函数关系的经验方程. 最常见的是求拟合直线的斜率和截距. 假设直线方程为 $y=ax+b$,方法如下

(1) 求斜率. 在直线上选取两点 A 和 B,这两点应当在实验数据范围内且相隔较远(一般不取实验点),按正确的有效数字读出两点坐标:$A(x_1,y_1)$ 和 $B(x_2,y_2)$,由下式可求出斜率

$$a=\frac{y_2-y_1}{x_2-x_1} \tag{6.24}$$

(2) 求截距. 如果横坐标的起点为零,则截距可在图上直接读出. 如果横坐标的起点不为零,则可按下式计算截距

$$b=\frac{x_2y_1-x_1y_2}{x_2-x_1} \tag{6.25}$$

(3) 写出直线方程. 将 a、b 代入方程 $y=ax+b$ 中,得到经验公式.

4. 曲线改直

当实验数据为非线性关系时,在某些情况下可通过变量替换使之变成线性关系,这一方法称为“曲线改直”. 曲线改直后不仅容易作图,而且可以通过求斜率和截距的方法得到所需要的物理量,所以曲线改直的应用十分广泛,但要注意改直前后的数据精度是不同的.

曲线改直的示例如下:

$y=ax^2+b$,a、b 为常量,令 $x^2=u$,可变换为 $y=au+b$,作直线 y-u,斜率为 a,截距为 b.

$y=ab^x$,a、b 为常量,两边取对数得 $\lg y=\lg a+x\lg b$,作直线 $\lg y$-x,斜率为 $\lg b$,截距为 $\lg a$.

$y=ax^b$,a、b 为常量,两边取对数得 $\lg y=\lg a+b\lg x$,作直线 $\lg y$-$\lg x$,斜率为 b,截距为 $\lg a$.

$y=\dfrac{x}{ax+b}$,a、b 为常量,可变换为 $\dfrac{1}{y}=a+b\dfrac{1}{x}$,作直线 $\dfrac{1}{y}$-$\dfrac{1}{x}$,斜率为 b,截距为 a.

三、最小二乘法

用作图法对一组实验数据进行直线拟合时,由于连线具有一定的主观性,所得的斜率和截距结果不唯一,因此,作图法是一种比较粗略的数据处理方法. 用最小二乘法进行直线拟合则可以避免上述缺点.

最小二乘法的数学原理要求:对一组等精度实验数据,所求最佳拟合直线的斜率 a 和截距 b 应使各测量值与拟合数据所得的最佳估计值的差的平方和最小.

1. 直线拟合方程

设实验中测量得到的自变量 x 和因变量 y 的一组数据为

$$(x_1,y_1),\quad (x_2,y_2),\quad \cdots,\quad (x_n,y_n)$$

假设理论上自变量 x 和因变量 y 的函数关系为线性关系,即

$$y=ax+b \tag{6.26}$$

则只要确定 a、b,就可以确定 x 和 y 的函数关系.

假设测量值与拟合数据所得的最佳估计值的偏差依次为

$$\varepsilon_1,\quad \varepsilon_2,\quad \cdots,\quad \varepsilon_n$$

则有

$$\varepsilon_1=y_1-(ax_1+b)$$

$$\varepsilon_2=y_2-(ax_2+b)$$

$$\cdots\cdots\cdots\cdots$$

$$\varepsilon_n=y_n-(ax_n+b)$$

偏差的平方和为

$$E=\sum_{i=1}^{n}\varepsilon_i^2=\sum_{i=1}^{n}(y_i-ax_i-b)^2 \tag{6.27}$$

依据最小二乘法的数学原理，式(6.27)中的参数 a、b 的取值应使 E 为最小值. 根据函数取极值的条件，为了得到 E 的最小值，将式(6.27)分别对 a 和 b 求偏导，并令偏导值为零，可得

$$\begin{cases}\dfrac{\partial E}{\partial a}=-2\sum\limits_{i=1}^{n}(y_i-ax_i-b)x_i=0\\ \dfrac{\partial E}{\partial b}=-2\sum\limits_{i=1}^{n}(y_i-ax_i-b)=0\end{cases} \tag{6.28}$$

根据二元函数取极值的条件可知式(6.27)中的 E 确为极小值. 求解式(6.28)可得

$$\begin{cases}a=\dfrac{\overline{xy}-\bar{x}\cdot\bar{y}}{\overline{x^2}-\bar{x}^2}\\ b=\bar{y}-a\bar{x}\end{cases} \tag{6.29}$$

其中 $\bar{x}$、$\bar{y}$、$\overline{x^2}$ $\overline{xy}$ 分别为 x、y、x^2、xy 的平均值，即

$$\bar{x}=\frac{1}{n}\sum_{i=1}^{n}x_i,\quad \bar{y}=\frac{1}{n}\sum_{i=1}^{n}y_i,\quad \overline{x^2}=\frac{1}{n}\sum_{i=1}^{n}x_i^2,\quad \overline{xy}=\frac{1}{n}\sum_{i=1}^{n}x_iy_i \tag{6.30}$$

这样用最小二乘法就求出了最佳拟合直线的斜率和截距，从而确定了最佳拟合直线的方程，这种方法也称为线性拟合、直线拟合或线性回归.

2. 相关系数

相关系数 r 是衡量自变量 x 和因变量 y 实验数据 (x_1,y_1)，(x_2,y_2)，…，(x_n,y_n) 之间的线性相关程度的统计参量，其定义为

$$r=\frac{\overline{xy}-\bar{x}\cdot\bar{y}}{\sqrt{(\overline{x^2}-\bar{x}^2)(\overline{y^2}-\bar{y}^2)}} \tag{6.31}$$

相关系数 r 的绝对值 $|r|\leqslant 1$. $r>0$ 为正相关，表明因变量 y 是自变量 x 的增函数；$r<0$ 为负相关，表明 y 是 x 的减函数. $|r|$ 越接近于 1，表明因变量 y 和自变量 x 的线性关系越显著，即对 y 与 x 的线性关系的假定越可靠. 反之，$|r|$ 越接近于 0，则表明 y 和 x 的线性关系越不显著，即对 y 与 x 的线性关系的假定不成立，不能用线性模型拟合. 但并不否定 y 与 x 之间存在其他的函数关系，可考虑用其他的模型进行拟合.

线性拟合过程中涉及繁杂的数学运算，学习者在掌握基本原理的情况下可以使用计算机软件来完成.

四、逐差法

1. 逐差法的适用条件

逐差法的适用条件有两个：

(1) 自变量 x 为等间距变化,即 x 的每个改变量 Δx 都相等,Δx 即为间距;

(2) 自变量 x 的误差远小于因变量 y 的误差,即可以忽略 x 的误差.

2. 逐差方法

设实验中测量得到自变量 x 在等间距变化过程中,因变量 y 的一组数据为

$$y_1,\quad y_2,\quad \cdots,\quad y_m,\quad y_{m+1},\quad \cdots,\quad y_{2m}$$

如果把以上所测的数据逐项相减取平均值,表示自变量改变一个 Δx 时因变量 y 的改变量 Δy 的平均值,那么

$$\begin{aligned}\overline{\Delta y}&=\frac{[(y_2-y_1)+(y_3-y_2)+(y_4-y_3)+\cdots+(y_{2m-1}-y_{2m-2})+(y_{2m}-y_{2m-1})]}{2m-1}\\&=\frac{y_{2m}-y_1}{2m-1}\end{aligned}\tag{6.32}$$

可见,$\overline{\Delta y}$完全依赖于最后一个和第一个数据之间的差值,而中间测量数据完全被抵消掉,失去了作用. 所以在进行数据处理时,要避免逐项逐差. 正确的做法是采用隔项逐差法,以保障全部测量数据都能发挥作用. 使用逐差法可充分利用测量数据,增大数据间隔.

下面介绍隔项逐差法. 把所测的 $2m$ 个数据 $y_1,y_2,\cdots,y_{2m}$分为两组,

$$\text{第一组:}\quad y_1,\quad y_2,\quad y_3,\quad \cdots,\quad y_m$$

$$\text{第二组:}\quad y_{m+1},\quad y_{m+2},\quad y_{m+3},\quad \cdots,\quad y_{2m}$$

两组中数据对应相减,即

$$\Delta Y_i=y_{m+i}-y_i\quad (i=1,2,\cdots,m)$$

ΔY_i 表示自变量改变 m 个 Δx 时因变量 y 的改变量,则

$$\overline{\Delta Y}=\frac{1}{m}\sum_{i=1}^{m}\Delta Y_i=\frac{1}{m}[(y_{m+1}-y_1)+(y_{m+2}-y_2)+\cdots+(y_{2m}-y_m)]\tag{6.33}$$

$\overline{\Delta Y}$ 表示自变量改变 m 个 Δx 时因变量 y 的改变量的平均值,所以有

$$\overline{\Delta y}=\frac{1}{m}\overline{\Delta Y}\tag{6.34}$$

$\overline{\Delta y}$ 表示自变量改变 Δx 时因变量 y 的改变量的平均值.

若所测数据 $y_1,y_2,\cdots,y_n$ 为奇数个,则可去掉中间数据再作隔项逐差.

6.2 示波器及数字示波器的使用

【提出问题】

心电监护仪可以实时动态监测病人的心电图,并将心电图实时显示在屏幕上,如图 6.5 所示. 不断变化的波形是如何显示在电子屏幕上的呢? 心电监护仪通过传感器感应人体的各种生理变化,并将其转化成电信号,然后通过逐级放大,将信号增强,再经数据分析计算,最终将结果显示在屏幕上.

同样具有显示波形功能的示波器,是电学观察和测量中广泛使用的仪器. 示波器是如何

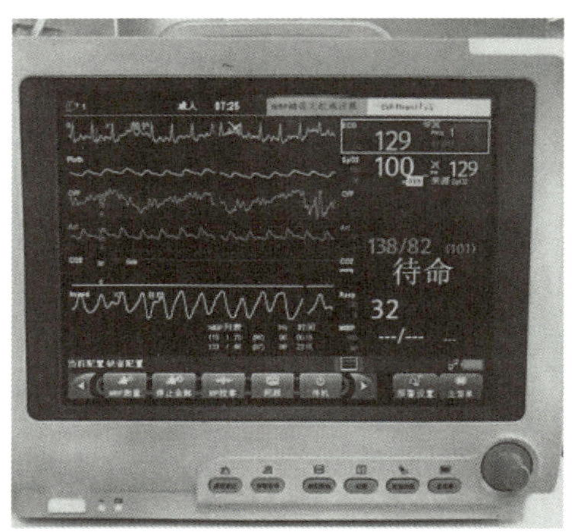

■ 图 6.5 心电监护仪

显示电压信号波形并对信号进行测量的呢？

【设计方案】

1. 目标任务

（1）了解示波器的主要组成部分及波形显示原理；

（2）使用示波器对常见的电压波形进行观测，并测量其频率、周期和幅值；

（3）用李萨如图形测量正弦电压的频率；

（4）培养实事求是、认真严谨、精益求精的实验态度和科学精神.

2. 实验原理

电子示波器，简称示波器，是常用的电子仪器之一. 示波器的种类很多，大致可分为模拟示波器和数字示波器两类. 不同的示波器，其内部电路各有不同，但基本工作原理是一样的. 模拟示波器是最早发展起来的示波器，它利用阴极射线把原来肉眼看不见的变化电压转换成可见的图像，供人们分析研究. 数字示波器是随着数字电路的发展而出现的一种新型示波器. 它利用数字电路来实现 A(模拟)/D(数字)转换，将输入的模拟信号转换成数字信号存入存储器中，待需读取时，再经 D/A 转换将数字信号转换成模拟信号并显示在屏幕上.

示波器除了可以直接观测电压随时间变化的波形外，还可以测量频率、周期、电压幅度、相位等物理量，还可以利用换能器将应变、加速度、压力以及其他非电学量转换成电压进行测量. 示波器可以在很高的频率范围内工作，这是其重要优点. 下面以模拟示波器为例，介绍示波器的基本结构和工作原理.

（1）模拟示波器的主要组成部分

模拟示波器主要由阴极射线示波管，y 轴输入端、放大器及其衰减系统，x 轴输入端、放大器及其衰减系统，扫描与同步系统，电源共五个部分组成，如图 6.6 所示.

阴极射线示波管是模拟示波器的核心部件，是个电真空器件，如图 6.7 所示，由荧光屏、电子枪和偏转系统等部分组成.

荧光屏位于示波管前端内部，其上涂有荧光粉，电子束打在荧光物质上能使它发光，荧光屏的上光迹即为电子束到达之处，发光的强弱取决于电子束的强度.

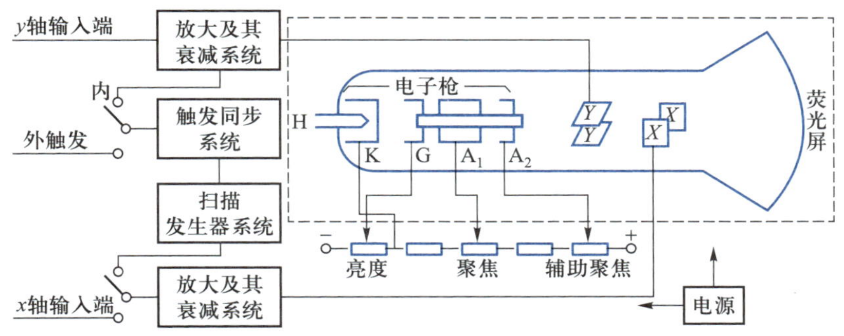

■ 图 6.6 模拟示波器的基本结构

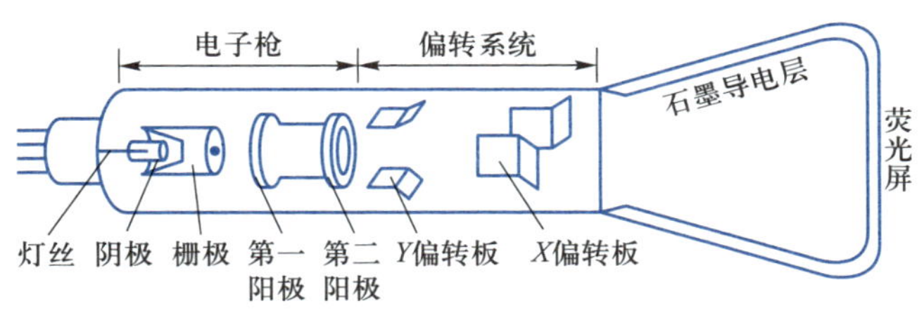

■ 图 6.7 阴极射线示波管

电子枪的主要功能是产生高速电子,形成电子束,其强度可以调节. 灯丝加热阴极,使阴极发射电子. 栅极相对于阴极具有负电势,用来控制阴极发射的电子数,即控制电子束的强度,从而控制荧光屏上光点的亮度. 具体的调节方法是:通过调节模拟示波器面板上的"亮度"旋钮,调节栅极相对于阴极的负电势,从而控制荧光屏上光点的亮度. 第一阳极和第二阳极之间加有直流高压,使电子在直流高压电场的作用下加速,并有静电透镜的作用,能把电子束汇聚成一点,即聚焦,此时屏上的光点最小,波形线条清晰细锐.

偏转系统由靠近第二阳极的一对垂直偏转板 Y 和一对水平偏转板 X 构成. Y 和 X 是两对相互垂直放置的偏转电极板. 当在偏转板上加上电压并形成电场时,电子束通过该电场时,其运动方向将发生偏转. 如在垂直偏转板 Y 间加上电压,如图 6.8 所示,则通过其间的电子束就会在垂直偏转板间 Y 的电场作用下在竖直方向上发生偏转,亦即荧光屏上的光点在竖直方向上发生移动,其偏移量的大小取决于垂直偏转板 Y 上的电压的高低. 同理,如在水平偏转板 X 间加上电压,电子束会在水平方向上发生偏移. 偏转距离 y(或 x)正比于垂直(或水平)偏转板 Y(或 X)上所加电压 U_Y(或 U_X),即

$$y=K_Y\cdot U_Y \tag{6.35}$$

$$x=K_X\cdot U_X \tag{6.36}$$

■ 图 6.8 电子束偏转示意图

式中 K_Y 和 K_X 分别称为示波器的 y 轴偏转灵敏度和 x 轴偏转灵敏度. 它们表示加单位电压时所引起的电子束在 y 方向及 x 方向上的偏转距离. K_Y 和 K_X 是通过"Y(或 X)衰减"旋钮进行调节的. 如果两对偏转板上均未加电场,则电子束沿直线运动,荧光屏中央将出现一个亮点. 如果同时在两对偏转板上加电压,光点的位置取决于两个偏转作用的合成结果.

(2) 扫描原理

当一被测信号,例如一个随着时间周期性变化的电压 u_y 信号输入示波器,即将此电压 u_y 信号加在示波管的垂直偏转板 Y 上,则电子束在垂直方向上作周期性移动,且当这种移动较快时,屏上将出现一条竖直亮线. 此时我们无法看到 u_y 的波形,若要呈现相应的波形,则需在水平方向加上扫描电压信号. 通常在水平偏转板 X 上加一锯齿形电压 u_x,即在一个周期内 u_x 的大小随时间线性增大,它使光点由左向右匀速移动,一个周期结束后,光点快速返回至起始位置,如图 6.9 所示,这一锯齿形电压称为扫描电压. 被测电压 u_y 施加于垂直偏转板 Y 上,扫描电压 u_x 施加于水平偏转板 X 上,电子束在竖直方向上随 u_y 的变化规律运动,在水平方向作匀速运动,两者相互叠加就显示出 u_y 的波形,这就是模拟示波器波形显示的原理.

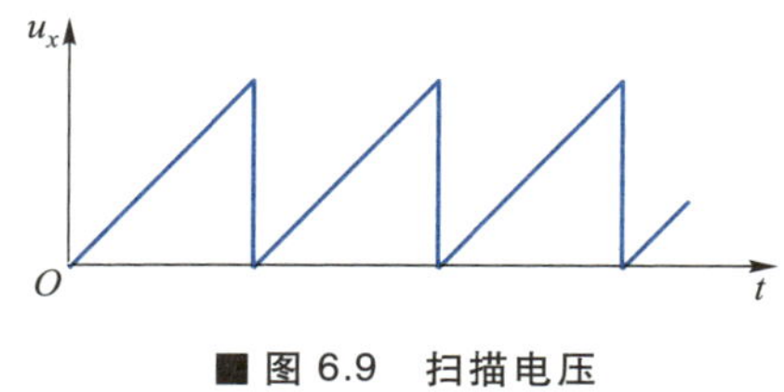

■ 图 6.9　扫描电压

如果在垂直偏转板 Y 上加一正弦电压 $u_y = U_m \sin(\omega t+\varphi)$,同时在水平偏转板 X 加一锯齿形扫描电压,则每一时刻屏上光点的位置取决于 u_y 和 u_x 的瞬时值. 如图 6.10 所示,在一定条件下,屏上将会显示出一条正弦曲线. 实际上该曲线是电子束在 u_x 和 u_y 两个互相垂直的变化的电压作用下合成的轨迹. 也可以说电压 u_y 随时间变化的规律是通过锯齿电压 u_x 按时间(线性流逝)展开在荧光屏上的,这个展开过程称作"扫描".

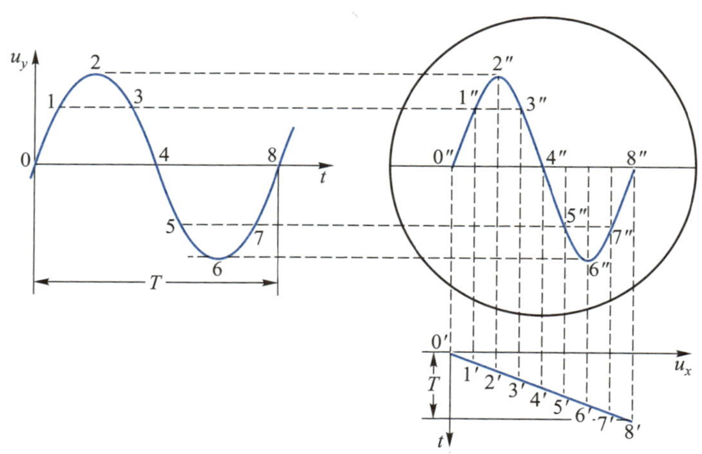

■ 图 6.10　荧光屏上波形的形成

(3) 同步原理

由图 6.10 可以看出,当 u_y 和 x 轴扫描电压 u_x 的频率相同时,经扫描显示的被测电压 u_y 的波形为一个周期的重复稳定的波形图像. 如果频率不同,第二次、第三次……与第一次扫出的波形可能就不再重合,屏上显示出的波形可能就会不断移动,影响观测.

为了使屏上图形稳定,必须使被测电压和 x 轴的锯齿扫描电压相位差恒定,即 u_y 与 u_x 频率成整数倍关系,有

$$\frac{f_y}{f_x}=n \quad (n=1,2,3,\cdots) \tag{6.37}$$

式中 n 为屏上显示的完整波形的个数. 只有当 f_y 是 f_x 的整数倍时,波形才能稳定.

锯齿型扫描电压信号是由示波器内的扫描信号发生器产生的. 被测信号和扫描信号两者是两个相互无关的独立波形,它们的频率 f_y 和 f_x 也没有任何关系,那么怎样才能始终保持两者之比为整数,信号有稳定的相位差,从而使波形保持稳定呢? 不同型号的示波器采用不同的方法去解决这个问题.

多数示波器采用"触发扫描"的办法使波形稳定,即用被测信号来控制扫描电压的产生时刻. 调节触发电平的高低,当被测信号达到一定相位时,扫描电路才开始工作,产生一个锯齿波,将被测信号显示出来. 由于每次都是被测信号达到一定相位时(通过"触发电平"旋钮调节),扫描电路才工作,所以每次扫描显示的波形相同,这样,在荧光屏上看到的波形就稳定不动了.

3. 测量方法

示波器显示的波形稳定之后,可以对输入信号进行测量. 模拟示波器的测量方法一般有读格数法、光标法等;数字示波器的测量方法一般是自动测量法. 此外,还可以采用李萨如图形测量未知信号的频率.

(1) 读格数法

首先调节示波器,使示波器上显示稳定且大小适中的波形. 一般情况下,在示波器屏幕上方或者下方可以看到"1 V""50 μs"等字样,如图 6.11 所示,这些字样分别代表当前通道的垂直挡位"VOLTS/DIV"和水平时基挡位"TIME/DIV". 选择其中一段完整周期的波形,看清波形峰顶和谷底的位置,估算波形峰峰值的垂直距离 D,单位为 DIV,那么,信号电压峰峰值 $V_{pp}=D\times$VOLTS/DIV×探头增益. 测量信号周期的方法类似,选择 n 个完整周期的波形,估算 n 个周期的水平距离 E,单位为 DIV,那么信号周期 $T=(E\times$TIME/DIV$)/n$.

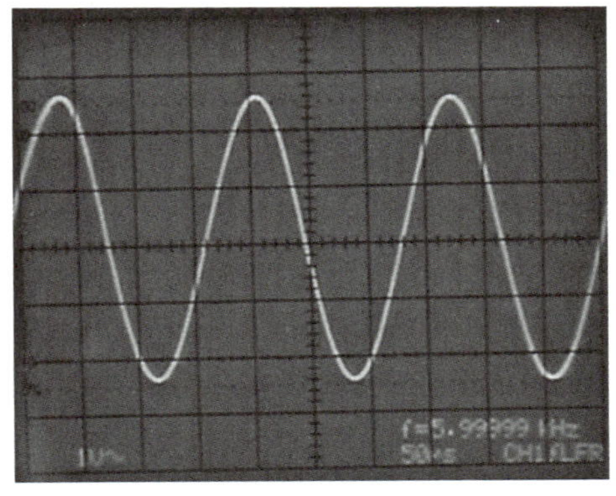

■ 图 6.11 示波器上的波形

如图 6.11 所示,示波器的垂直挡位为"1 V/DIV",水平时基挡位为"50 μs/DIV",假设垂

直和水平“微调”位于校准位置，探头增益为“×1”. 波形峰峰值的垂直距离 $D=5.0$ DIV，因此信号电压峰峰值 $V_{pp}=5.0\ \text{DIV}\times 1\ \text{V/DIV}=5\ \text{V}$. 波形在水平方向上连续 2 个完整周期的距离 $E=6.7$ DIV，因此信号周期 $T=(6.7\ \text{DIV}\times 50\ \mu\text{s/DIV})/2=167.5\ \mu\text{s}$. 信号的频率可由周期与频率之间的关系式计算得出，即 $f=1/T=1/(167.5\ \mu\text{s})=5.970\ \text{kHz}$.

（2）用李萨如图形测定频率

将两个独立的正弦电压 u_y 和 u_x 分别接入示波器的 y 轴输入端和 x 轴输入端，屏上亮点的运动是这两个方向互相垂直的正弦电压的合成. 如果两电压频率 f_x 和 f_y 既不相等也不成简单整数倍关系，两者相位差也就不是定值，合成的轨迹将不断移动变化. 如果两者频率 f_x 和 f_y 相同或成简单整数倍关系，那么两者相位差固定，光点的轨迹就是稳定的、封闭的合成轨迹，如图 6.12 所示，人们称这些特殊形状的封闭图形为李萨如图形，其图形的形状由两个正弦电压的频率比及相位差决定.

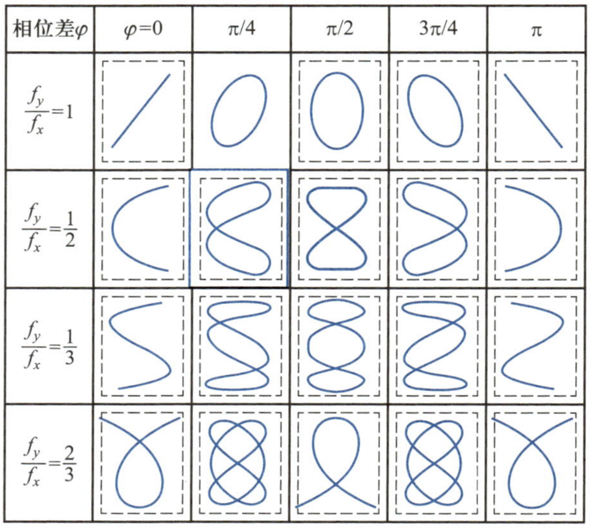

相位差φ	$\varphi=0$	$\pi/4$	$\pi/2$	$3\pi/4$	π
$\frac{f_y}{f_x}=1$					
$\frac{f_y}{f_x}=\frac{1}{2}$					
$\frac{f_y}{f_x}=\frac{1}{3}$					
$\frac{f_y}{f_x}=\frac{2}{3}$					

■ 图 6.12 李萨如图形

李萨如图形与信号频率间具有如下关系

$$\frac{f_y}{f_x}=\frac{N_x}{N_y} \tag{6.38}$$

其中，N_x 是水平刻线与李萨如图形的交点数，N_y 是垂直刻线与李萨如图形的交点数. 在两个电压信号中，如果一个信号的频率已知，另一个信号的频率未知，则可以通过观察两者形成的李萨如图形，数出 N_x 和 N_y，借助式(6.38)计算得到未知信号的频率. 这是一种将未知信号和标准信号相比较的测试方法.

测试时用信号发生器产生频率可调的标准正弦波信号，接到示波器 x 轴输入端；被测信号接入示波器 y 轴输入端. 调节 x、y 的增益衰减使其幅度大小一致. 连续改变标准信号发生器的频率，直至荧光屏上显示的图形稳定. 当图形为一个圆或椭圆时，表明被测信号与标准信号频率相同；当图形为其他形状的稳定闭合曲线时，表明被测信号频率与标准信号频率成倍数或约数关系，可以根据图形水平方向交点数、垂直方向交点数以及标准信号的频率，确定出被测信号的频率.

【操作实践】

1. 实验器材

模拟示波器、数字示波器、信号发生器.

2. 实践内容

(1) 观察波形

参阅相应示波器的使用说明书,了解示波器各个旋钮按键的作用及其调节方法.

用信号发生器产生频率和幅度不同的正弦波、三角波和矩形波,将信号输入示波器,调节示波器,使示波器屏幕上能够观察到清晰、稳定、大小适中的电压信号波形,要求显示 2~3 个完整波形.

画出观察到的波形示意图,并记录示波器几个主要旋钮的挡位.

(2) 测量信号的峰峰值、周期和频率

用模拟示波器读格数法测量上述正弦波、三角波和矩形波的峰峰值、周期和频率,将测量结果与信号发生器面板上的数值进行比较.

用数字示波器自动测量法测量上述正弦波、三角波和矩形波的峰峰值、周期和频率,将测量结果与信号发生器面板上的数值进行比较.

(3) 用李萨如图形测量正弦信号频率

将被测正弦信号加到示波器的 y 轴,将信号发生器输出的正弦信号作为标准信号加到示波器的 x 轴,选择示波器 X-Y 模式. 调节标准信号频率,获得 3 种以上李萨如图形,利用式(6.38)计算被测信号的频率.

3. 实践要点

(1) 荧光屏上光点的亮度不能调得太强,并且不能让光点长时间停留在屏上同一点,以免损坏荧光屏.

(2) 使用示波器时务必轻轻旋动各旋钮,当旋转感到阻力大时,切不可强旋硬扳,否则将损坏仪器.

【测量数据】

1. 观察波形

用示波器观察频率和幅度不同的正弦波、三角波和矩形波,在表 6.3 中画出观察到的波形示意图,并记录示波器几个主要旋钮的挡位.

表 6.3 波形描绘记录表

测量对象	描绘观测到的波形	主要旋钮的挡位
正弦波		VOLTS/DIV: TIME/DIV:
三角波		VOLTS/DIV: TIME/DIV:
矩形波		VOLTS/DIV: TIME/DIV:

2. 测量信号的峰峰值、周期和频率

分别用模拟示波器读格数法和数字示波器自动测量法测量上述正弦波、三角波和矩形波的峰峰值、周期和频率，将测量结果记录在表6.4中，并与信号发生器面板上的数值进行比较.

表6.4　信号的峰峰值、周期和频率测量数据记录表格

<table>
<tr><th rowspan="2">测量对象</th><th colspan="5">模拟示波器测量值</th><th colspan="2">数字示波器测量值</th><th colspan="2">信号发生器面板上数值</th></tr>
<tr><th colspan="2">V_{pp}</th><th colspan="2">T</th><th>f</th><th>V_{pp}</th><th>f</th><th>V_{pp}</th><th>f</th></tr>
<tr><td rowspan="3">正弦波</td><td>分度值</td><td></td><td>分度值</td><td></td><td rowspan="3"></td><td rowspan="3"></td><td rowspan="3"></td><td rowspan="3"></td><td rowspan="3"></td></tr>
<tr><td>格数</td><td></td><td>格数</td><td></td></tr>
<tr><td>测量值</td><td></td><td>测量值</td><td></td></tr>
<tr><td rowspan="3">三角波</td><td>分度值</td><td></td><td>分度值</td><td></td><td rowspan="3"></td><td rowspan="3"></td><td rowspan="3"></td><td rowspan="3"></td><td rowspan="3"></td></tr>
<tr><td>格数</td><td></td><td>格数</td><td></td></tr>
<tr><td>测量值</td><td></td><td>测量值</td><td></td></tr>
<tr><td rowspan="3">矩形波</td><td>分度值</td><td></td><td>分度值</td><td></td><td rowspan="3"></td><td rowspan="3"></td><td rowspan="3"></td><td rowspan="3"></td><td rowspan="3"></td></tr>
<tr><td>格数</td><td></td><td>格数</td><td></td></tr>
<tr><td>测量值</td><td></td><td>测量值</td><td></td></tr>
</table>

3. 用李萨如图形测量正弦信号频率

在示波器“X-Y模式”下，将被测正弦信号加到示波器的y轴，将信号发生器产生的正弦信号作为标准信号加到示波器的x轴，调节标准信号频率，观察示波器，获得3种以上李萨如图形(如1∶1,1∶2,1∶3,2∶3等形状)，在表6.5中记录相应李萨如图形、标准信号频率f_x、图形的N_x和N_y值.

表6.5　用李萨如图形测量正弦信号频率数据记录表格

<table>
<tr><th>序号</th><th>李萨如图形</th><th>f_x/Hz</th><th>N_x</th><th>N_y</th><th>f_y/Hz</th></tr>
<tr><td>1</td><td></td><td></td><td></td><td></td><td></td></tr>
<tr><td>2</td><td></td><td></td><td></td><td></td><td></td></tr>
<tr><td>3</td><td></td><td></td><td></td><td></td><td></td></tr>
<tr><td colspan="5">平均值</td><td></td></tr>
</table>

【得出结论】

1. 示波器观察波形

根据前述实验，归纳总结调节示波器的方法.

归纳总结调节示波器的方法

2. 测量信号的峰峰值、周期和频率

将使用模拟和数字示波器测量得到的峰峰值和频率与信号发生器面板上的数值进行比较，得出示波器测量的相对误差，将结果填入表 6.6.

表 6.6 信号的峰峰值和频率测量数据记录表格

示波器测量的相对误差				
相对误差	模拟示波器		数字示波器	
	V_{pp}	f	V_{pp}	f
正弦波				
三角波				
矩形波				

3. 用李萨如图形测量正弦信号频率

根据表 6.5 所测数据，用式(6.38)计算被测正弦信号的频率 f_y，将结果计入表 6.5 中，并求出三次测量的平均值.

【交流探究】

1. 示波器波形显示问题诊断

若在示波器的荧光屏上出现了如下图 6.13 所示的几种波形，分析并说明在旋钮调节中存在的问题.

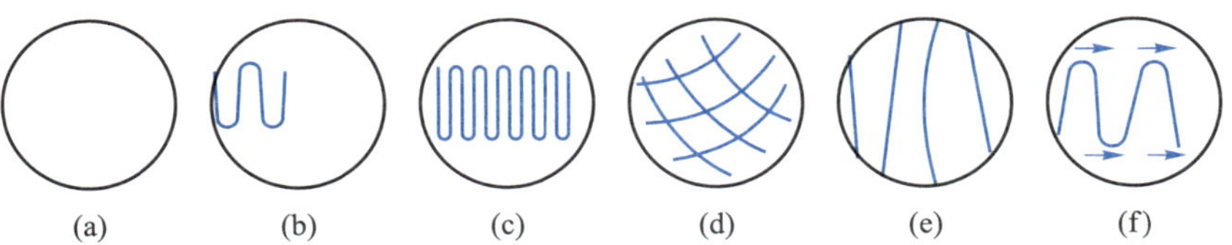

■ 图 6.13 示波器屏幕上显示的波形

2. 李萨如图形的观测

如果要观察李萨如图形，必须在示波器的水平和垂直偏转板上各接何种电压？应将示波器的“X-Y 方式”置于什么位置？

3. 观测二极管整流波形

搭建二极管半波整流和桥式全波整流电路，用示波器分别观测半波整流和全波整流电路中的输入和输出波形. 要求画出整流电路的示意图，说明整流电路原理，经过理论分析得出整流波形，描绘记录示波器实测的整流电路输入和输出波形.

6.3 用电桥法测量电阻

【提出问题】

电阻是电子电路设计中最基本的元器件之一. 如何测量电阻的大小? 采用多用表是测量某一个固定电阻大小最方便的方法,其基本原理是中学物理中讨论的欧姆定律. 但多用表只能对电阻进行粗略测量,原因是在测量时线路中包含电流表和电压表,不可避免地存在电表的接入误差. 如何消除这种误差进行电阻精确测量呢?

在很多场合下,仪器中使用的电阻并不是固定不变的,它会随着温度、光照、湿度、气体成分、磁场和压力等变化而发生改变,此类电阻称为敏感电阻. 正是因为敏感电阻随环境变化的特性,它们已经被广泛地用来测量各类环境量. 这些敏感电阻又如何进行测量呢?

采用电桥法即可以测量敏感电阻,也可用于固定电阻的高精度测量(图 6.14).

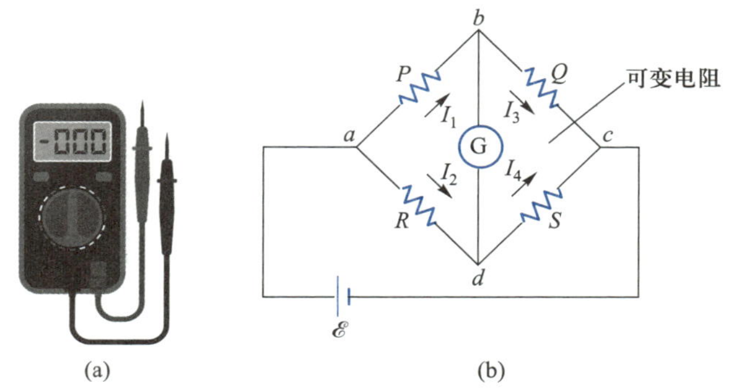

■ 图 6.14 测量电阻的多用表和惠斯通电桥

【设计方案】

1. 目标任务

(1) 掌握利用惠斯通电桥法测量固定电阻的原理;

(2) 学会使用惠斯通电桥法精确测量某固定电阻的方法;

(3) 学会用"交换电桥臂"的方法来减小系统误差;

(4) 培养实事求是、认真严谨、精益求精的实验态度和科学精神.

2. 实验原理

电桥电路及其原理在自动化仪器、自动控制和高精度测量仪器中有着非常广泛的应用. 电桥有很多种,根据使用电源种类不同可以分为直流电桥和交流电桥. 直流电桥用于电阻的测量,交流电桥可以测量电容和电感等物理量. 按照工作时的状态又可以分为平衡电桥和非平衡电桥. 采用平衡电桥进行电阻测量时,具有测试灵敏、精确和方便的特点. 非平衡电桥的应用相对更广,它通过对敏感电阻的测量,从而实现温度、压力等环境量的测量.

直流电桥分为单臂电桥和双臂电桥,前者称为惠斯通电桥,在实验中我们选用惠斯通电桥来测量固定电阻,主要用于精确测量中值电阻(阻值为 1 Ω~0.1 MΩ).

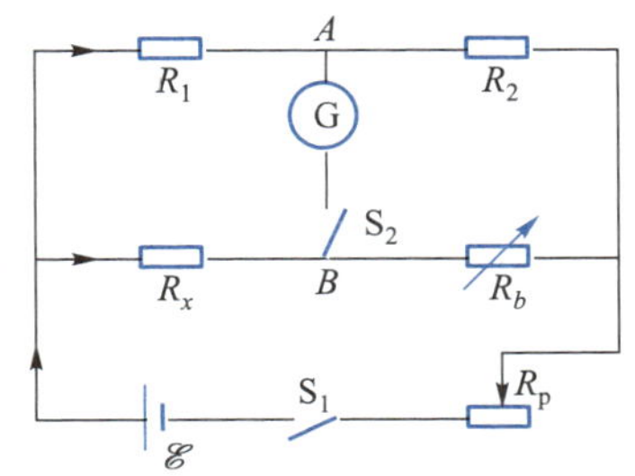

■ 图 6.15 惠斯通电桥的原理

如图 6.15 所示为惠斯通电桥法测电阻的电路图，它是由检流计 G、两个固定电阻 R_1、R_2 和比较电阻 R_b、被测电阻 R_x 连接而成，其中含有电阻的每个支路称电桥的一个臂，共有 4 个臂，R_p 起电路保护作用. 当开关合上后，调节 R_b（实验中可使用电阻箱代替），当检流计 G 中无电流通过时，A、B 两点电势相等. 设此时通过 R_1、R_x 的电流分别为 I_1、I_x，则有

$$I_xR_x=I_1R_1,\quad I_xR_b=I_1R_2 \tag{6.39}$$

将两式相除得

$$\frac{R_1}{R_2}=\frac{R_x}{R_b}\quad 或\quad R_1R_b=R_2R_x \tag{6.40}$$

由该式可得

$$R_x=\frac{R_1R_b}{R_2}=KR_b \tag{6.41}$$

这就是惠斯通电桥法测量电阻的原理，式中 $K=\frac{R_1}{R_2}$称为**比率系数**或者**倍率**.

当检流计中没有电流通过时，称电桥达到了平衡状态，式(6.40)就是电桥平衡的条件. 由此可见，电桥是否平衡完全由 4 个桥臂电阻的阻值所决定，电桥平衡和电流的大小无关. 采用惠斯通电桥测量电阻有以下优点：

(1) 电桥平衡采用了示零法——根据检流计的“零”或“非零”的指标，即可判断电桥是否平衡而不涉及数值的大小. 因此，只要检流计足够灵敏就可以使电桥达到很高的灵敏度，从而提高测量精确度.

(2) 用平衡电桥法测量电阻的方法实质是用已知的电阻和未知的电阻进行比较，这种比较测量法简单而精确. 如果采用精确电阻作为桥臂，可以使得测量的结果达到很高的精确度.

(3) 由于平衡条件与电源电压无关，故可避免因电压不稳定而造成的误差.

3. 测量方法

在式(6.41)的基础上，只要知道了比率系数 K 和比较电阻 R_b 就可以计算出被测电阻 R_x 的大小. 因此利用惠斯通电桥测量电阻，就是通过改变 R_1、R_2 电阻来设置确定的比率系数 K，在此基础上调节比较电阻 R_b 使电桥各臂满足电桥平衡条件.

从式(6.41)还能看出被测电阻 R_x 的测量结果除受到比较电阻 R_b 的影响，还受到比率系数 K 的影响，对于比率系数的影响可以采用“换臂”的方法进行消除. 具体操作为：在电桥已经平衡的基础上交换电阻 R_x 和 R_b 位置，重新调节 R_b 到 R_b'使得电桥再次平衡. 同理，此时有

$$R_x=\frac{R_2R_b'}{R_1} \tag{6.42}$$

将式(6.41)与式(6.42)相乘,可求出

$$R_x=\sqrt{R_bR_b'} \tag{6.43}$$

从式(6.43)能看出,被测电阻 R_x 此时只和比较电阻 R_b 有关,与比率系数无关,从而消除了比率系数对于测量结果的影响.

【操作实践】

1. 实验器材

检流计,被测电阻 R_x(假设被测电阻有两个,分别为 $R_{x1}=500\ \Omega$ 和 $R_{x2}=2\ 000\ \Omega$),标准六位电阻箱 3 个,滑线变阻器 R_p,直流稳压电源,开关,导线若干. 也可以使用已经集成好的箱式电桥直接进行测量.

2. 实践内容

(1) 连接电路

图 6.16 是实验电路连接示意图.

■ 图 6.16　实验电路连接示意图

实验测量连接电路时,需要明确以下两点:(a)本实验有两个被测电阻 R_{x1} 和 R_{x2},根据测量要求逐次接入电路;(b)R_1、R_2、R_b 分别使用电阻箱代替,阻值大小按测量要求进行设定.

图 6.17 是实验结构图,其中阴影部分代表电阻忽略不计的金属薄片.

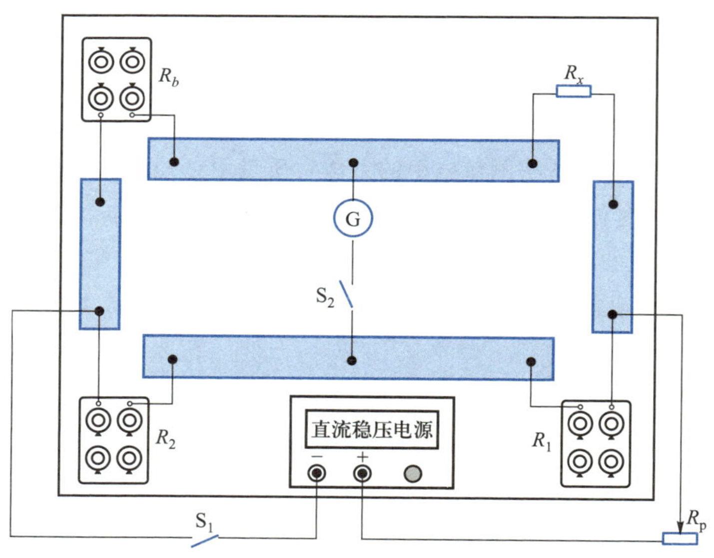

■ 图 6.17　实验结构图

(2) 被测电阻的测量

连接好电路后,设定 R_1、R_2 阻值,给出确定的比率系数. 由比率系数和 R_x 的粗测值(R_x 的粗测值可使用多用表测量)估算出 R_b,然后将 R_b 调节到该阻值位置上,调整 R_p 取最大阻值,选择合适的电源电压,调整检流计归零.

依次闭合开关 S_1 和 S_2，检流计指针会发生偏转，重新调节 R_b 使得检流计指针指在零位置. 逐渐减小 R_p 到零以提高电桥工作电压，再次重新调节 R_b 使检流计指针指在零位置，此时电桥处于平衡状态，记录下 R_b 数值.

3. 实践要点

(1) 惠斯通电桥灵敏度

电桥是否平衡是通过检流计有无偏转来判断的，如果通过检流计的电流小于检流计所能显示的最小电流，从检流计上就观察不到偏转，把这种情况看作平衡状态必然会产生误差. 对此，我们引入电桥灵敏度的概念.

当电桥平衡时，若使比较电阻 R_b 改变一微小量 ΔR_b，电桥将偏离平衡，检流计的指针偏转 Δn 格. 我们定义电桥的灵敏度 S 为

$$S=\frac{\Delta n}{\Delta R_b/R_b}=\frac{\text{检流计灵敏度}\times\text{工作电压}}{\text{总电阻}} \tag{6.44}$$

电桥灵敏度 S 反应了电桥对电阻的相对变化的分辨能力，使用高灵敏度的检流计和提高工作电压都可以提高电桥的灵敏度. 电桥灵敏度越高，电桥平衡的判断也就越困难，增加了实验难度，因此在实验过程中要选用合适的工作电压和检流计.

(2) 调节电桥平衡的方法

比率系数确定后，应调节比较电阻 R_b 使电桥平衡. 调节的依据是：电桥平衡时，检流计中无电流通过，指针指向零刻度. 而 R_b 大于或小于电桥平衡应取的值时，检流计中的电流方向恰恰相反. 因此在调节时，应从电阻箱的高位开始依次向低位调节. 在每一数位上，旋转 R_b 的旋钮，观察在哪两个值时检流计的偏转方向相反，则平衡点一定在这两个值之间. 然后将这一位保留在两个值中较小的一个值上，再调下一位(这些数位初始位置应置于零上).

这种调节方法和以前称量质量时的调节天平平衡的方法相似. 其实，比较式仪器都有一个平衡点，利用在平衡点两边的相反效应(如指针偏转方向相反)，就可从高位到低位调节标准量具的值以逐步缩小标准量具偏离平衡值的范围，这就是逐步逼近调节. 这种方法在以后的许多实验中还会用到.

(3) 用“换臂”消除系统误差

在“换臂”消除系统误差时，互换 R_x 和 R_b 位置，即直接交换被测电阻与电阻箱位置，连接导线不动. 合上开关前需要将 R_p 调整到最大值，调整检流计归零. 合上开关后，调节 R_b' 使检流计指针指在零位置，然后逐渐减小 R_p 到零以提高电桥灵敏度，再调节 R_b' 使检流计指针指在零位置，此时电桥处于平衡状态，记录下 R_b' 数值.

(4) 实验注意事项

在测量过程中，电源电压不要调得太高，比率系数不要设置得太大. 长时间通电会导致电阻会发热，影响测量精度，故不测量时应断开开关. 每次闭合开关前都要将 R_p 调整到最大值以保护检流计.

【测量数据】

1. 测量电阻 R_{x1}

将被测电阻 R_{x1} 接入电路，调节电源电压(电压不要太大，应在 4.5 V 左右)，分别设置比率

系数 K 为一固定值，如 $K=1.6, 2.0, 4.0, 5.0, 8.0, 10.0$. 按照实践内容中被测电阻测量步骤，对应不同的比率系数测量电阻 R_{x1}，并采用“换臂”方法消除系统误差，将测量结果记录到表 6.7 中.

表 6.7 被测电阻 R_{x1} 测量结果

序号 n	比率系数 K	R_b	R'_b	$R_{x1}=\sqrt{R_b \cdot R'_b}$
1	1.6			
2	2.0			
3	4.0			
4	5.0			
5	8.0			
6	10.0			
$\overline{R}_{x1}=$				

2. 测量电阻 R_{x2}

将被测电阻 R_{x2} 接入电路，采用与 R_{x1} 同样的测量步骤完成 R_{x2} 的测量，将测量结果记录到表 6.8 中.

表 6.8 被测电阻 R_{x2} 测量结果

序号 n	比率系数	R_b	R'_b	$R_{x2}=\sqrt{R_b \cdot R'_b}$
1	1.6			
2	2.0			
3	4.0			
4	5.0			
5	8.0			
6	10.0			
$\overline{R}_{x2}=$				

【得出结论】

1. 电桥测量精度估计

根据表 6.7 和表 6.8 中数据，计算出被测电阻测量结果的误差，并将计算结果填入表 6.9 中，估计出电桥测量精度.

表 6.9 测量精度估计

测量内容	被测电阻测量结果(平均值)	真值	绝对误差 ΔR_x	相对误差 E
R_{x1}		500 Ω		
R_{x2}		2 000 Ω		

2. 电桥测量电阻与多用表测量电阻比较

采用多用表测量被测电阻，比较多用表测量结果与电桥测量结果，并进行分析.

【交流探究】

1. 惠斯通电桥法的其他应用

查阅资料，通过自主学习和小组讨论，整理出惠斯通电桥法的2~3个应用案例.

2. 基于电桥法的各类物理量测量

查阅资料，通过自主学习和小组讨论，整理出一种采用电桥法测量电容、电感、频率、温度、压力等物理量的案例，并制作PPT，以小组为单位在班级上交流讨论，加深对电桥测量的理解.

6.4 利用霍耳效应测量磁场

【提出问题】

磁场在生产生活中应用广泛，如图6.18所示，磁悬浮列车利用磁场“同性相斥、异性相吸”的原理实现列车的悬浮和牵引. 核磁共振仪利用磁场与人体内的氢核产生共振，实现医学检测.

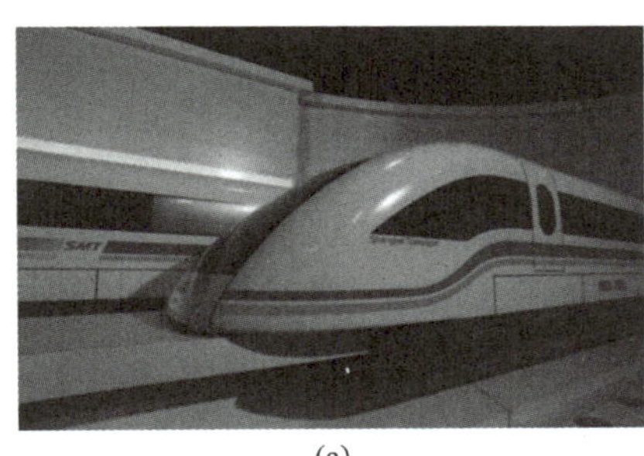
(a)

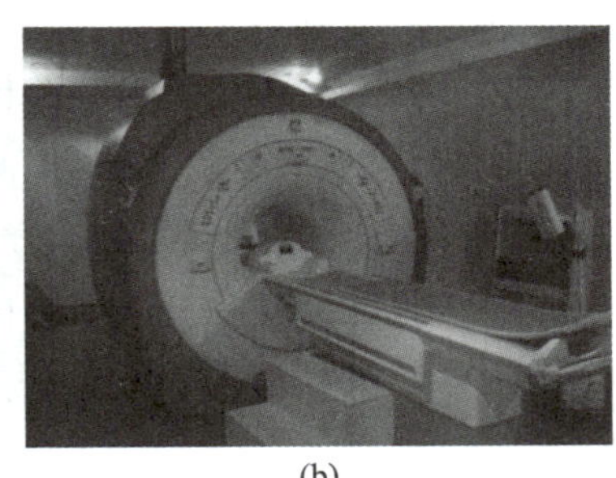
(b)

■ 图6.18 上海磁悬浮列车和核磁共振成像仪

永久磁铁、载流导线、运动的电荷、变化的电场以及地球等周围都存在磁场，对于普遍存在的磁场，其强弱该如何测量呢？

【设计方案】

1. 目标任务

(1) 掌握利用霍耳效应测量磁感应强度的原理和方法；

(2) 利用霍耳效应测量载流长直螺线管内轴线上磁感应强度的大小，绘制磁感应强度分布图，了解载流长直螺线管内磁感应强度的分布；

(3) 学会用“对称交换测量法”消除副效应产生的系统误差；

(4) 培养实事求是、认真严谨、精益求精的实验态度和科学精神.

2. 测量对象

载流螺线管可以产生可控的恒定磁场，本实验将其内部恒定磁场作为研究对象. 载流无限长直螺线管轴线上某点的磁感应强度，可以由安培环路定理[式(3.3)]给出，即

$$B_0=\mu_0 n I_M \tag{6.45}$$

其中 μ_0 为真空磁导率($\mu_0=4\pi\times10^{-7}\ \mathrm{N\cdot A^{-2}}$),$n$ 为螺线管单位长度的线圈匝数,I_M 为线圈的励磁电流.

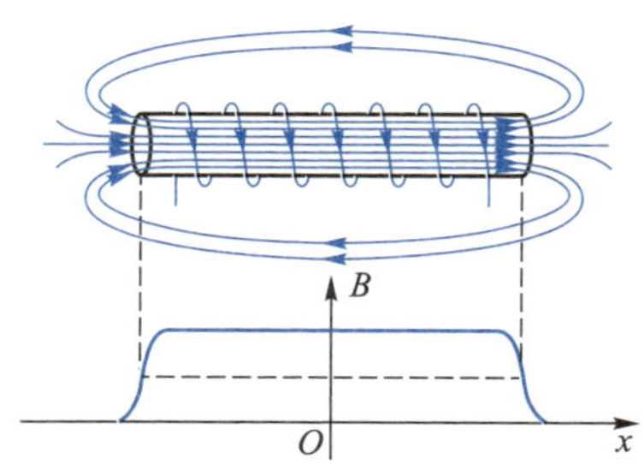

■ 图 6.19 长直螺线管的磁感应线分布示意图

图 6.19 是有限长的长直螺线管的磁感应线分布示意图,其内腔中部磁感应线是平行于轴线的直线系,渐近两端口时,这些直线变为从两端口离散的曲线,说明其内部的磁场近似是均匀的,仅在靠近两端口处,才呈现明显的不均匀性,根据理论计算,长直螺线管一端附近的磁感应强度大小约为内腔中部磁感应强度大小的 1/2.

3. 实验原理

在实际测量中,电场、磁场等是无法直接测量的,电压和电流则是易于测量的电学量. 因此,可以将测量磁场的问题转化成为测量电压和电流的问题. 基于磁场中半导体样品内部发生的霍耳效应,通过测量电压和电流,就可以间接地把磁感应强度测量出来.

当电流流过处于磁场中的导电样品时,样品内部在垂直于电流和磁场的方向上产生正负电荷的聚积,从而形成附加的横向电场,导致样品两侧形成一电压,这种现象称为霍耳效应.

如图 6.20 所示,假设 n 型半导体样品位于一磁场中(磁感应强度 $\boldsymbol{B}$ 沿 y 轴正方向),若沿 x 轴正方向给样品通以电流 I_S,由于电子受到向上的洛伦兹力 $\boldsymbol{F}_m$,所以向样品 A′ 侧聚集,则在样品的 A 侧剩余了等量的正电荷,从而在样品内部产生相应的附加电场(沿 z 轴正方向),即霍耳电场 $\boldsymbol{E}_H$. 霍耳电场是阻止电子继续向 A′ 侧偏移的,当电子所受的电场力 $\boldsymbol{F}_e$ 与洛伦兹力 $\boldsymbol{F}_m$ 大小相等时,样品两侧电荷的积累达到动态平衡,A 和 A′ 两侧将产生稳定的电势差 U_H,称为霍耳电压. 理论表明

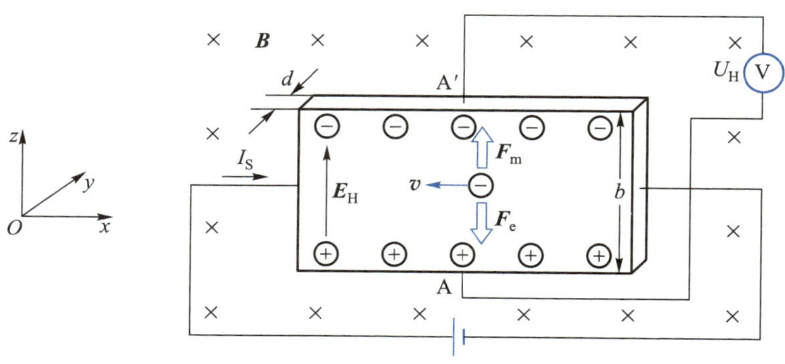

■ 图 6.20 霍耳效应机理

$$U_H=\frac{1}{ne}\cdot\frac{I_S B}{d}=R_H\cdot\frac{I_S B}{d}=K_H\cdot I_S B \tag{6.46}$$

n 为载流子浓度，d 为样品的厚度，$R_H=\frac{1}{ne}$为霍耳系数，它是反映材料的霍耳效应强弱的重要参量，$K_H=\frac{R_H}{d}$为灵敏度，表示霍耳元件在单位工作电流和单位磁感应强度下输出的霍耳电压. 由式(6.46)可知，U_H与乘积 $I_S B$ 成正比，与 d 成反比.

4. 测量方法

利用霍耳效应制成的电磁转换元件称为霍耳元件. 若已知霍耳元件的 K_H，I_S由实验给出，那么只要测出 U_H就可以得到磁感应强度

$$B=\frac{U_H}{K_H I_S} \tag{6.47}$$

若霍耳元件的灵敏度 K_H 未知，可以通过某一标准磁场先行确定出灵敏度，然后再利用霍耳元件测量未知磁场.

综上可知，对于无法直接测量的磁感应强度，利用霍耳元件感知磁场，通过测量电压和电流，就可以间接地测量磁感应强度. 这种将难以直接测量的物理量的问题转化成容易测量的物理量的问题的实验方法称为转化法，转化法在物理实验中非常普遍.

【操作实践】

1. 实验器材

长直螺线管、霍耳元件、换向开关、电压表、电流源和导线若干.

通常情况下，以上主要部件被分装成霍耳效应实验仪和霍耳效应测试仪，霍耳效应实验仪包括长直螺线管、霍耳元件和工作电流 I_S及励磁电流 I_M换向开关，霍耳效应测试仪包括电压表、I_S电流源和 I_M电流源.

2. 实践内容

(1) 连接电路

图 6.21 是实验关键部件和电路连接示意图.

霍耳元件上的两对引线(工作电流 I_S引线和霍耳电压 U_H引线)与对应换向开关之间的连线，以及螺线管导线与对应换向开关之间的连线通常在仪器出厂前均已接好.

实验时，需要将电流源“I_S输出”正负端与换向开关“I_S输入”之间相连，电流源“I_M输出”正负端与换向开关“I_M输入”之间相连，电压表“U_H输入”正负端与换向开关“U_H输出”之间相连，如图 6.21 所示.

(2) 测绘霍耳元件的输出特性

将霍耳元件置于长直螺线管的中心位置，测绘以下特性曲线.

a. 测绘 U_H-$B_{理}$ 曲线

b. 测绘 U_H-I_S 曲线

(3) 测绘长直螺线管轴线上磁感应强度分布 B-x 曲线

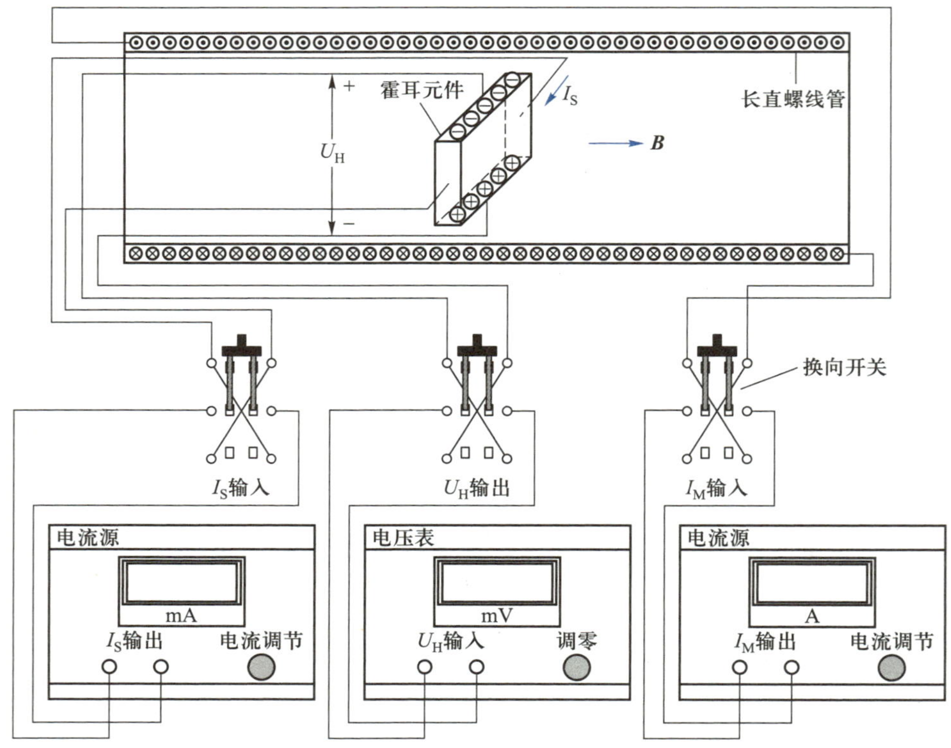

■ 图 6.21　实验关键部件和电路连接示意图

3. 实践要点

(1) 用“对称交换测量法”测霍耳电压

在霍耳效应产生的同时,会伴随着各种副效应(如埃廷豪森效应、能斯特效应、里纪-勒杜克效应、不等位效应等),以致实验测得的 A、A′两侧的电压并不等于真实的霍耳电压U_H,而是包含各种副效应引起的附加电压,因此必须设法消除. 根据副效应产生的原理可知,采用电流和磁场换向的“对称交换测量法”,基本上能把副效应的影响从测量结果中消除. 即在规定了工作电流 I_S和磁场 $\boldsymbol{B}$ 的正、负方向后,分别在 I_S和 $\boldsymbol{B}$ 的正、负方向的 4 种组合下测量对应的$U_{A'A}$(A′、A 两侧的电压),如表 6.10 所示.

表 6.10　“对称交换测量法”的 4 种测量情况

I_S和 $\boldsymbol{B}$ 的方向组合	$U_{A'A}$
$+I_S,+B$	$U_{A'A}=U_1$
$+I_S,-B$	$U_{A'A}=U_2$
$-I_S,-B$	$U_{A'A}=U_3$
$-I_S,+B$	$U_{A'A}=U_4$

然后取U_1、U_2、U_3和U_4的代数平均值作为霍耳电压

$$U_H=\frac{U_1-U_2+U_3-U_4}{4} \tag{6.48}$$

采用“对称交换测量法”,虽然还不能完全消除所有副效应,但由于其引入的误差不大,可以忽

略不计.

(2) 注意"励磁电流 I_M"和"工作电流 I_S"的区别

I_M是通入长直螺线管的励磁电流,实验中通过控制 I_M的大小和方向来控制螺线管内部磁场的大小和方向,其可调范围大致在 0~1.200 A. I_S是通入霍耳元件的工作电流,可调范围大致在 0~12.000 mA. 两者相比,I_M大出 I_S将近两个数量级. 因此,必须强调:禁止将励磁电流源"I_M 输出"端误接到霍耳元件的"I_S 输入"或 "U_H输出"端,以免损坏霍耳元件.

(3) 注意对实验器材的保护

在电路连接未经确认正确前,应切断开关,断开电源,以免损毁霍耳元件;实验开始前,I_S和 I_M电流源的调节旋钮均应旋转至最小端,以免接通电源瞬间烧毁器件. 改变 I_M 时,要迅速,每测好一组数据后,应立即切断 I_M. 霍耳元件材料很脆,引线很细,在实验过程中不可碰压、扭弯,要轻拿轻放. 测量要准确快捷,不测量时要及时断开电源,防止长直螺线管和霍耳元件过热.

【测量数据】

1. 测绘 $U_H-B_{理}$ 曲线

将霍耳元件置于长直螺线管的中心位置,取 I_S 为一固定数值,如 $I_S=6.00$ mA,并在测量中始终保持不变. 调节励磁电流 I_M依次为 0.300 A,0.400 A,…,1.000 A,用"对称交换测量法"分别测量相应的U_1、U_2、U_3和U_4,记入表 6.11 中.

表 6.11 测绘 $U_H-B_{理}$ 曲线的数据表格(I_S=________ mA,n=__________ m^{-1})

I_M/A	$B_{理}$/T	U_1/mV	U_2/mV	U_3/mV	U_4/mV	$U_H=\left(U=\dfrac{U_1-U_2+U_3-U_4}{4}\right)$/mV
		$+I_s$、$+B$	$+I_s$、$-B$	$-I_s$、$-B$	$-I_s$、$+B$	
0.300						
0.400						
…						
1.000						

2. 测绘 U_H-I_S 曲线

将霍耳元件置于长直螺线管的中心位置,取 I_M 为一固定数值,如 $I_M=0.800$ A,并在测量中始终保持不变. 调节工作电流 I_S依次为 4.00 mA、5.00 mA、…、10.00 mA,用"对称交换测量法"分别测量相应的U_1、U_2、U_3和U_4,记入表 6.12 中.

表 6.12 测绘 U_H-I_S 曲线的数据表格(I_M=________ A)

I_s/mA	U_1/mV	U_2/mV	U_3/mV	U_4/mV	$U_H=\left(U=\dfrac{U_1-U_2+U_3-U_4}{4}\right)$/mV
	$+I_s$、$+B$	$+I_s$、$-B$	$-I_s$、$-B$	$-I_s$、$+B$	
4.00					
5.00					
…					
10.00					

3. 测绘长直螺线管轴线上磁感应强度分布 B-x 曲线

测绘长直螺线管轴线上磁感应强度分布曲线时，工作电流和磁场不变，如取 $I_S=6.00$ mA，$I_M=0.800$ A，并在测试过程中保持不变. 建立如图 6.19 所示的坐标系，x 轴与长直螺线管的轴线重合，且以长直螺线管中心为 x 轴坐标原点. 假设长直螺线管的长度为 L. 将霍耳元件置于长直螺线管的轴线上不同位置，用“对称交换测量法”分别测量对应位置处的 U_1、U_2、U_3 和 U_4，记入表 6.13 中. 测量应从长直螺线管的一端至另一端，在端口附近，磁感应强度变化大，测量点应密集一些，以便获取合理的实验数据.

表 6.13 测绘 B-x 曲线的数据表格（$I_S=$______ mA，$I_M=$______ A）

x/cm	U_1/mV	U_2/mV	U_3/mV	U_4/mV	U_H/mV	B/T	$B_{理}$/T
	$+I_S$、$+B$	$+I_S$、$-B$	$-I_S$、$-B$	$-I_S$、$+B$			
$-\frac{L}{2}$							——
…							——
0.00							
…							——
$+\frac{L}{2}$							——

【得出结论】

1. 测绘 U_H-$B_{理}$ 曲线

根据表 6.11 所测数据，首先用式(6.45)计算对应长直螺线管中央位置处磁感应强度 B 的理论值，用式(6.48)计算对应霍耳电压，记入表 6.11 中. 然后根据表 6.11 中的数据绘制 U_H-$B_{理}$ 曲线. 用“物理实验数据的处理方法”一节中所讲的线性回归方法得到拟合直线，并通过相关系数判断 U_H-$B_{理}$ 的线性关系是否成立.

展示 U_H-$B_{理}$ 曲线

2. 测绘 U_H-I_S 曲线

根据表 6.12 中所测数据，首先用式(6.48)计算对应霍耳电压，记入表 6.12 中，然后根据表 6.12 中的数据绘制 U_H-I_S 曲线. 用线性回归的方法得到拟合直线，并通过相关系数判断 U_H-I_S 的线性关系是否成立.

展示 U_H-I_S 曲线

3. 计算灵敏度 K_H

一些情况下，霍耳元件的灵敏度 K_H 可能未知. 此时，可以通过某一标准磁场先行确定出灵敏度，然后再利用霍耳元件测量未知磁场. 可选择长直螺线管中心位置处作为标准磁场. 通过标准磁场确定灵敏度 K_H 的方法如下.

根据式(6.46)，已知 U_H，I_S及 B，即可求得 K_H. 因此可以利用依据表 6.11 绘制出的 U_H-$B_{理}$ 曲线或依据表 6.12 绘制出的 U_H-I_S曲线，用线性回归方法求得曲线的斜率 k，然后得到 R_H、K_H 和 n.

如果已知霍耳元件的灵敏度，则此步骤可忽略.

4. 测绘长直螺线管轴线上磁感应强度分布 B-x 曲线

根据表 6.13 中所测数据，首先用式(6.48)计算得到对应霍耳电压，用式(6.47)计算得到对应磁感应强度，记入表 6.13 中，然后根据表中数据绘制 B-x 曲线.

依据 B-x 曲线，说明长直螺线管轴线上磁感应强度的分布规律.

依据 B-x 曲线，验证长直螺线管端口的磁感应强度为中心位置磁感应强度的 1/2.

用式(6.45)计算螺线管中心位置的磁感应强度的理论值 $B_{理}$，将螺线管中心位置磁感应强度的实验值与理论值进行比较，求出相对误差.

展示 B-x 曲线

【交流探究】

1. 磁场的测量方法

除利用霍耳效应测量磁场外，还有哪些测量磁场的方法？查阅资料，自主学习，了解 1~2 种测量磁场的原理和方法，并与同学交流和讨论.

2. 霍耳元件与磁场夹角对测量结果的影响

如何用实验方法判断磁感应强度 $\boldsymbol{B}$ 与霍耳元件的法线方向是否一致？如果 $\boldsymbol{B}$ 的方向与霍耳元件的法线方向不一致，对测量结果有何影响？动手实践，通过实际操作，总结规律，领悟物理原理.

3. 霍耳效应的副效应

霍耳效应产生的同时，还伴随着多种副效应，使霍耳电压 U_H 的测量产生系统误差. 查阅资料，了解霍耳效应的副效应及测量 U_H 时消除系统误差的原理和方法，并与同学交流和讨论.

6.5 电表的改装与校准

【提出问题】

在实际应用中，很多物理量都是先转化为电信号后再进行测量的，如前面我们介绍过的磁场测量等. 在对电信号进行测量时，必然要使用电流表、电压表等仪器. 这些电表中都包含有一个共同的重要部件：表头. 表头通常是一个精度非常高的电流计，只允许微安级或毫安级电流流过，因此只能测量非常小的电流或电压，无法直接测量生产生活中各类电子设备中的电流或电压.

那么如何解决这个问题呢？我们可以通过串联或并联电阻的方法对表头进行改装，扩大测量范围.

【设计方案】

1. 目标任务

(1) 掌握将电流计改装成较大量程的电流表和电压表的原理与方法；

(2) 学会对改装后的电表进行校准的方法；

(3) 学会使用改装后的电表进行电信号测量的方法；

(4) 培养实事求是、认真严谨、精益求精的实验态度和科学精神.

2. 实验原理

电流计（表头）允许通过的最大电流 I_g 称为电流计的量程，电流计有一定的内阻 R_g，I_g 与 R_g 是表示电流计特性的重要参量.

(1) 大量程电流表改装

如果将电流计两端并联一个阻值合适的电阻 R_s，如图 6.22 所示，根据电阻并联规律可知电流计中不能承受的那部分电流可以从 R_s 上分流通过. 这种由电流计和并联电阻组成的整体就是改装后的电流表，并联的电阻 R_s 称为分流电阻. 只要分流电阻取得合适，可以成倍扩大电流计测量量程.

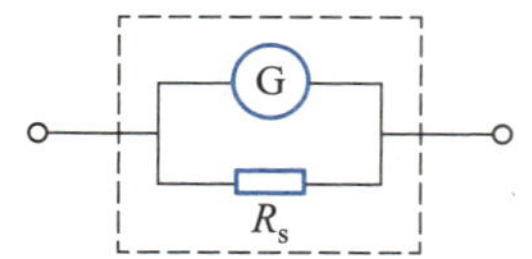

图 6.22 单量程电流表改装原理

设改装后电流表允许通过的最大电流为 I,则 I/I_g 表示改装后电流表量程扩大的倍数,用 n 来表示,根据欧姆定律可以计算出

$$R_s = R_g/(n-1) \tag{6.49}$$

图 6.22 即大量程电流表改装的电路原理图. 此外,在表头上并联阻值不同的分流电阻,便可以改装成双量程电流表,其原理如图 6.23 所示. 不管哪种电流表,测量电流时都应串联在被测电路中,所以要求电流表应有较小的内阻.

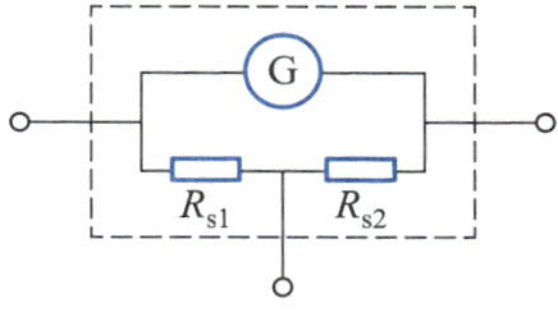

■ 图 6.23 双量程电流表改装原理

(2) 大量程电压表改装

如果给电流计串联一个阻值合适的电阻 R_m,如图 6.24 所示,根据电阻串联规律可知电流计中不能承受的那部分电压可以由 R_m 承担. 这种由电流计和串联电阻组成的整体就是改装后的电压表,串联的电阻 R_m 称为扩程电阻. 设拟测量电压量程为 U,电流计中通过的满量程电压为 U_g,根据欧姆定律可知

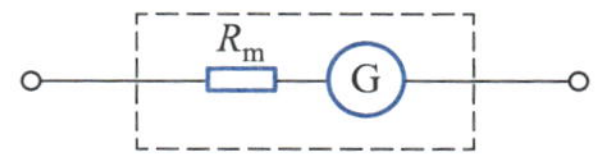

■ 图 6.24 单量程电压表改装原理

$$R_m = \frac{U}{I_g} - R_g = \left(\frac{U}{U_g} - 1\right) R_g \tag{6.50}$$

也可以像电流表改装那样,串联不同阻值的扩程电阻,改装成双量程电压表,如图 6.25 所示.

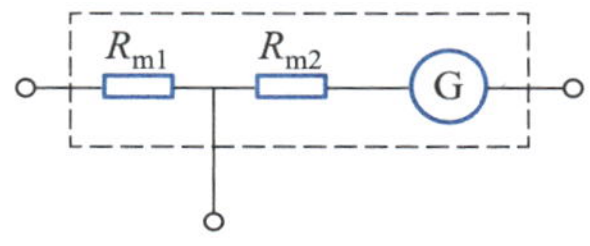

■ 图 6.25 双量程电压表改装原理

(3) 电流计内阻测量

至此,可以看到不管是哪类电表的改装都必须要知道电流计的内阻. 通常电流计出厂时厂家会给出 I_g 与 R_g,通过实验方法也能测量出 R_g. 在实验中我们一般使用"半电流法"或"替代法"来测量 R_g.

"半电流法"测量原理如图 6.26 所示,R_p 起保护电流计作用. 当开关 S 打开时,通过调节电阻 R_p 使得电流计指针转到刻度满偏. 闭合开关后,保证 R_p 不动,调节电阻 R_2 使得电流计指针转到刻度的中间. 这时标准电流表读数和开关打开时是一样的,根据电阻并联可知此时 R_2 的阻值就等于 R_g.

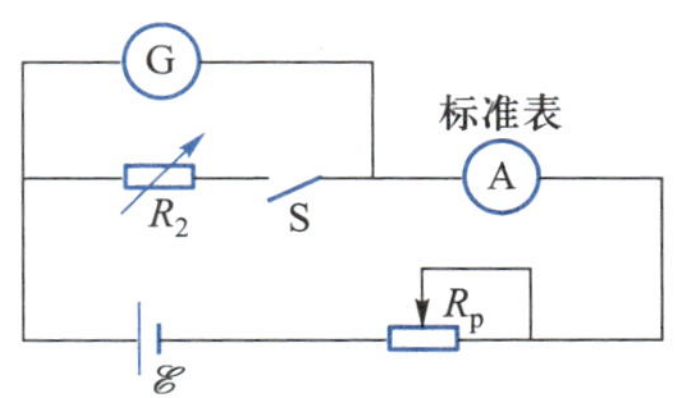

■ 图 6.26 半电流法测量原理

"替代法"测量原理如图 6.27 所示,R_p 起保护电流计作用. 先将开关置于 a 端,调节 R_p 使得电流计指针转到刻度满偏,记录下标准电流表读数. 再将开关置于 b 端,调节电阻 R_2 使得标准电流表中的读数和之前一样,根据电阻串联可知,此时 R_2 的阻值就等于 R_g.

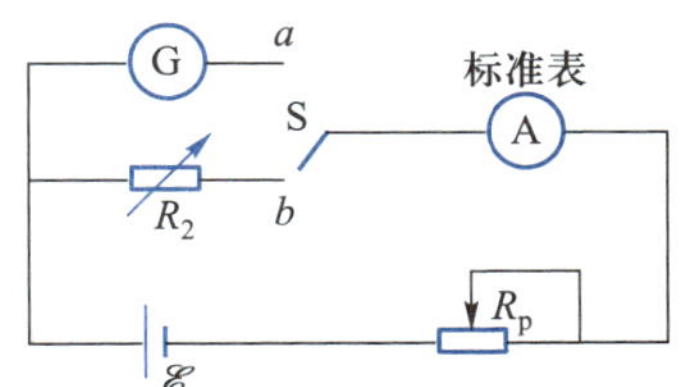

■ 图 6.27 替代法测量原理

3. 测量方法

电表改装之前必须先获得电流计的内阻,可以使用"半电流法"或者"替代法"按照对应原理图连接好电路,测量出电流计的内阻 R_g. 之后再根据电流和电压测量量程的要求,采用式(6.49)和式(6.50)分别计算出 R_s 和 R_m,按照对应原理图连接好电路.

改装后的电表在使用前需要进行校准,以保证测量的精度.

【操作实践】

1. 实验器材

量程为 100 μA 的待改装电流计，标准电流表，标准电压表，标准电阻箱，滑线变阻器 R_p，直流稳压电源，开关，导线若干.

2. 实践内容

（1）电流计内阻测量

分别按照图 6.26 和图 6.27 连接好电路，可调节电阻 R_2 使用电阻箱代替，电源$\mathscr{E}$电压根据实际情况调节，不要调节太大. 采用“半电流法”测量得到的内阻记为 R_{g1}，采用“替代法”测量的内阻记为 R_{g2}，最终取两者平均值作为电流计内阻测量结果 R_g.

（2）电流表改装与校准

进行电流表改装时按照图 6.28 连接电路，R_s用电阻箱代替，其具体数值由式(6.49)计算得到，开关闭合前需要调节电源电压到最小，滑线变阻器 R_p到最大以保护电路.

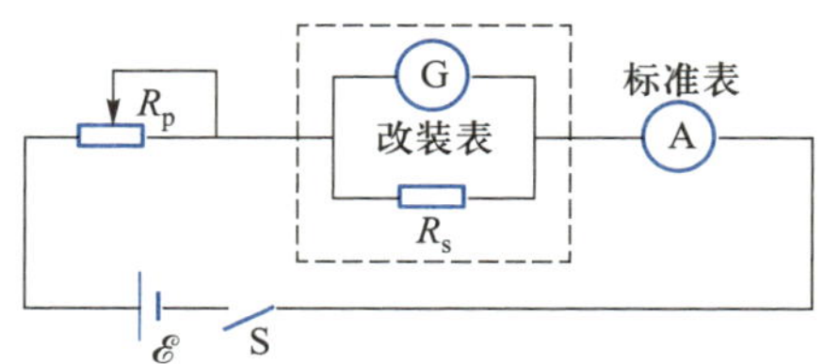

■ 图 6.28 改装电流表的校准电路

闭合开关 S，慢慢升高电源电压（也可以配合调节 R_p），使得改装电流表指到满量程，记录此时标准电流表读数. 逐渐降低电源电压，使得改装电流表读数每隔满量程的 1/5 逐步减小直至到零；再调节电源电压按此间隔逐步增大改装电流表读数到满量程，并每次记录下标准电流表的相应读数.

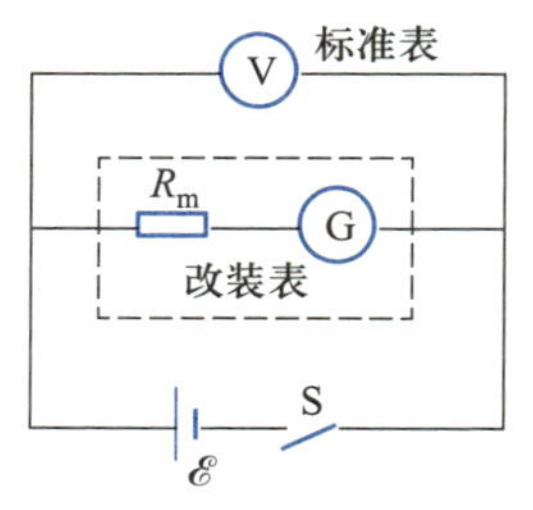

■ 图 6.29 改装电压表的校准电路

（3）电压表改装与校准

进行电压表改装时按照图 6.29 连接电路，R_m用电阻箱代替，其具体数值由式(6.50)计算得到，开关闭合前需要调节电源电压值到最小以保护电路.

闭合开关 S，慢慢升高电源电压，使得改装电压表指到满量程，记录标准电压表读数. 逐渐降低电源电压，使得改装电压表读数每隔满量程的 1/5 逐步减小至零；再调节电源电压按此间隔逐步增大改装电压表读数到满量程，每次记录下标准电压表的相应读数.

3. 实践要点

（1）消除系统误差

由于电流计内部摩擦力矩和游丝之间不是严格的弹性变形，改装后的电表在校准时分别使得电流或电压从小到大校准一次，再从大到小校准一次，从而消除该误差.

(2）实验注意事项

电表改装和校准过程中需要注意：接通电源前应确认连线准确无误，拆换连线时应确认电源已断开；选择合适的电压源，避免出现电压过大造成仪器损坏；电路中的滑线变阻器同时还起到限流保护作用，不要调至最小值.

【测量数据】

1. 电流表改装与校准

将量程为 100 μA 的电流计改装成量程为 5 mA 的电流表，量程变为原来的 50 倍. 按照图 6.28 连接电路，根据式(6.49)计算出分流电阻 R_s 的具体数值，调整电阻箱值等于该值，调节电源电压值到最小，滑线变阻器 R_p 调到最大位置.

闭合开关 S，慢慢升高电源电压(也可以配合调节 R_p)，使得改装电流表指到满量程，记录此时标准电流表读数(调整标准电流表量程为 0~20 mA). 逐渐降低电源电压，使得改装电流表指针读数逐步减小，每次减少 1 mA(满量程的 1/5)，直至改装电流表指针读数为零，分别记录每次标准电流表读数 I_{A1}，将相关数据记入表 6.14 中；再调节电源电压，按每次 1 mA 间隔逐步增大改装电流表读数到满格，依次记录每次标准电流表读数 I_{A2}，将相关数据记入表 6.14 中.

表 6.14 电流表改装校准数据

电流计读数/μA	20	40	60	80	100
改装电流表读数 I_s/mA	1.0	2.0	3.0	4.0	5.0
标准电流表读数 I_{A1}/mA(由小到大)					
标准电流表读数 I_{A2}/mA(由大到小)					
$\overline{I}_A[=(I_{A1}+I_{A1})/2]$/mA					
$\delta I_s(=\overline{I}_A-I_s)$/mA					

2. 电压表改装与校准

将量程为 100 μA 的电流计改装成量程为 1.5 V 的电压表. 按照图 6.29 连接电路，根据式(6.50)计算出电阻 R_m，调整电阻箱值等于该值，调节电源电压值到最小.

闭合开关，慢慢升高电源电压，使得改装电压表指到满量程(调整标准电压表量程为 0~10 V)，记录标准电压表读数. 逐渐降低电源电压，使得改装电压表指针读数逐步减小，每次减少 0.3 V(满量程的 1/5)，直至改装电压表指针读数为零，分别记录每次标准电压表读数 U_{A1}，相关数据记入表 6.15 中；再调节电源电压，按每次 0.3 V 间隔逐步增大改装电压表读数到满格，依次记录每次标准电压表读数 U_{A2}，相关数据记入表 6.15 中.

表 6.15 电压表改装校准数据

电流计读数/μA	20	40	60	80	100
改装电压表读数 U_m/V	0.30	0.60	0.90	1.20	1.50
标准电压表读数 U_{A1}/V(由小到大)					
标准电压表读数 U_{A2}/V(由大到小)					
$\overline{U}_{A1}[=(U_{A1}+U_{A1})/2]$ /V					
$\delta U_m(=\overline{U}_A-U_m)$ /V					

【得出结论】

1. “半电流法”和“替代法”的测量精度比较

以电流计出厂给出的内阻为真值，计算半电流法和替代法测量得到的电流计内阻 R_g 与 R_g' 的相对误差，分析比较两种方法测量内阻的精度.

2. 电流表校准曲线绘制

根据表 6.14 结果，以 I_s 为横坐标，δI_s 为纵坐标，绘制电流表校准曲线. 校准点之间用直线连接，绘制的曲线应为折线.

3. 电压表校准曲线绘制

根据表 6.15 结果，以 U_m 为横坐标，δU_m 为纵坐标，绘制电压表校准曲线. 校准点之间用直线连接，绘制的曲线应为折线.

【交流探究】

1. 电流计可以改装成欧姆表吗?

查阅资料，通过自主学习和小组讨论，判断电流计能否够改装成欧姆表. 如果可以，整理电流计改装为欧姆表的原理与方法，在此基础上以小组为单位，尝试给出欧姆表改装和校准的实验方案并进行验证.

2. 改装电表的精度讨论

电流计有自己的测量精度，改装后的电表也有自己的测量精度. 查阅资料，通过自主学习和小组讨论，整理出改装电表测量精度的估算方法，并试着估算自己试验中所改装电表的测量精度.

3. 电表内阻与量程之间关系的讨论

计算出改装后的电流表和电压表的内阻，并与原电流计的内阻进行比较. 讨论说明电流表和电压表量程越大，它的内阻是越大还是越小?

4. 改装电表的测量应用

仔细思考，小组内充分讨论，梳理出用改装后的电流表和电压表进行测量的方法，并尝试测量. 将上述工作整理后，在班级内进行交流讨论.

6.6　用气垫导轨验证动量守恒定律和动能守恒

【提出问题】

充满气的气球松开充气口的同时释放气球，在喷出气体的同时气球会向着相反的方向飞走；冰面上两人面对面站立不动，互相用力推一把后会背离滑走；运载神舟飞船的火箭，尾部喷出巨大火焰的同时不断向着太空飞行. 这些现象背后都有一个共同的物理学原理——动量守恒定律.

动量守恒定律是自然界中最重要最普遍的守恒定律之一，它既适用于宏观物体，也适用于微观粒子；既适用于低速运动物体，也适用于高速运动物体. 动量守恒定律与能量守恒定律、角动量守恒定律都是自然界的普遍规律，虽然微观粒子作高速运动（速度接近光速）的情况下，牛顿运动定律已经不再适用，但是以上定律仍然适用. 动量守恒定律是一个实验定律，本次实验我们将通过两个质量块（滑块）的碰撞来验证动量守恒定律以及发生弹性碰撞时的动能守恒.

【设计方案】

1. 目标任务

（1）观察弹性碰撞和完全非弹性碰撞现象；

（2）掌握用气垫导轨验证动量守恒定律和动能守恒的方法；

（3）学会调试气垫导轨的方法和技巧；

（4）培养实事求是、认真严谨、精益求精的实验态度与科学精神，同时发展质疑创新的科学素养.

2. 实验原理

设有两滑块，质量分别为 m_1 和 m_2，在水平方向上沿同一直线运动并发生碰撞. 碰撞前的速度为 v_{10}和 v_{20}，相碰后的速度变为 v_1 和 v_2. 如果两滑块在水平方向上的合外力为零，则两滑块在水平方向上满足动量守恒. 根据动量守恒定律，有

$$m_1v_{10}+m_2v_{20}=m_1v_1+m_2v_2 \tag{6.51}$$

依据两滑块碰撞后的动能损失情况，我们可以将碰撞分为弹性碰撞和非弹性碰撞.

（1）弹性碰撞

若两滑块的相碰端装有缓冲弹簧，碰撞发生时滑块的动能会转化为弹簧的弹性势能，随着碰撞结束，弹簧的弹性势能又转化为滑块的动能，在碰撞前后两滑块组成的系统动能不变. 此时，该碰撞过程既满足动量守恒定律也遵守机械能守恒定律，这种碰撞被称为弹性碰撞. 根据机械能守恒定律，有

$$\frac{1}{2}m_1v_{10}^2+\frac{1}{2}m_2v_{20}^2=\frac{1}{2}m_1v_1^2+\frac{1}{2}m_2v_2^2 \tag{6.52}$$

（a）假设两个滑块质量相等，即 $m_1=m_2=m$，且令 m_2 碰撞前静止，即 $v_{20}=0$. 则由式（6.51）和式（6.52）求得 $v_1=0, v_2=v_{10}$，表示两个滑块碰撞后彼此交换了速度.

（b）若两个滑块质量不相等，即 $m_1\neq m_2$，仍令 $v_{20}=0$，则求解式（6.51）和式（6.52）可得

$$v_1=\frac{m_1-m_2}{m_1+m_2}v_{10}, \qquad v_2=\frac{2m_1}{m_1+m_2}v_{10}$$

当 $m_1>m_2$ 时，两滑块相碰后，两者沿相同的速度方向（$m_1>0, m_2>0$）运动；当 $m_1<m_2$ 时，两者相碰后运动的速度方向相反，m_1 运动方向将反向.

（2）非弹性碰撞

若两个滑块碰撞前后动量守恒，而动能不守恒，有一部分动能转化为了其他形式的能量，这一类碰撞称为非弹性碰撞. 如果两个滑块在碰撞后合在一起，这时动能损失最大，则这一类碰撞称为**完全非弹性碰撞**.

当两滑块发生完全非弹性碰撞时，两滑块合在一起，具有同一运动速度，即 $v_1=v_2=v$. 仍令 $v_{20}=0$，式（6.51）变为

$$m_1v_{10}=(m_1+m_2)v \tag{6.53}$$

此时两滑块运动速度为

$$v=\frac{m_1}{m_1+m_2}v_{10}$$

若 $m_2=m_1$，则 $v=0.5v_{10}$，即两滑块合在一起运动，质量增加一倍，速度变为原来的一半.

3. 测量方法

验证动量守恒定律的前提条件是保证滑块系统所受的合外力为零. 此时，只要测出两滑块的质量和碰撞前后的速度，就可验证碰撞过程中动量是否守恒. 在滑块上安装缓冲弹簧可以进一步观察弹性碰撞，并验证碰撞过程中动能是否守恒. 在滑块上安装搭扣或粘片让滑块碰撞后合在一起，就可以观察完全非弹性碰撞.

综上可知，满足滑块系统在运动方向上所受合外力为零，准确测量滑块碰撞前后的速度，是验证动量守恒和动能守恒的关键所在.

【操作实践】

1. 实验器材

全套气垫导轨设备，计时计数测速仪，物理天平.

气垫导轨利用气垫原理进行工作，将压缩空气压入导轨的空腔里，再从导轨表面按一定规律分布的许多小孔中喷射出，在导轨平面与滑块下表面之间形成一个薄空气层——气垫. 滑块被气垫托起并悬浮在导轨上面，滑块在气垫表面运动过程中，只受到很小的空气阻力的影响，能量损失极小. 因此，滑块的运动可以近似地看作是无摩擦阻力的运动，满足滑块系统运动时水平方向合外力为零的条件.

图 6.30 为气垫导轨系统示意图，一般包括光电门、滑块和气垫导轨三部分. 光电门可与计时计数测速仪连接，用于测量滑块通过光电门时的瞬时速度.

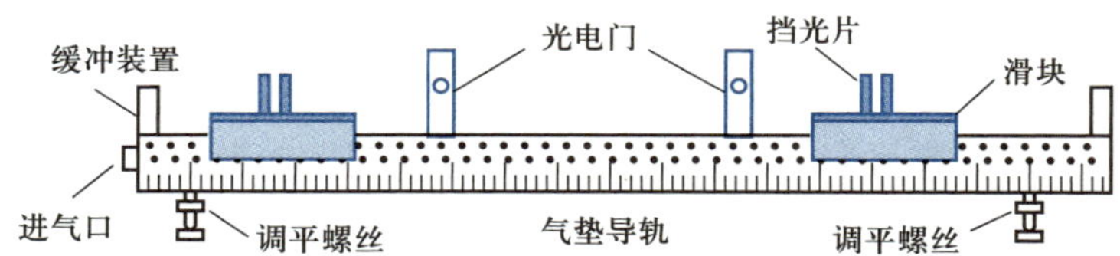

■ 图 6.30 气垫导轨系统示意图

2. 实践内容

(1) 气垫导轨系统调节

如图 6.31 所示，安装好光电门，使光电门之间的距离约为 50.00 cm. 导轨通气后，通过调平螺丝调节导轨水平，使滑块可以稍微左右摆动. 连接光电门与计时计数测速仪，检查计时、计数功能处于正常工作状态.（建议参考具体型号气垫导轨系统使用说明书，完成上述调节工作.）

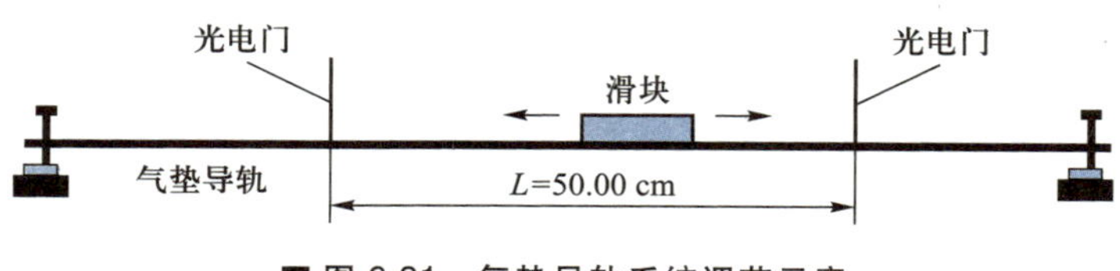

■ 图 6.31 气垫导轨系统调节示意

(2) 观察弹性碰撞,验证动量守恒定律和动能守恒

准备好两个滑块并安装好挡光片,设定挡光片宽度为 1.00 cm,滑块位置如图 6.32 所示,令滑块 2 静止不动. 在两滑块的相碰端装有缓冲弹簧,碰撞过程中由于缓冲弹簧发生弹性形变后又恢复原状,因此碰撞前后系统机械能近似保持不变. 观察两个滑块的弹性碰撞,测量并记录两滑块碰撞前后的质量与速度,验证动量守恒定律和动能守恒.

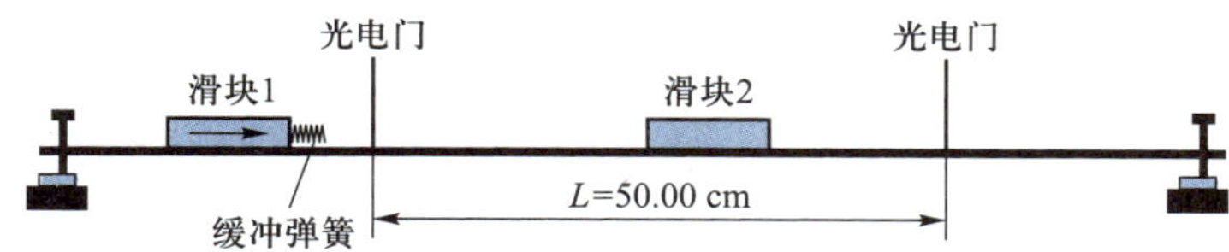

■ 图 6.32 弹性碰撞时气垫导轨系统示意

(3) 观察完全非弹性碰撞,验证动量守恒

准备好两个滑块并安装好挡光片,设定挡光片宽度为 1.00 cm,滑块位置如图 6.33 所示,令滑块 2 静止不动. 在两滑块的相碰端装有搭扣或粘片(图 6.33 深色部分),当滑块相碰时两者合在一起运动,发生完全非弹性碰撞. 在碰撞前后,系统动量守恒但动能不守恒. 观察两个滑块的完全非弹性碰撞,测量记录两滑块碰撞前后的质量与速度,验证动量守恒定律.

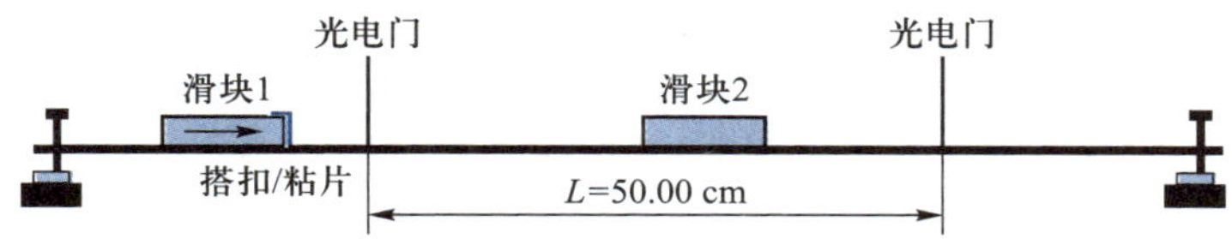

■ 图 6.33 完全非弹性碰撞时气垫导轨系统示意

3. 实践要点

(1) 滑块速度的测量

在实验中无法直接测量某点的瞬时速度,只能取很小的位移 Δx 及其相应的时间 Δt,用这段时间内的平均速度来近似地代替瞬时速度. 滑块上装有一定宽度的挡光片,在气垫导轨上作匀速直线运动. 当滑块经过光电门时,挡光片前沿挡光开始计时,挡光片后沿挡光时则立即停止计时,间隔的时间为 Δt. Δx 则是挡光片同侧边沿之间的宽度,如图 6.34 所示. 由于 Δx 较小,相应的 Δt 也较小. 故可将 Δx 与 Δt 的比值看作是滑块经过光电门时的瞬时速度,即 $v=\Delta x/\Delta t$,Δx 越小则此瞬时速度越准确. 实验中滑块的滑行速度不宜过小或过大,以 50.00 $\mathrm{cm \cdot s^{-1}}$左右为宜.

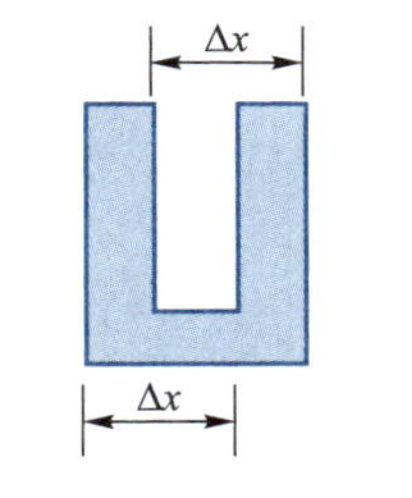

■ 图 6.34 挡光片示意图

(2) 气垫导轨调平

在气垫导轨上进行实验,必须按要求先将导轨调节水平. 可按下列任一种方法调平导轨,也可两种方法相配合,使用静态调节法进行粗调,再使用动态调节法进行细调.

（a）静态调节法：接通气源，使导轨通气良好，然后把滑块轻轻置于导轨上．观察滑块“自由”运动情况．若导轨不水平，滑块将向较低的一边滑动．调节导轨一端的调平螺丝，使滑块在导轨上保持不动或稍微左右摆动而无定向移动，则可认为导轨已调平．

（b）动态调节法：将两光电门分别安在导轨某两点处，两点之间相距不小于 30 cm．接通气源，使导轨通气良好，然后把安装有挡光片（挡光片的宽度可以选择稍大一些）的滑块轻轻置于导轨上．连接光电计时计数测速仪，推动滑块使其以某一速度滑行．设滑块经过两光电门的时间分别为 Δt_1 和 Δt_2．由于空气阻力的影响，对于处于水平的导轨，滑块经过第一个光电门的时间 Δt_1 总是略小于经过第二个光电门的时间 Δt_2（即 $\Delta t_1 < \Delta t_2$）．令滑块反复在导轨上运动，只要先后经过两个光电门的时间相差很小，且后者略为增加（两者相差 2% 以内），就可认为导轨已调水平．否则根据实际情况调节导轨的调平螺丝，反复观察，重复以上过程，直到导轨调水平为止．

（3）气垫导轨的保护

气垫导轨对表面的平直度、光洁度要求很高，为了确保仪器精度，决不允许发生碰撞、划伤导轨表面的情况．未通气时，不允许将滑块在导轨上来回滑动．气垫导轨系统的使用和保护要严格按照说明指南或实验教师要求来操作．

【测量数据】

1. 弹性碰撞时的动量守恒定律与动能守恒的验证

调节天平，称出滑块 1 的质量 m_1 和滑块 2 的质量 m_2，按照图 6.32 所示布置好．接通气源后，使两滑块稳定浮在导轨上．给滑块 1 一个初始速度，令滑块 2 静止不动，两者发生碰撞．通过计时计数测速仪分别记录下滑块 1 的初始速度 v_{10}，碰撞后两滑块的速度 v_1 和 v_2，依次填入表 6.16．重复以上操作，完成多次测量．

表 6.16 弹性碰撞数据记录表

滑块弹性碰撞：$m_1=$ ____ g，$m_2=$ ____ g，$v_{20}=0$									
次数	碰前速度	碰前动量	碰前动能	碰后速度		碰后动量	碰后动能	偏差	
	v_{10}/cm·s^{-1}	p_0/(g·cm·s^{-1})	E_0/(g·cm^2·s^{-2})	v_1/(cm·s^{-1})	v_2/(cm·s^{-1})	p_1/(g·cm·s^{-1})	E_1/(g·cm^2·s^{-2})	e_p/%	e_E/%
1									
2									
3									
4									
5									

实验中，若无法直接读出滑块速度，需自行设计记录表，记录滑块每次通过光电门的时间差，然后按照实践要点中测量滑块速度的方法计算出滑块碰撞前后的速度，并依次填入表 6.16．

2. 完全非弹性碰撞时动量守恒定律的验证

调节天平，称出滑块 1 的质量 m_1 和滑块 2 的质量 m_2，按照图 6.33 所示布置好．接通气源后，使两滑块稳定浮在导轨上. 给滑块 1 一个初始速度，令滑块 2 静止不动，两者发生碰撞，碰撞后两个滑块合在一起运动. 通过计时计数测速仪分别记录下滑块 1 的初始速度 v_{10}，碰撞后两滑块的共同速度 $v=v_1=v_2$，依次填入表 6.17 中. 重复以上操作，完成多次测量.

此外，表 6.16 和表 6.17 中有：$p_0=m_1v_{10}+m_2v_{20}$，$E_0=\frac{1}{2}m_1v_{10}^2+\frac{1}{2}m_2v_{20}^2$，$p_1=m_1v_1+m_2v_2$，$E_1=\frac{1}{2}m_1v_1^2+\frac{1}{2}m_2v_2^2$，$e_p=\frac{|p_0-p_1|}{p_0}\times100\%$，$e_E=\frac{|E_0-E_1|}{E_0}\times100\%$.

表 6.17 完全非弹性碰撞数据记录表

滑块完全非弹性碰撞：$m_1=$______ g，$m_2=$______ g，$v_{20}=0$					
次数	碰前速度	碰前动量	碰后速度	碰后动量	动量偏差
	$v_{10}/(\mathrm{cm\cdot s^{-1}})$	$p_0/(\mathrm{g\cdot cm\cdot s^{-1}})$	$v/(\mathrm{cm\cdot s^{-1}})$	$p_1/(\mathrm{g\cdot cm\cdot s^{-1}})$	$e_p/\%$
1					
2					
3					
4					
5					

【得出结论】

1. 验证弹性碰撞时的动量守恒定律和动能守恒

完成表 6.16 的计算，观察计算结果 e_p 和 e_E，验证发生弹性碰撞时的动量守恒定律，动能也守恒. 如果在实验中满足 $m_1=m_2$，还可以观察到弹性碰撞发生后两个滑块的速度发生互换的情况.

2. 验证完全非弹性碰撞时的动量守恒定律

完成表 6.17 的计算，观察计算结果 e_p，验证发生完全非弹性碰撞时动量守恒. 如果在实验中满足 $m_1=m_2$，还可以观察到两滑块合在一起运动速度变为原来一半的情况.

【交流探究】

1. 碰撞时滑块 2 的初速度可以不为零吗？

仔细思考，小组内充分讨论. 在本实验中观察弹性碰撞和完全非弹性碰撞时，滑块 2 的初速度可以不为零吗？如果可以，试设计出对应的实验测量方案，完成实验测量与数据计算并验证动量守恒定律和动能守恒.

2. 气垫导轨的应用讨论

气垫导轨的特点是减小了物体与导轨之间的摩擦力，从而提供接近于理想运动的条件. 查阅资料，通过自主学习和小组讨论，再了解 1~2 种基于气垫导轨开展的物理实验.

3. 动量守恒定律的应用

动量守恒定律具有广泛的实际应用，通过调研和自主学习，整理出 1~2 个动量守恒定律的实际应用，并在班级内交流讨论.

实践探索
习题答案

附录　高职物理必备的数学知识(以非矢量的一维微积分为主)

伽利略曾说,宇宙是一本永远在我们面前打开着的书,它是用数学语言写成的……只有学会它的语言,我们才能读懂它,否则只能在黑暗的迷宫中瞎逛. 达·芬奇甚至这么说,人类的任何研究活动,假如不能用数学证明,便不能称为真正的科学. 物理也是如此.

物理规律的语言是数学,用这个语言能把最深奥的物理现象表达得淋漓尽致;通过这个语言可以推知和预言未知规律;物理规律在工程应用中,也是要通过数学计算各种模型下的设计结果. 高中物理处理的是恒定运动状态、匀变速运动状态下的特殊规律,数学只需要用代数的知识. 高职物理需要处理更多的实际工程问题,现象更具一般性,就需要用到高等数学. 在力学、电磁学和近代物理学的绝大多数规律中,最常用到的是矢量分析和微积分. 微积分是将一般变化化作恒定变化的累积(积分)或分割(微分). 通过微积分我们才能把具有一般运动情况下的物理现象精确地描述出来. 所以高职物理课上无法回避必要的高等数学基础. 考虑到矢量运算在物理课程教学中是回避不了的事实,我们暂且将矢量分析内容留给课堂老师去讲,在此将物理学相关的微积分数学知识,以一种简洁实用的方式表达出来. 由于一维微积分不失一般性,且对应的物理规律相对简单,我们就将以质点一维运动为实际研究对象,引出必要的数学微积分基础,具体如表 A.1 所示.

表 A.1　微积分知识应用于质点的一维运动

微积分知识	对应微积分知识的质点一维运动	注意点
函数:$y=f(x)$ 表示因变量 y 与自变量 x 的关系.	**一维运动方程**:$x=x(t)$ 表示质点位置的坐标 x(因变量)与时刻 t(自变量)的关系. 如果是 $v=v(t)$,就表示时刻 t 是自变量,速度 v 是因变量;如果是 $v=v(x)$,就表示坐标 x 是自变量,速度 v 是因变量,等等.	注意分清自变量和因变量.
导数定义和求导数的三个步骤 **1. 导数定义**:如果函数 $y=f(x)$ 在区间 I(有限区间或无限区间)上每一点可导,则称函数 $y=f(x)$ 在区间 I 上**可导**. 这时,由区间 I 上所有点处的导数构成一个新的函数,我们把这一新函数称为 $y=f(x)$ 在区间 I 上的**导函数**. 记作 $f'(x)$,y'或$\frac{\mathrm{d}y}{\mathrm{d}x}$,即 $f'(x)=\lim\limits_{\Delta x\to 0}\frac{f(x+\Delta x)-f(x)}{\Delta x}$	**求瞬时速度的三个步骤:** 从初时刻 t 到末时刻 $t+\Delta t$ (1) 求位移(坐标 x 的增量) $\Delta x=x(t+\Delta t)-x(t)$ (2) 求平均速度 $\bar{v}=\frac{\Delta x}{\Delta t}=\frac{x(t+\Delta t)-x(t)}{\Delta t}$ (3) 求瞬时速度 $v=\lim\limits_{\Delta t\to 0}\frac{\Delta x}{\Delta t}$ $=\lim\limits_{\Delta t\to 0}\frac{x(t+\Delta t)-x(t)}{\Delta t}$	求瞬时速度时,位移对应于因变量的增量,平均速度对应于因变量与自变量的比值,瞬时速度对应于导数. 求瞬时加速度时,速度增量对应于因变量的增量,平均加速度对应于因变量与

续表

微积分知识	对应微积分知识的质点一维运动	注意点
在不会发生混淆的情况下,导函数简称为**导数**. **2. 求导数的三个步骤** 根据导数定义可知,求导数的三个步骤为: (1) 求因变量的增量 $\Delta y=f(x+\Delta x)-f(x)$ (2) 求比值 $\frac{\Delta y}{\Delta x}=\frac{f(x+\Delta x)-f(x)}{\Delta x}$ (3) 求极限 $\lim\limits_{\Delta x\to 0}\frac{\Delta y}{\Delta x}=\lim\limits_{\Delta x\to 0}\frac{f(x+\Delta x)-f(x)}{\Delta x}$ $=\frac{\mathrm{d}y}{\mathrm{d}x}$	$\frac{\mathrm{d}x}{\mathrm{d}t}$ 即在一维运动中,瞬时速度 v 等于坐标 x 对时刻 t 的**导数**. **求瞬时加速度的三个步骤:** (1) 求速度增量 $\Delta v=v(t+\Delta t)-v(t)$ (2) 求平均加速度 $\overline{a}=\frac{\Delta v}{\Delta t}=\frac{v(t+\Delta t)-v(t)}{\Delta t}$ (3) 求瞬时加速度 $a=\lim\limits_{\Delta t\to 0}\frac{\Delta v}{\Delta t}$ $=\lim\limits_{\Delta t\to 0}\frac{v(t+\Delta t)-v(t)}{\Delta t}$ $=\frac{\mathrm{d}v}{\mathrm{d}t}$ 即在一维运动中,瞬时加速度 a 等于速度 v 对时刻 t 的**导数**.	自变量的比值,瞬时加速度对应于导数. 导数是因变量对自变量的导数.
微分定义:设函数 $y=f(x)$ 在点 x 的一个邻域内有定义,如果函数 $y=f(x)$ 在点 x 处的增量 $\Delta y=f(x+\Delta x)-f(x)$ 可以表示为 $\Delta y=A\Delta x+\alpha$,其中 A 与 Δx 无关,α 是 Δx 的高阶无穷小量,则称 $A\Delta x$ 为函数 $y=f(x)$ 在 x 处的**微分**,记作 $\mathrm{d}y$,即 $\mathrm{d}y=A\Delta x$ 或 $\mathrm{d}y=A\mathrm{d}x$ 这时,称函数 $y=f(x)$ 在 x 处**可微**. 若 $y=f(x)$ 在 x 处可导,即 $\lim\limits_{\Delta x\to 0}\frac{\Delta y}{\Delta x}=f'(x)$,则有 $\frac{\Delta y}{\Delta x}=f'(x)+\beta$ 其中 $\lim\limits_{\Delta x\to 0}\beta=0$,即 $\Delta y=f'(x)\Delta x+\beta\Delta x$,因为 $\lim\limits_{\Delta x\to 0}\frac{\beta\Delta x}{\Delta x}=\lim\limits_{\Delta x\to 0}\beta=0$,所以,函数 $y=f(x)$ 可微,且 $\mathrm{d}y=f'(x)\Delta x$ 或 $\mathrm{d}y=f'(x)\mathrm{d}x$ 将上式改写为 $\frac{\mathrm{d}y}{\mathrm{d}x}=f'(x)$,即函数的微分与自变量微分之商就是函数 $y=f(x)$ 的导数. 原来完整的导数符号 $\frac{\mathrm{d}y}{\mathrm{d}x}$ 可以理解为两个微分之商. 因而,**导数**也称为**微商**.	在时间 $\Delta t\to 0$ 时,位移 $\Delta x\to 0$,速度增量 $\Delta v\to 0$,可分别记为时间的微分 $\mathrm{d}t$、位移的微分 $\mathrm{d}x$ 和速度增量的微分 $\mathrm{d}v$. **根据微分的定义可以看出:** (1) $\mathrm{d}x=v\mathrm{d}t$ 即位移的微分 $\mathrm{d}x$ 等于瞬时速度 v 乘以时间的微分 $\mathrm{d}t$. 瞬时速度 v 等于坐标 x 对时刻 t 的**导数**,也可以看作是位移的微分 $\mathrm{d}x$ 与时间的微分 $\mathrm{d}t$ 之商. (2) $\mathrm{d}v=a\mathrm{d}t$ 即速度增量的微分 $\mathrm{d}v$ 等于瞬时加速度 a 乘以时间的微分 $\mathrm{d}t$. 瞬时加速度 a 等于速度 v 对时刻 t 的**导数**,也可以看作是速度增量的微分 $\mathrm{d}v$ 与时间的微分 $\mathrm{d}t$ 之商.	导数可看作是两个微分之商.

续表

微积分知识	对应微积分知识的质点一维运动	注意点
复合函数的导数:设函数 $y=f(u)$,$u=\phi(x)$均可导,则复合函数 $y=f[\varphi(x)]$也可导,且 $y'_x=y'_u\cdot u'_x$　或　$\frac{\mathrm{d}y}{\mathrm{d}x}=\frac{\mathrm{d}y}{\mathrm{d}u}\cdot\frac{\mathrm{d}u}{\mathrm{d}x}$	**加速度 a 与时刻 t 的复合关系:** 设 $v=v(x)$,$x=x(t)$,则 $a=\frac{\mathrm{d}v}{\mathrm{d}t}=\frac{\mathrm{d}v}{\mathrm{d}x}\cdot\frac{\mathrm{d}x}{\mathrm{d}t}=v\frac{\mathrm{d}v}{\mathrm{d}x}$	要理清复合函数的复合关系.
二阶导数定义:若可导函数 $y=f(x)$的导函数 $y'=f'(x)$仍然可导,则称 $y'=f'(x)$的导数为函数 $y=f(x)$的**二阶导数**,记作 y''或 $f''(x)$ 或$\frac{\mathrm{d}^2y}{\mathrm{d}x^2}$,即 $y''=(y')'$或 $f''(x)=[f'(x)]'$或 $\frac{\mathrm{d}^2y}{\mathrm{d}x^2}=\frac{\mathrm{d}}{\mathrm{d}x}\left(\frac{\mathrm{d}y}{\mathrm{d}x}\right)$	**根据二阶导数的定义可知:** $a=\frac{\mathrm{d}v}{\mathrm{d}t}=\frac{\mathrm{d}}{\mathrm{d}t}\left(\frac{\mathrm{d}x}{\mathrm{d}t}\right)=\frac{\mathrm{d}^2x}{\mathrm{d}t^2}$ 即在一维运动中,瞬时加速度 a 等于速度 v 对时刻 t 的**一阶导数**,也等于坐标 x 对时刻 t 的**二阶导数**.	注意二阶导数的符号写法. 注意二阶导数$\frac{\mathrm{d}^2x}{\mathrm{d}t^2}$不是 d^2x 与 $\mathrm{d}t^2$ 之商.
定义:设$f(x)$是定义在某区间上的已知函数.若存在一个函数 $F(x)$,对于该区间上每一点都满足:$F'(x)=f(x)$或 $\mathrm{d}F(x)=f(x)\mathrm{d}x$,则称 $F(x)$是$f(x)$ 在该区间的一个**原函数**. 　　**不定积分定义**:函数$f(x)$的所有原函数,称为函数$f(x)$的**不定积分**,记作$\int f(x)\mathrm{d}x$ 其中$f(x)$称为**被积函数**,$f(x)\mathrm{d}x$ 称为**被积表达式**,x 称为**积分变量**,"$\int$"称为**积分号**. 　　显然,若 $F(x)$是$f(x)$的一个原函数,则由定义 2 可知 $\int f(x)\mathrm{d}x=F(x)+C$ 其中 C 是任意常数.	**根据不定积分的定义可知:** 在一维运动中,因为 $v=\frac{\mathrm{d}x}{\mathrm{d}t}$,即 $\mathrm{d}x=v\mathrm{d}t$(可称 x 为 v 的一个原函数),所以 $x=\int v\mathrm{d}t$ 即坐标 x 等于速度 v 的不定积分,积分变量为时刻 t. 在一维运动中,因为 $a=\frac{\mathrm{d}v}{\mathrm{d}t}$,即 $\mathrm{d}v=a\mathrm{d}t$(可称 v 为 a 的一个原函数),所以 $v=\int a\mathrm{d}t$ 即速度 v 等于加速度 a 的不定积分,积分变量为时刻 t.	注意不定积分的书写格式. 注意不定积分中的结果中存在任意常数,该任意常数是由初始条件决定的.
定积分的计算: **定理【牛顿-莱布尼茨公式】** 设$f(x)$在$[a,b]$上连续,$F(x)$是$f(x)$ 在$[a,b]$上的一个原函数,则 $\int_a^b f(x)\mathrm{d}x=F(x)\|_a^b=F(b)-F(a)$	**在一维运动中,存在下列定积分关系:** $\int_{x_1}^{x_2}\mathrm{d}x=\int_{t_1}^{t_2}v\mathrm{d}t$ $\int_{v_1}^{v_2}\mathrm{d}v=\int_{t_1}^{t_2}a\mathrm{d}t$	注意定积分上下限的对应关系. 注意定积分的结果中不存在任意常数.

参考文献

[1] 赵凯华,罗蔚茵. 新概念物理教程——力学[M]. 3 版. 北京:高等教育出版社,2023 年.
[2] 陆果. 基础物理学教程[M]. 2 版. 北京:高等教育出版社,2006 年.
[3] 赵凯华,罗蔚茵. 新概念物理教程——量子物理. [M]. 2 版. 北京:高等教育出版社,2008 年.
[4] 周雨青. 大学物理(核心知识)[M]. 南京:东南大学出版社,2019 年.
[5] SERWAY RA,JEWETT JW. Physics for Scientists and Engineers[M]. 6th ed. CA:Thomson-Brooks/Cole,2004.
[6] YOUNG HD,FREEDMAN RA. University Physics with Modern Physics[M]. 12th ed. New York:Pearson Education,2008.
[7] 潘小青,黄瑞强. 大学物理实验教程[M]. 北京:电子工业出版社,2022.
[8] 陈玉林,徐飞,丁留贯. 大学物理实验[M]. 2 版. 北京:科学出版社,2022.
[9] 秦颖,王艳辉. 大学物理实验[M]. 北京:高等教育出版社,2022.
[10] 赵海发,辛丽,方光宇,等. 大学物理实验[M]. 3 版. 北京:高等教育出版社,2020.
[11] 黄志高. 大学物理实验[M]. 3 版. 北京:高等教育出版社,2020.
[12] 杨文星,姚平,吴望生. 大学物理实验[M]. 北京:北京大学出版社,2022.
[13] 文晓艳,李小强. 新编大学物理实验[M]. 北京:北京大学出版社,2022.
[14] 方莉俐,王秀杰. 应用物理实验[M]. 郑州:郑州大学出版社,2013.
[15] 李元杰,陆果. 大学物理学[M]. 2 版. 北京:高等教育出版社,2008.
[16] 程守洙,江之永. 普通物理学[M]. 8 版. 北京:高等教育出版社,2023.
[17] HOBSON A. 秦克诚,等,译. 物理学的概念和文化素养[M]. 4 版. 北京:高等教育出版社,2008.
[18] 张映辉. 大学物理学实验[M]. 北京:机械工业出版社,2010.
[19] 祝之光. 物理学[M]. 5 版. 北京:高等教育出版社,2018.
[20] 景培书,杨广军. 老师也偷偷看的科学书:改变世界的物理实验[M]. 南昌:江西美术出版社,2013.

图书在版编目（C I P）数据

高职物理 ：基础模块 / 周雨青，梁颖主编．-- 北京 ：高等教育出版社，2025.2

ISBN 978-7-04-062054-2

Ⅰ．①高… Ⅱ．①周… ②梁… Ⅲ．①物理学－高等职业教育－教材 Ⅳ．①O4

中国国家版本馆CIP数据核字(2024)第063291号

高职物理　基础模块

GAOZHI WULI　JICHU MOKUAI

出版发行　高等教育出版社
社　　址　北京市西城区德外大街4号
邮政编码　100120
印　　刷　天津画中画印刷有限公司
开　　本　850 mm×1168 mm　1/16
印　　张　14
字　　数　390 千字
购书热线　010-58581118
咨询电话　400-810-0598
网　　址　http://www.hep.edu.cn
　　　　　http://www.hep.com.cn
网上订购　http://www.hepmall.com.cn
　　　　　http://www.hepmall.com
　　　　　http://www.hepmall.cn
版　　次　2025 年 2 月第 1 版
印　　次　2025 年 2 月第 1 次印刷
定　　价　39.80 元

策划编辑　高　建
责任编辑　刘紫祎　马玉珍
封面设计　王　洋
版式设计　杜微言
责任绘图　黄云燕
责任校对　张　薇
责任印制　刘思涵

物 料 号　62054-00

读者意见反馈

为收集对教材的意见建议，进一步完善教材编写并做好服务工作，读者可将对本教材的意见建议通过如下渠道反馈至我社。

咨询电话　400-810-0598
反馈邮箱　gjdzfwb@pub.hep.cn
通信地址　北京市朝阳区惠新东街4号富盛大厦1座
　　　　　高等教育出版社总编辑办公室
邮政编码　100029

资源服务提示

授课教师如需获得本书配套教学资源，请登录“高等教育出版社产品检索信息系统”（https://xuanshu.hep.com.cn/）搜索本书并下载资源，首次使用本系统的用户，请先注册并进行教师资格认证。

联系我们

高教社高职物理研讨 QQ 群：736331173